工控组态软件及应用

熊 伟 编著

内 容 提 要

本书以通用组态软件 kingview 为例，结合硬件介绍组态软件的结构、功能及组态方法等，并通过工程实例进行详细讲解，力求使读者掌握软件组态的方法与技巧。主要内容包括：kingview 组态软件与 I/O 设备管理，新建工程，创建组态画面，报警和事件，趋势曲线，命令语言，报表系统，控件，网络连接与 Web 功能，用户管理权限与系统安全，组态软件工程应用实例。

本书内容由浅入深，理论联系实际，可作为高等院校自动化、电气工程及自动化、测控技术与仪器、机电一体化及相关专业的教材，也可供相关领域的工程技术人员自学或作为培训教材使用。

图书在版编目（CIP）数据

工控组态软件及应用 / 熊伟编著. —北京：中国电力出版社，2012.2（2019.8重印）

ISBN 978-7-5123-2475-6

Ⅰ. ①工… Ⅱ. ①熊… Ⅲ. ①工业－自动控制系统－应用软件 Ⅳ. ①TP273

中国版本图书馆 CIP 数据核字（2011）第 260837 号

中国电力出版社出版、发行

（北京市东城区北京站西街 19 号 100005 http://www.cepp.sgcc.com.cn）

航远印刷有限公司印刷

各地新华书店经售

*

2012 年 2 月第一版 2019 年 8 月北京第六次印刷

787 毫米×1092 毫米 16 开本 14.25 印张 339 千字

印数 9501—10500 册 定价 **32.00** 元

版 权 专 有 侵 权 必 究

本书如有印装质量问题，我社营销中心负责退换

前 言

组态（configuration）的概念是伴随着集散型控制系统（distributed control system，DCS）的出现才开始被广大生产过程自动化技术人员所熟知的。在工业控制技术的不断发展和应用过程中，PC（包括工控机）的优势日趋明显。这些优势主要体现在：PC 技术保持了较快的发展速度，各种相关技术已臻成熟；由 PC 构建的工业控制系统具有相对较低的拥有成本；PC 的软件资源和硬件资源丰富，软件之间的互操作性强；基于 PC 的控制系统易于学习和使用，可以容易地得到技术方面的支持。在 PC 技术向工业控制领域的渗透中，组态软件占据着非常特殊而且重要的地位。

组态软件是指一些数据采集与过程控制的专用软件，它们是在自动控制系统监控层一级的软件平台和开发环境，使用灵活的组态方式，为用户提供快速构建工业自动控制系统监控功能的、通用层次的软件工具。组态王软件是一种通用的工业监控软件，它融过程控制设计、现场操作及工厂资源管理于一体，将一个企业内部的各种生产系统和应用以及信息交流汇集在一起，实现最优化管理。基于 Microsoft Windows 操作系统，用户在企业网络的所有层次的各个位置上都可以及时获得系统的实时信息。采用组态王软件开发工业监控工程，可以极大地增强用户生产控制能力、提高工厂的生产力和效率。

本书的编写以培养实际应用能力为目的，强调基本知识与操作技能紧密结合，既注意到 kingview 组态软件的功能及应用介绍，又注重其实用性，并结合真实的工程实例介绍组态软件应用程序开发的过程，突出如何利用组态实现监控系统的各种功能。本书从工程的角度，以一个功能比较完整的工程实例作为引线贯穿全书，详细介绍了组态软件应用程序的开发过程。以 kingview 组态软件为主，介绍了组态方法、设备的通信连接方法，将组态软件与硬件结合起来进行介绍，以工程实例来说明控制功能的实现方法，符合本领域主流技术应用的发展趋势。

本书力求由浅入深、通俗易懂、理论联系实际，组态方法灵活，技巧性强，侧重培养读者进行系统组态和系统调试的能力，体现了应用型教育的特点。

本书由红河学院熊伟编著，在编写过程中，参阅了许多教材、著作和论文，在此对这些文献的作者一并表示衷心的感谢。

由于作者水平有限，疏漏之处在所难免，恳请读者批评指正。

编 者

2012 年 1 月

目 录

第 1 章

概　　述

1.1 组态软件概述

1.1.1 组态软件产生的背景

组态软件是完成数据采集与过程控制的专用软件，它以计算机为基本工具，为实施数据采集、过程监控、生产控制提供了基础平台和开发环境。

组态软件应该能支持各种工控设备和常见的通信协议，并且通常应提供分布式数据管理和网络功能。对应于原有的 HMI（人机接口软件，human machine interface）的概念，组态软件应该是一个使用户能快速建立自己的 HMI 的软件工具或开发环境。在组态软件出现之前，工控领域的用户通过手工或委托第三方编写 HMI 应用，开发时间长，效率低，可靠性差；或者购买专用的工控系统，通常是封闭的系统，选择余地小，往往不能满足需求，很难与外界进行数据交互，升级和增加功能都受到严重的限制。组态软件的出现，把用户从这些困境中解脱出来，可以利用组态软件的功能，构建一套最适合自己的应用系统。随着它的快速发展，实时数据库、实时控制、监视控制和数据采集软件（supervisory control and data acquisition，SCADA）、通信及联网、开放数据接口、对 I/O 设备的广泛支持已经成为它的主要内容。随着技术的发展，监控组态软件将会不断被赋予新的内容。

监控组态软件作为通用软件平台，具有很大的使用灵活性。但实际上很多用户需要“傻瓜”式的应用软件，即需要很少的定制工作量即可完成工程应用。为了既照顾通用又兼顾专用，监控组态软件拓展了大量的组件，用于完成特定的功能。

组态软件是基于 PC 包括 HMI 软件及相关的控制软件、流程监控软件、softLogic 的统称，组态软件与通用办公自动化软件相比而言还包括相应的服务费用。

1.1.2 组态软件的功能及特征

组态软件具备如下功能及特征：①工业过程动态可视化；②数据采集和管理；③过程监控报警；④报表功能；⑤为其他企业级程序提供数据；⑥简单的回路调节；⑦批次处理；⑧SPC 过程质量控制。

随着全球自动化需求的增长、IT 技术及互联网的发展，基于 PC 的控制技术得到了迅猛的普及、发展，已成为继 PLC、DCS 等控制系统之后的又一新型控制系统。因此，组态软件的发展有了更广阔的空间。

1.2 组态软件在我国的发展及国内外主要产品介绍

1.2.1 组态软件在国内的发展状况

组态软件产品于 20 世纪 80 年代初出现，并在 20 世纪 80 年代末期进入我国。但在 20 世纪 90 年代中期之前，组态软件在我国的应用并不普及。究其原因，大致有以下几点：

（1）国内用户还缺乏对组态软件的认识，项目中没有组态软件的预算，或宁愿投入人力物力针对具体项目进行长周期的繁冗的上位机的编程开发，而不采用组态软件。

（2）在很长时间里，国内用户的软件意识还不强，面对价格不菲的进口软件（早期的组态软件多为国外厂家开发），很少有用户愿意去购买正版。

（3）当时国内的工业自动化和信息技术应用的水平还不高，组态软件提供了对大规模应用、大量数据进行采集、监控、处理并可以将处理的结果生成管理所需的数据，这些需求并未完全形成。

1.2.2 常用组态软件的介绍

随着工业控制系统应用的深入，在面临规模更大、控制更复杂的控制系统时，人们逐渐意识到原有的上位机编程的开发方式，对项目来说是费时费力、得不偿失的，同时，MIS（管理信息系统，management information system）和 CIMS（计算机集成制造系统，computer integrated manufacturing system）的大量应用，要求工业现场为企业的生产、经营、决策提供更详细和深入的数据，以便优化企业生产经营中的各个环节。因此，在 1995 年以后，组态软件在国内的应用逐渐得到了普及。下面对几种组态软件分别进行介绍。

Intouch：Wonderware 的 Intouch 软件是最早进入我国的组态软件。在 20 世纪 80 年代末 90 年代初，基于 Windows 3.1 的 Intouch 软件曾让我们耳目一新，并且 Intouch 提供了丰富的图库。但是，早期的 Intouch 软件采用 DDE 方式与驱动程序通信，性能较差，Intouch 7.0 版已经完全基于 32 位的 Windows 平台，并且提供了 OPC（ole for process control）支持。

Fix：Intellution 公司以 Fix 组态软件起家，1995 年被爱默生集团收购，现在是爱默生集团的全资子公司，Fix6. x 软件提供工控人员熟悉的概念和操作界面，并提供完备的驱动程序（需单独购买）。Intellution 公司将自己最新的产品系列命名为 IFix，在 IFix 中，Intellution 提供了强大的组态功能，但新版本与以往的 6. x 版本并不完全兼容。原有的 Script 语言改为 VBA（visual basic for application），并且在内部集成了微软的 VBA 开发环境。遗憾的是，Intellution 并没有提供 6.1 版脚本语言到 VBA 的转换工具。在 IFix 中，Intellution 公司的产品与微软的操作系统、网络进行了紧密的集成。Intellution 也是 OPC 组织的发起成员之一。IFix 的 OPC 组件和驱动程序同样需要单独购买。

Citech：Citech 也是较早进入中国市场的产品。Citech 具有简洁的操作方式，但其操作方式更多的是面向程序员，而不是工控用户。Citech 提供了类似 C 语言的脚本语言进行二次开发，但与 IFix 不同的是，Citech 的脚本语言并非是面向对象的，这无疑为用户进行二次开发增加了难度。

WinCC：SIMENS 的 WinCC 也是一套完备的组态开发环境，SIMENS 提供类 C 语言的脚本，包括一个调试环境。WinCC 内嵌 OPC 支持，并可对分布式系统进行组态。但 WinCC

的结构较复杂，用户最好经过 SIMENS 的培训以掌握 WinCC 的应用。

kingview（组态王）：组态王是国内第一家较有影响的组态软件开发公司开发的软件，它提供资源管理器式的操作主界面，并且提供以汉字作为关键字的脚本语言支持，同时还提供多种硬件驱动程序。组态王软件是一种通用的工业监控软件，它融过程控制设计、现场操作及工厂资源管理于一体，将一个企业内部的各种生产系统和应用以及信息交流汇集在一起，实现最优化管理。它基于微软 WINXP/WINNT/WIN2000 操作系统，用户在企业网络的所有层次的各个位置上都可以及时获得系统的实时信息。采用组态王软件开发工业监控工程，可以极大地增强用户生产控制能力，提高工厂的生产力和效率。组态王软件适用于从单一设备的生产运营管理和故障诊断，到网络结构分布式大型集中监控管理系统的开发。

Controx（开物）：Controx 2000 是全 32 位的组态开发平台，为工控用户提供了强大的实时曲线、历史曲线、报警、数据报表及报告功能。作为国内最早加入 OPC 组织的软件开发商，Controx 内建 OPC 支持，并提供数十种高性能驱动程序。提供面向对象的脚本语言编译器，支持 Active X 组件和插件的即插即用，并支持通过 ODBC 连接外部数据库。Controx 同时提供网络支持功能。

Forcecontrol（力控）：Forcecontrol（力控）是国内较早就已经出现的组态软件之一。只是因为早期力控一直没有作为正式商品广泛推广，所以并不为大多数人所知。在 1993 年左右，力控组态软件就已形成了第一个版本，只是那时还是一个基于 DOS 的版本。后来随着 Windows 3.1 的流行，又开发出了 16 位 Windows 版的力控。直至 Windows 95 版本的力控诞生之前，其主要用于公司内部的一些项目。32 位下的 1.0 版的力控，在体系结构上就已经具备了较为明显的先进性，其最大的特征之一就是其基于真正意义的分布式实时数据库的三层结构，而且其实时数据库结构可为可组态的活结构。在 1999~2000 年期间，力控得到了长足的发展，最新推出的版本在功能的丰富特性、易用性、开放性和 I/O 驱动数量，都得到了很大的提高。在很多环节的设计上，力控都能从国内用户的角度出发，既注重实用性，又不失大软件的规范。

MCGS（昆仑通态）：MCGS 为用户提供了解决实际工程问题的完整方案和开发平台，能够完成现场数据采集、实时和历史数据处理、报警和安全机制、流程控制、动画显示、趋势曲线和报表以及企业监控网络等功能。使用 MCGS，用户无须具备计算机编程知识，就可以在短时间内完成一个运行稳定、功能成熟、维护量小并具备专业水准的计算机监控系统的开发工作。

其他常见的组态软件还有 GE 的 Cimplicity，Rockwell 的 RsView，Ni 的 Lookout，PCsoft 的 Wizcon，也都各有特色。

1.3 组态软件的功能特点及发展趋势

目前看到的所有组态软件都能完成类似的功能：几乎所有运行于 32 位 Windows 平台的组态软件都采用类似资源浏览器的窗口结构，并且对工业控制系统中的各种资源（设备、标签量、画面等）进行配置和编辑；都提供多种数据驱动程序；都使用脚本语言提供二次开发的功能等。但是，从技术上说，各种组态软件提供实现这些功能的方法却各不相同。从这些不同之处及 PC 技术发展的趋势，可以看出组态软件未来发展的方向。

1.3.1 数据采集的方式

大多数组态软件提供多种数据采集程序，用户可以进行配置。然而，在这种情况下，驱动程序只能由组态软件开发商提供，或者由用户按照某种组态软件的接口规范编写，这为用户提出了过高的要求。由 OPC 基金组织提出的 OPC 规范基于微软的 OLE/DCOM 技术，提供了在分布式系统下软件组件交互和共享数据的完整的解决方案。在支持 OPC 的系统中，数据的提供者作为服务器(server)，数据请求者作为客户(client)，服务器和客户之间通过 DCOM 接口进行通信，而无需知道对方内部实现的细节。由于 com 技术是在二进制代码级实现的，所以服务器和客户可以由不同的厂商提供。在实际应用中，作为服务器的数据采集程序往往由硬件设备制造商随硬件提供，可以发挥硬件的全部效能，而作为客户的组态软件可以通过 OPC 与各厂家的驱动程序无缝连接，故从根本上解决了以前采用专用格式驱动程序总是滞后于硬件更新的问题。同时，组态软件同样可以作为服务器为其他的应用系统（如 mis 等）提供数据。OPC 现在已经得到了包括 Interllution、SIMENS、GE、ABB 等国外知名厂商的支持。随着支持 OPC 的组态软件和硬件设备的普及，使用 OPC 进行数据采集必将成为组态中更合理的选择。

1.3.2 脚本的功能

脚本语言是扩充组态系统功能的重要手段，因此，大多数组态软件提供了脚本语言的支持。具体的实现方式可分为三种：①内置的类 C/Basic 语言；②采用微软的 VBA 的编程语言；③有少数组态软件采用面向对象的脚本语言。类 C/Basic 语言要求用户使用类似高级语言的语句书写脚本，使用系统提供的函数调用组合完成各种系统功能。应该指明的是，多数采用这种方式的国内组态软件，对脚本的支持并不完善，许多组态软件只提供 IF…THEN…ELSE 的语句结构，不提供循环控制语句，为书写脚本程序带来了一定的困难。微软的 VBA 是一种相对完备的开发环境，采用 VBA 的组态软件通常使用微软的 VBA 环境和组件技术，把组态系统中的对象以组件方式实现，使用 VBA 的程序对这些对象进行访问。由于 Visual Basic 是解释执行的，所以 VBA 程序的一些语法错误可能到执行时才能发现。而面向对象的脚本语言提供了对象访问机制，对系统中的对象可以通过其属性和方法进行访问，比较容易学习、掌握和扩展，但实现比较复杂。

1.3.3 组态环境的可扩展性

可扩展性为用户提供了在不改变原有系统的情况下，向系统内增加新功能的能力，这种增加的功能可能来自于组态软件开发商、第三方软件提供商或用户自身。增加功能最常用的手段是 ActiveX 组件的应用，目前还只有少数组态软件能提供完备的 ActiveX 组件引入功能及实现引入对象在脚本语言中的访问。

1.3.4 组态软件的开放性

随着管理信息系统和计算机集成制造系统的普及，生产现场数据的应用已经不仅局限于数据采集和监控。在生产制造过程中，需要现场的大量数据进行流程分析和过程控制，以实现对生产流程的调整和优化。现有的组态软件对大部分这些方面的需求还只能以报表的形式提供，或者通过 ODBC 将数据导出到外部数据库，以供其他的业务系统调用，绝大多数情况下，仍然需要进行再开发才能实现。随着生产决策活动对信息需求的增加，可以预见，组态软件与管理信息系统或领导信息系统的集成必将更加紧密，并很可能以实现数据分析与决策功能的模块形式在组态软件中出现。

1.3.5　对 Internet 的支持程度

现代企业的生产方式已经趋向国际化、分布式，Internet 将是实现分布式生产的基础。组态软件能否从原有的局域网运行方式跨越到支持 Internet，是摆在所有组态软件开发商面前的一个重要课题。限于国内目前的网络基础设施和工业控制应用的程度，在较长时间内，以浏览器方式通过 Internet 对工业现场的监控，将会在大部分应用中停留于监视阶段，而实际控制功能的完成应该通过更稳定的技术，如专用的远程客户端、由专业开发商提供的 Active X 控件或 Java 技术实现。

1.3.6　组态软件的控制功能

随着以工业 PC 为核心的自动控制集成系统技术的日趋完善和工程技术人员的使用组态软件水平的不断提高，用户对组态软件的要求已不像过去那样主要侧重于画面，而是要考虑一些实质性的应用功能，如软 PLC、先进过程控制策略等。

1.3.7　组态软件的发展趋势

随着企业提出的高柔性、高效益的要求，以经典控制理论为基础的控制方案已经不再适用，而以多变量预测控制为代表的先进控制策略的提出和成功应用之后，先进过程控制受到了过程工业界的普遍关注。先进过程控制（advanced process control，APC）是指一类在动态环境中，基于模型并充分借助计算机能力，为工厂获得最大理论而实施的运行和控制策略。先进控制策略主要有双重控制及阀位控制、纯滞后补偿控制、解耦控制、自适应控制、差拍控制、状态反馈控制、多变量预测控制、推理控制及软测量技术、智能控制（专家控制、模糊控制和神经网络控制）等，尤其是智能控制已成为开发和应用的热点。目前，国内许多大企业纷纷投资，在装置自动化系统中实施先进控制。国外许多控制软件公司和 DCS 厂商都在竞相开发先进控制和优化控制的工程软件包。可以看出，能嵌入先进控制和优化控制策略的组态软件必将受到用户的极大欢迎。

用户的需求促使技术不断进步，在组态软件上这种趋势体现得尤为明显。未来的组态软件将是提供更加强大的分布式环境下的组态功能、全面支持 Active X、扩展能力强、支持 OPC 等工业标准、控制功能强、能通过 Internet 进行访问的开放式系统。

组态软件处于监控系统的中间位置，其在纵向和横向方面的功能如下：

（1）纵向方面，上、下均具有比较完整的接口，因此对上、下应用系统的渗透能力也是组态软件的一种本能。其向上管理功能日渐强大，在实时数据库及其管理系统的配合下，具有部分 MIS、MES 或调度功能，尤以报警管理与检索、历史数据检索、操作日志管理、复杂报表等功能较为常见。向下日益具备网络管理（或节点管理）功能：在安装有同一种组态软件的不同节点上、在设定完地址或计算机名称后，互相间能够自动访问对方的数据库。组态软件的这一功能，与 OPC 规范以及 IEC 61850 规约、BACNet（buliding automation control network）等现场总线的功能类似，反映出其网络管理能力日趋完善的发展趋势。

（2）横向方面，监控、管理范围及应用领域扩大，只要同时涉及实时数据通信（无论是双向还是单向）、实时动态图形界面显示、必要的数据处理、历史数据存储及显示，就存在对组态软件的潜在需求。

1.3.8 组态软件的应用范围日益扩大

除了大家熟知的工业自动化领域，近几年监控组态软件的新增长领域如下：

（1）设备管理或资产管理（plant asset management，PAM）。此类软件的代表是艾默生公司的设备管理软件 AMS。PAM 所包含的范围很广，其共同点是实时采集设备的运行状态，累积设备的各种参数（如运行时间、检修次数、负荷曲线等），及时发现设备隐患，预测设备寿命，提供设备检修建议，对设备进行实时综合诊断。

（2）先进控制或优化控制系统。在工业自动化系统获得普及以后，为提高控制质量和控制精度，很多用户开始引进先进控制或优化控制系统。这些系统包括自适应控制、（多变量）预估控制、无模型控制器、鲁棒控制、智能控制（专家系统、模糊控制、神经网络等）以及其他依据新控制理论而编写的控制软件等。这些控制软件的常项是控制算法，使用监控组态软件主要解决控制软件的人机界面、与控制设备的实时数据通信等问题。

（3）工业仿真系统。仿真软件为用户操作模拟对象提供了与实物几乎相同的环境。仿真软件不但节省了巨大的培训成本开销，还提供了实物系统所不具备的智能特性。仿真系统的开发商专长于仿真模块的算法，在实时动态图形显示、实时数据通信方面并不一定有优势，但监控组态软件与仿真软件间可通过高速数据接口联为一体，因此在教学、科研仿真应用中的应用越来越广泛。

（4）电网系统信息化建设。电力自动化是监控组态软件的一个重要应用领域，电力是国家的基础行业，其信息化建设是多层次的，由此决定了对组态软件的多层次需求。

（5）智能建筑。物业管理的主要需求是能源管理（节能）和安全管理，这一管理模式要求建筑物智能设备必须联网。智能建筑行业在能源计量、变配电、安防、门禁、消防系统系统等方面需求旺盛。

（6）公共安全监控与管理。公共安全的隐患可造成突发事件应急失当，容易造成城市公共设施瘫痪、人员群死群伤等恶性灾难。公共安全监控包括：

1）人防（车站、广场）等市政工程有毒气体浓度监控及火灾报警。

2）水文监测，包括水位、雨量、闸位、大坝的实时监控。

3）重大建筑物（如桥梁等）健康状态监控，及时发现隐患，预报事故的发生。

（7）机房动力环境监控。在电信、铁路、银行、证券、海关等行业以及国家重要的机关部门，计算机服务器的正常工作是业务和行政正常进行的必要条件，因此存放计算机服务器的机房重地已经成为监控的重点，监控的内容包括 UPS 工作参数及状态、电池组的工作参数及状态、空调机组的运行状态及参数、漏水监测、发电机组监测、环境温湿度监测、环境可燃气体浓度监测、门禁系统监测等。

（8）城市危险源实时监测。对存放危险源的场所、危险源行踪的监测。避免放射性物质和剧毒物质失控流通。

（9）国土资源立体污染监控。对土壤、大气中与农业生产有关的污染物含量进行实时监测，建立立体式实时监测网络。

（10）城市管网系统实时监控及调度。包括供水管网、燃气管网、供热管网等的监控。

本书将以国产组态软件组态王为例讲述对工程进行组态。

第2章

kingview 组态软件与 I/O 设备管理

2.1 组态王概述

组态王的特点及功能如下：

（1）可视化操作界面。

（2）自动建立 I/O 点。

（3）分布式存储报警和历史数据。

（4）设备集成能力强，可连接几乎所有设备和系统。

（5）流程图监控功能。

（6）完整的脚本编辑功能。

（7）实时趋势监视功能。

（8）全面报警功能。

（9）历史数据管理功能。

（10）报表展示功能。

2.2 组态王的安装

2.2.1 系统要求

以组态王 kingview 6.53 为例，对计算机及操作系统的具体配置要求如下：

（1）CPU：P4 1GHz 以上或相当型号。

（2）内存：最少 128MB、推荐 256MB，使用 Web 功能或 2000 点以上推荐 512MB。

（3）显示器：VGA、SVGA 或支持桌面操作系统的任何图形适配器，要求最少显示 256 色。

（4）鼠标：任何 PC 兼容鼠标。

（5）通信：RS232C。

（6）并行口或 USB 口：用于接入组态王加密锁。

（7）操作系统：Windows 2000（sp4）/Windows XP（sp2）简体中文版。

2.2.2 安装组态王系统程序

组态王软件存于一张光盘上。光盘上的安装程序 Install.exe 会自动运行，启动组态王安装过程向导。

组态王的安装步骤如下（以 Windows 2000 下的安装为例，Windows XP 下的安装与此相同)：

第一步：启动计算机系统。

第二步：在光盘驱动器中插入组态王的安装盘，系统自动启动 Install.exe 安装程序。用户也可通过光盘中的 Install.exe 启动安装程序。

图 2-1 启动组态王安装程序

该安装界面左面有一列按钮，将光标移动到按钮各个位置上时，会在右边图片位置上显示各按钮中安装内容提示，如图 2-1 所示。左边各个按钮作用分别为：

“安装阅读”：安装前阅读，用户可以获取到关于版本更新信息、授权信息、服务和支持信息等。

“安装组态王程序”：安装组态王程序。

“安装组态王驱动程序”：安装组态王 I/O 设备驱动程序。

“安装加密锁驱动程序”：安装授权加密锁驱动程序。

“退出”：退出安装程序。

第三步：开始安装。单击“安装组态王程序”按钮，将自动安装组态王软件到用户的硬盘目录，并建立应用程序组，弹出对话框如图 2-2 所示。

单击“下一步”按钮，弹出软件许可协议对话框，如图 2-3 所示。该对话框的内容为软件许可法律约定，用户应认真阅读。如果用户同意许可协议中的条款，单击“是”按钮继续安装；如果不同意，单击“否”按钮退出安装。如单击“上一步”按钮，则返回上一个对话框。

在图 2-3 中，单击“是”按钮，弹出用户信息对话框，如图 2-4 所示。输入“用户名”和“公司名称”(单击“上一步”按钮返回上一个对话框；单击“取消”按钮退出安装程序)，单击“下一步”按钮，弹出“请确认注册信息”对话框，如图 2-5 所示。

如果对话框中的用户注册错误，单击“否”按钮返回用户信息对话框修改；如果正确，单击“是”按钮，进入程序安装阶段。

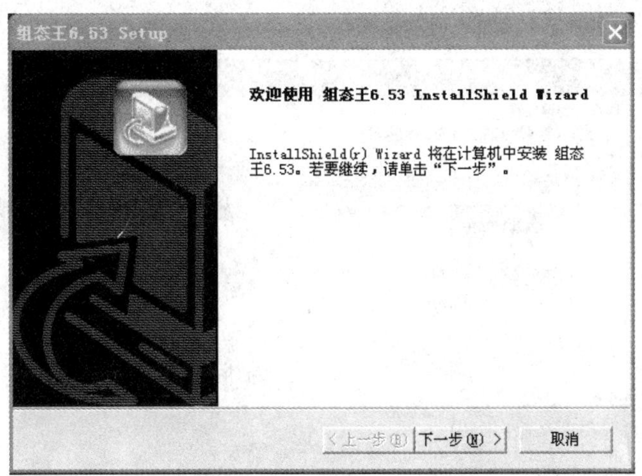

图 2-2　开始安装组态王

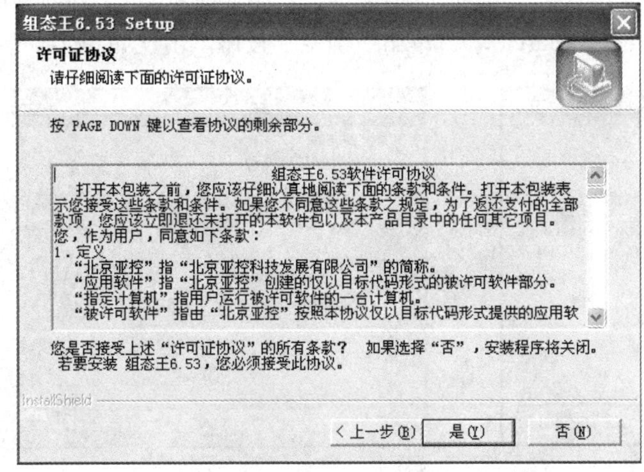

图 2-3　软件许可协议

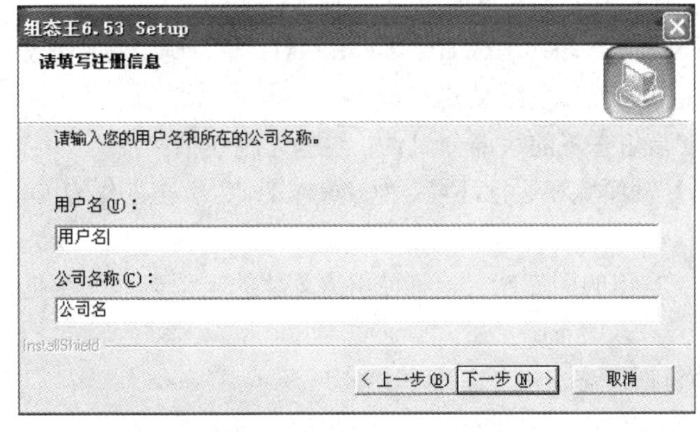

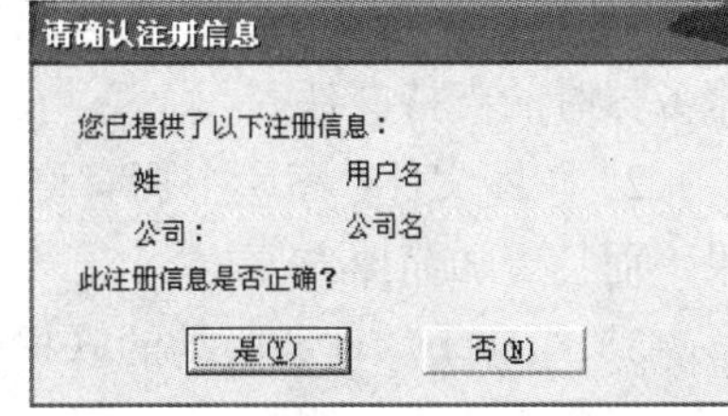

图 2-4　填入用户信息　　图 2-5　确认用户信息

第四步：选择软件组态王安装路径。确认用户注册信息后，弹出“选择目的地位置”对话框，选择程序的安装路径，如图 2-6 所示。

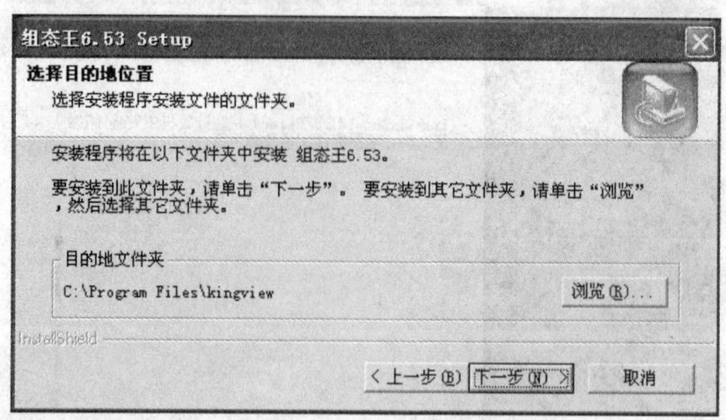

图 2-6　选择组态王系统安装路径

在对话框中确认组态王软件的安装目录。默认目录为 C:\Program Files\kingview，若希望安装到其它目录，单击“浏览”按钮，弹出如图 2-7 所示对话框。在对话框的“路径”中输入新的安装目录（如：C:\kingview），单击“确定”按钮，出现如图 2-8 所示对话框。

图 2-7　另建组态王安装路径

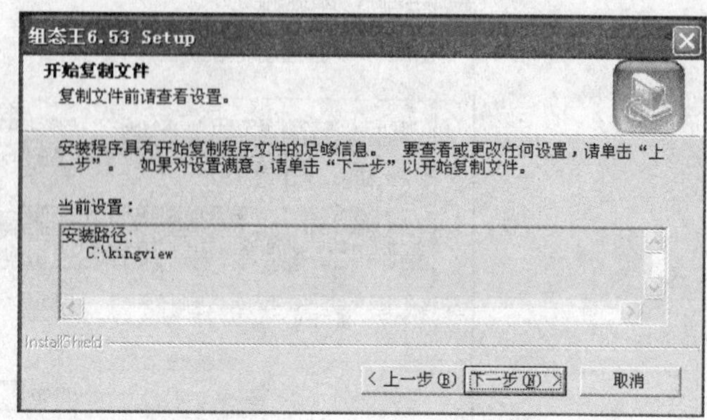

图 2-8　确定组态王软件安装路径

安装程序会按用户的要求创建目标文件夹，目标文件夹变为刚才输入的文件夹。

第五步：选择安装类型。单击“下一步”按钮，出现如图 2-9 所示对话框，确定安装类型。

安装方式共三种，即典型安装、压缩安装和自定义安装。

（1）典型安装。典型安装类型将安装组态王的大部分组件，这些组件包括：

1）组态王系统文件：包括组态王开发环境和运行环境、“OPC 文件”、组态王作为 OPC 服务器时的支持文件。

2）图库文件：图库中拥有许多精美实用的图库精灵，可使用户创建的工程更具有专业效果，而且更加简捷方便。

3）组态王软件和驱动的联机帮助包括组态王电子手册和组态王演示工程。

组态王工程示例中，kingdemo1、kingdemo2、kingdemo3 除画面分辨率不同外，其它方面都相同。

（2）压缩安装。安装组态王所需的最小组件，不安装帮助文件、示例文件和图库。

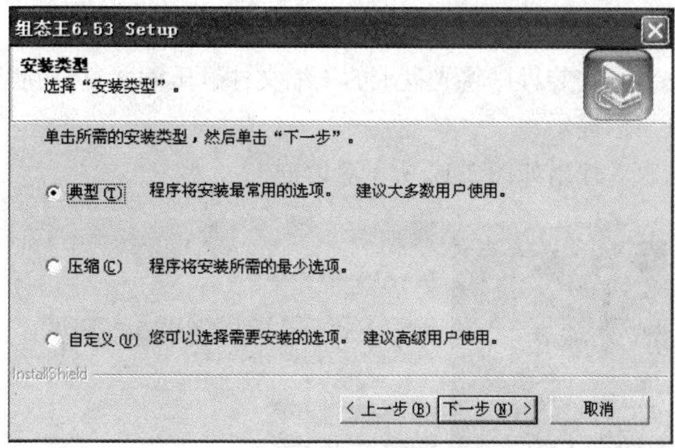

图 2-9　选择安装类型

（3）自定义安装。安装将按用户要求安装组件。若选择“自定义”安装，然后单击“下一步”，将出现如图 2-10 所示对话框，在所需的选项前划勾（最开始时全都已预选）。

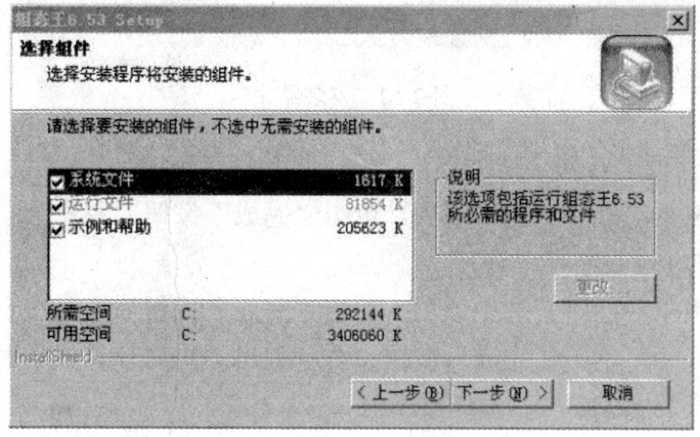

图 2-10　自定义安装选项

第六步：单击“下一步”按钮，出现如图 2-11 所示对话框。

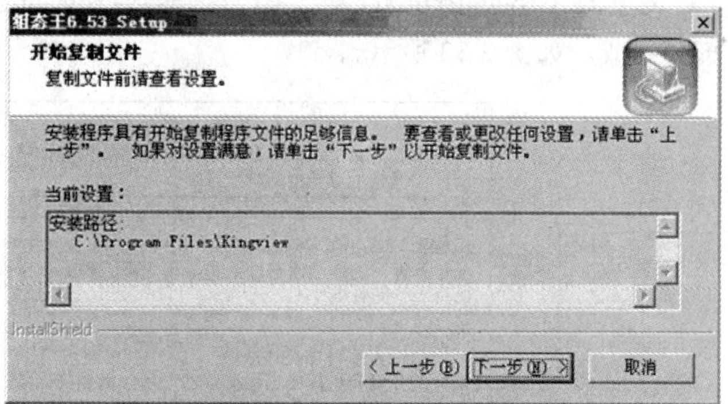

图 2-11　安装程序信息汇总

如果发现问题，单击“上一步”按钮可修改前面有问题的地方；如果没有问题，单击“下一步”按钮，开始安装。如安装过程中觉得前面有问题，可单击“取消”按钮停止安装。

第七步：开始安装。安装程序将光盘上的压缩文件解压缩并复制到默认或指定目录下，解压缩过程中有进度显示提示。

第八步：安装结束。弹出如图 2-12 所示对话框。

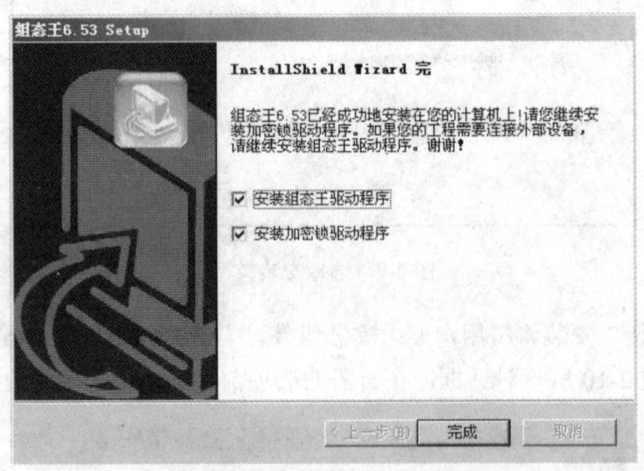

图 2-12　安装结束

图 2-12 所示对话框中有两个选项：

（1）安装组态王驱动程序。选中该项，单击“完成”按钮，系统会自动按照组态王的安装路径安装组态王的 I/O 设备驱动程序。

（2）安装加密锁驱动程序。选中该项，单击“完成”按钮后，系统自动启动加密锁驱动安装程序。安装完成后，单击“完成”按钮，系统弹出“重启计算机”对话框，重新启动计算机，组态王全部安装完成。

2.3　组态王的组成

组态王 6.53 由工程浏览器（TouchExplorer）、工程管理器（ProjManager）和画面运行系统（TouchView）三部分组成，如图 2-13 所示。

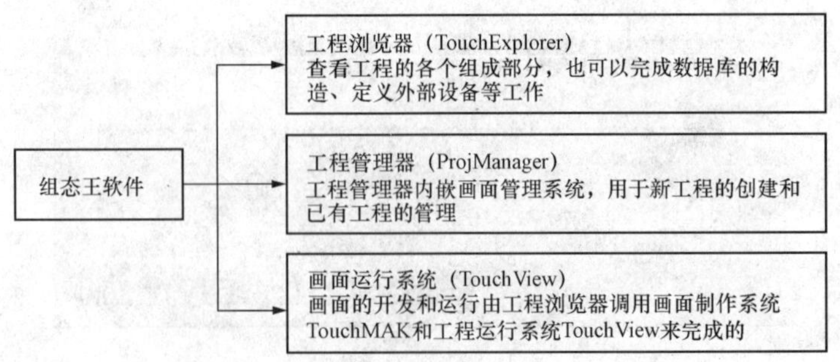

图 2-13　组态王组成图

（1）工程管理器（ProjManager）。工程管理器用于新工程的创建和已有工程的管理，对已有工程进行搜索、添加、备份、恢复以及实现数据词典的导入和导出等功能。

（2）工程浏览器（TouchExplorer）。工程浏览器是工程开发设计工具，用于创建监控画面、监控的设备及相关变量、动画链接、命令语言以及设定运行系统配置等的系统组态工具。

（3）画面运行系统（TouchView）。工程运行界面从采集设备中获得通信数据，并依据工程浏览器的动画设计显示动态画面，实现人与控制设备的交互操作。

2.4 组态王与 I/O 设备管理

组态王作为一个开放型的通用工业监控软件，支持与国内外常见的 PLC、智能模块、智能仪表、变频器、数据采集板卡等（如 SIEMENS PLC、莫迪康 PLC、欧姆龙 PLC、三菱 PLC 等）通过常规通信接口（如串口方式、USB 接口方式、以太网、总线、GPRS 等）进行数据通信。组态王与 I/O 设备进行通信一般是通过调用*.dll 动态库来实现的，不同的设备、协议对应不同的动态库。工程开发人员不必关心复杂的动态库代码及设备通信协议，只需使用组态王软件提供的设备定义向导，即可定义工程中使用的 I/O 设备，并通过变量的定义实现与 I/O 设备的关联，对用户来说既简单又方便。

2.4.1 组态王支持的几种通信方式

组态王支持的几种通信方式有串口通信、数据采集板、DDE 通信、人机界面卡、网络模块、OPC，如图 2-14 所示。

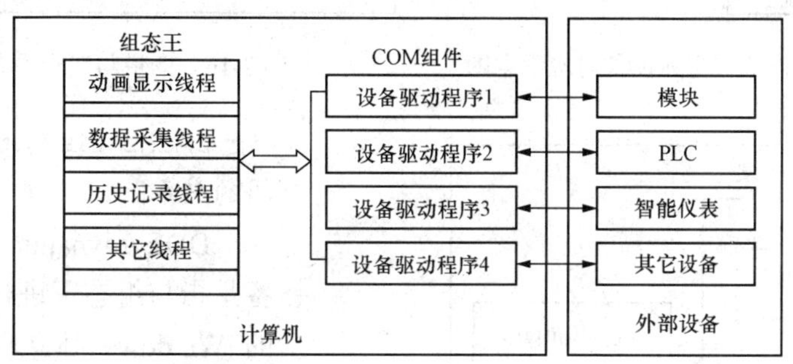

图 2-14 组态王支持的几种通信方式

2.4.2 设备管理

组态王的设备管理结构列出已配置的与组态王通信的各种 I/O 设备名，每个设备名实际上是具体设备的逻辑名称（简称逻辑设备名，以此区别 I/O 设备生产厂家提供的实际设备名），每一个逻辑设备名对应一个相应的驱动程序，以此与实际设备相对应。组态王的设备管理增加了驱动设备的配置向导，工程人员只要按照配置向导的提示进行相应的参数设置，选择 I/O 设备的生产厂家、设备名称、通信方式，指定设备的逻辑名称和通信地址，则组态王自动完成驱动程序的启动和通信，不再需要工程人员人工进行。

2.4.2.1 逻辑设备概念

组态王对设备的管理是通过对逻辑设备名的管理实现的，具体讲就是每一个实际 I/O 设备都必须在组态王中指定一个唯一的逻辑名称，此逻辑设备名就对应着该 I/O 设备的生产厂家、实际设备名称、设备通信方式、设备地址、与上位 PC 机的通信方式等信息内容。

例如：设有两台型号为 FX2-60MR PLC 作下位机控制工业生产现场，同时这两台 PLC 均要与装有组态王的上位机通信，则必须给两台 FX2-60MR PLC 指定不同的逻辑名，设备 PLC1、PLC2 为逻辑设备。逻辑设备与实际设备对应示意图如图 2-15 所示。

组态王设备管理中逻辑设备分为 DDE 设备、板卡类设备（即总线型设备）、串口类设备、人机界面卡、网络模块，工程人员根据自己的实际情况通过组态王的设备管理功能来配置、定义这些逻辑设备。

另外，组态王中的 I/O 变量与具体 I/O 设备的数据交换就是通过逻辑设备名来实现的，当工程人员在组态王中定义 I/O 变量属性时，就要指定与该 I/O 变量进行数据交换的逻辑设备名，I/O 变量与逻辑设备名之间的对应关系如图 2-16 所示。

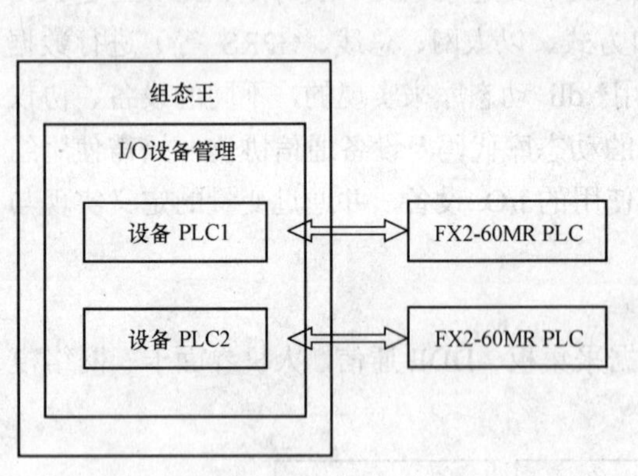

图 2-15　逻辑设备与实际设备对应示意图

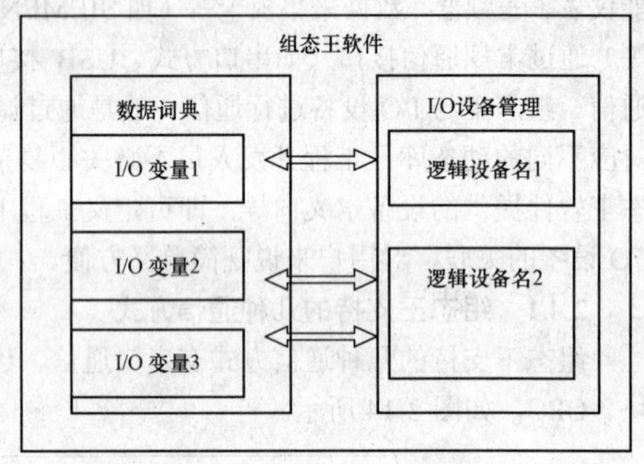

图 2-16　变量与逻辑设备间的对应关系

2.4.2.2　组态王与 DDE 设备之间的关系

DDE（dynamic data exchange）设备是指与组态王进行 DDE 数据交换的 Windows 独立应用程序，因此，DDE 设备通常就代表了一个 Windows 独立应用程序，该独立应用程序的扩展名通常为.EXE 文件，组态王与 DDE 设备之间通过 DDE 协议交换数据，如：Excel 是 Windows 的独立应用程序，当 Excel 与组态王交换数据时，采用 DDE 的通信方式进行。组态王与 DDE 设备之间的对应关系如图 2-17 所示。

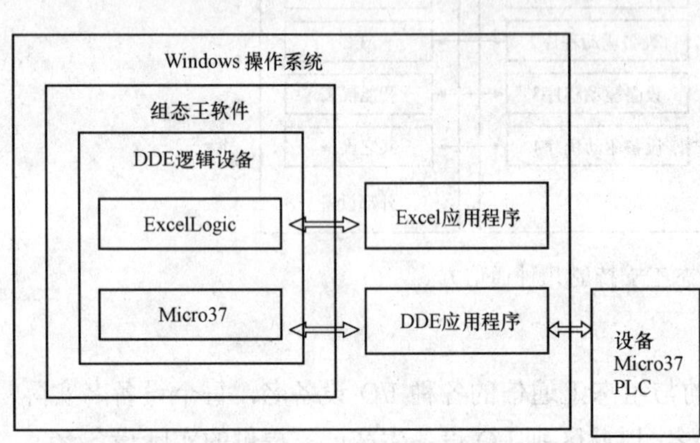

图 2-17　组态王与 DDE 设备之间的对应关系

2.4.2.3　组态王与板卡类设备之间的关系

板卡类逻辑设备实际上是组态王内嵌的板卡驱动程序的逻辑名称，内嵌的板卡驱动程序不是一个独立的 Windows 应用程序，而是以.DLL 形式供组态王调用，这种内嵌的板卡驱动程序对应着实际插入计算机总线扩展槽中的 I/O 设备，因此，一个板卡逻辑设备也就代表了一个实际插入计算机总线扩展槽中的 I/O 板卡。组态王与板卡类设备之间的关系如图 2-18 所示。

2.4.2.4　组态王与串口类设备之间的关系

串口类逻辑设备实际上是组态王内嵌的串口驱动程序的逻辑名称，内嵌的串口驱动程序不是一个独立的 Windows 应用程序，而是以.DLL 形式供组态王调用，这种内嵌的串口驱动程序对应着实际与计算机串口相连的 I/O 设备，因此，一个串口逻辑设备也就代表了一个实际与计算机串口相连的 I/O 设备。组态王与串口类设备之间的关系如图 2-19 所示。

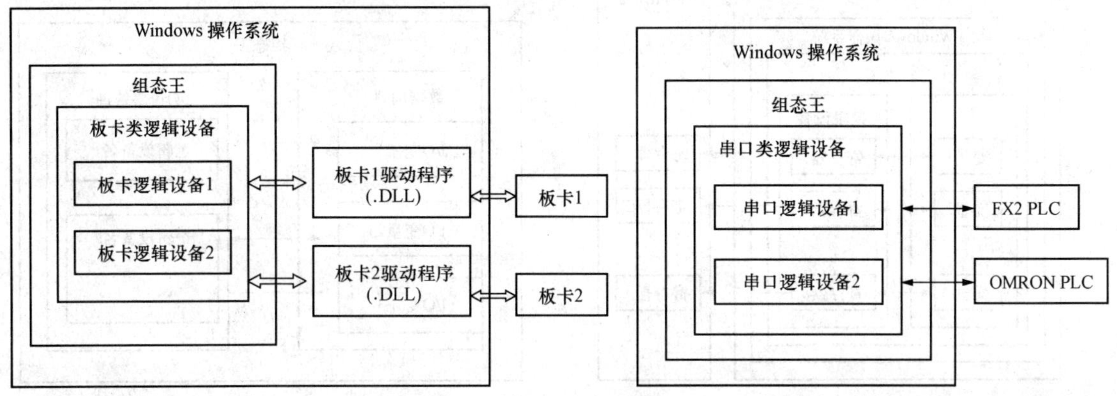

图 2-18　组态王与板卡设备之间的关系　　　图 2-19　组态王与串口设备之间的关系

2.4.2.5　组态王与人机界面卡之间的关系

人机界面卡又可称为高速通信卡，它既不同于板卡，也不同于串口通信，它一般由硬件厂商提供，如 SIEMENS 公司的 S7-300 用的 MPI 卡、莫迪康公司的 SA85 卡。通过人机界面卡可以使设备与计算机进行高速通信，不占用计算机本身所带 RS232 串口（这种人机界面卡一般插在计算机的 ISA 板槽上）。组态王与人机界面卡之间的关系如图 2-20 所示。

2.4.2.6　组态王与网络模块之间的关系

组态王利用以太网和 TCP/IP 协议可以与专用的网络通信模块进行连接。例如选用松下 ET-LAN 网络通信单元通过以太网与上位机相连，该单元和其它计算机上的组态王运行程序使用 TCP/IP 协议，连接如图 2-21 所示。

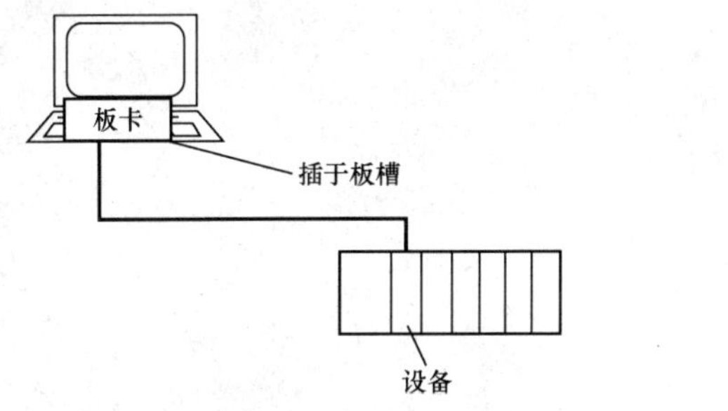

图 2-20　组态王与人机界面卡之间的关系

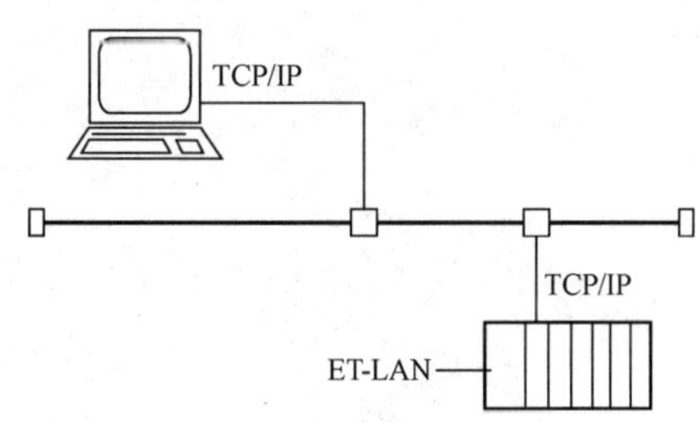

图 2-21　组态王与网络模块之间的关系

2.4.3　组态王中变量、逻辑设备与实际设备的对应关系

在组态王中，具体 I/O 设备与逻辑设备名是一一对应的，有一个 I/O 设备就必须指定一个唯一的逻辑设备名，特别是设备型号完全相同的多台 I/O 设备，也要指定不同的逻辑设备名。组态王中变量、逻辑设备与实际设备对应的关系如图 2-22 所示。

2.4.4 组态王中 I/O 变量与逻辑设备间的对应关系

组态王中的 I/O 变量与具体 I/O 设备的数据交换就是通过逻辑设备名来实现的，当工程人员在组态王中定义 I/O 变量属性时，就要指定与该 I/O 变量进行数据交换的逻辑设备名，I/O 变量与逻辑设备名之间的关系如图 2-23 所示。

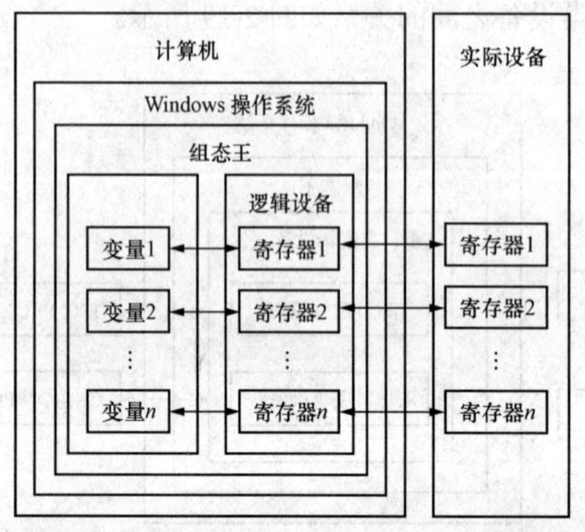

图 2-22 变量、逻辑设备与实际设备的对应关系

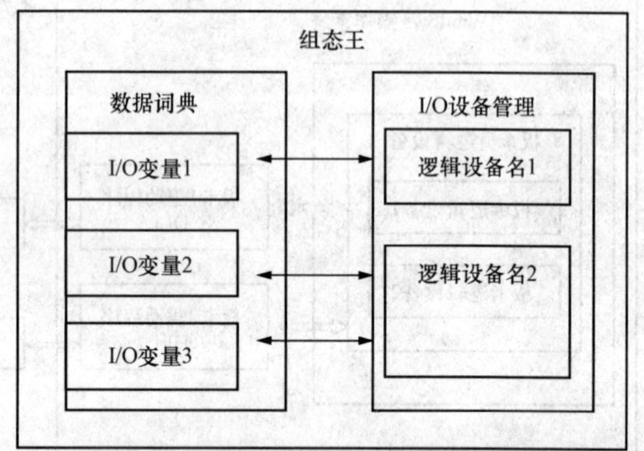

图 2-23 组态王中的 I/O 变量与逻辑设备之间的对应关系

2.4.5 定义 I/O 设备

在了解了组态王逻辑设备的概念后，工程人员就可以轻松地在组态王中定义所需的设备。进行 I/O 设备配置时，将弹出相应的配置向导页，可以方便快捷地添加、配置、修改硬件设备。组态王提供大量不同类型的驱动程序，工程人员可以根据自己实际安装的 I/O 设备选择相应的驱动程序。

第3章

新 建 工 程

3.1 建立工程的一般过程

通常情况下，建立一个应用工程大致可分为以下几个步骤：

第一步：创建新工程。为工程创建一个目录用来存放与工程相关的文件。

第二步：定义硬件设备并添加工程变量。添加工程中需要的硬件设备和工程中使用的变量，包括内存变量和I/O 变量。

第三步：制作图形画面并定义动画连接。按照实际工程的要求绘制监控画面，并使静态画面随着过程控制对象产生动态效果。

第四步：编写命令语言。通过脚本程序的编写以完成较复杂的控制。

第五步：进行运行系统的配置。对运行系统、报警、历史数据记录、网络、用户等进行设置，是系统完成用于现场前的必备工作。

第六步：保存工程并调试运行。

完成以上步骤后，一个可以拿到现场运行的工程就制作完成了。

本章以建立一个监控中心为示例介绍。监控中心从现场采集生产数据，以动画形式直观地显示在监控画面上。监控画面还将显示实时趋势和报警信息，并提供历史数据查询的功能及数据报表的统计，并完成简单的控制。并且，还可将实时数据保存到关系数据库中，并进行数据库的查询。

3.2 工 程 管 理 器

3.2.1 工程管理器的使用

组态王工程管理器用来建立新工程，对添加到工程管理器的工程进行统一的管理。工程管理器的主要功能包括：新建、删除工程，对工程重命名，搜索组态王工程，修改工程属性，工程备份、恢复，数据词典的导入、导出，切换到组态王开发或运行环境等。

如果已经正确安装了组态王 6.53，选择“开始”→“程序”→“组态王 6.53”→“组态王 6.53”选项，或直接双击桌面上组态王的快捷方式即可启动工程管理器。启动后的“工程管理器”窗口如图 3-1 所示。

3.2.2　工程管理器部分菜单及按钮说明

搜索：单击此键或选择“文件”→“搜索工程”选项，打开“浏览文件夹”对话框，如图 3-2 所示。在弹出的“浏览文件夹”对话框中选择某一驱动器或某一文件夹，系统将搜索指定目录下的组态王工程，并将搜索到的工程显示在工程列表区中。“搜索工程”是用来把计算机的某个路径下的所有的工程一起添加到组态王的工程管理器，它能够自动识别所选路径下的组态王工程，为一次添加多个工程提供了方便。

图 3-1　组态王“工程管理器”窗口

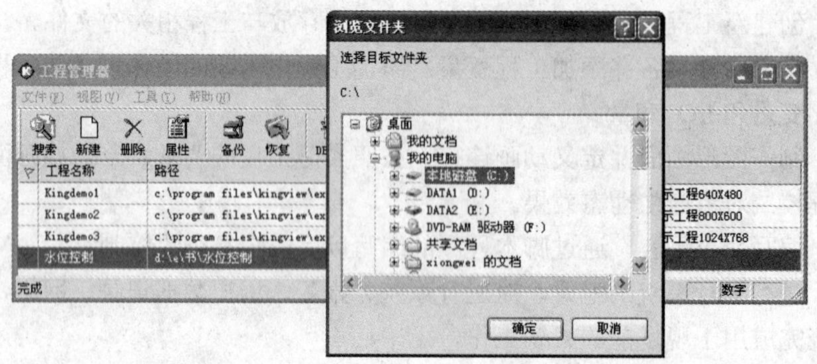

图 3-2　“浏览文件夹”对话框

添加工程：将要添加的工程添加到工程管理器中，方便工程的集中管理。选择工程管理器菜单中“文件”→“添加工程”选项，在弹出的“浏览文件夹”对话框中选择工程所在的驱动器、文件夹，如图 3-3 所示，单击“确定”按钮后系统自动将指定目录下的组态王工程添加到工程列表区中。利用“添加工程”可将保存在目录中指定的组态王工程添加到工程列表区中，以备对工程进行管理。

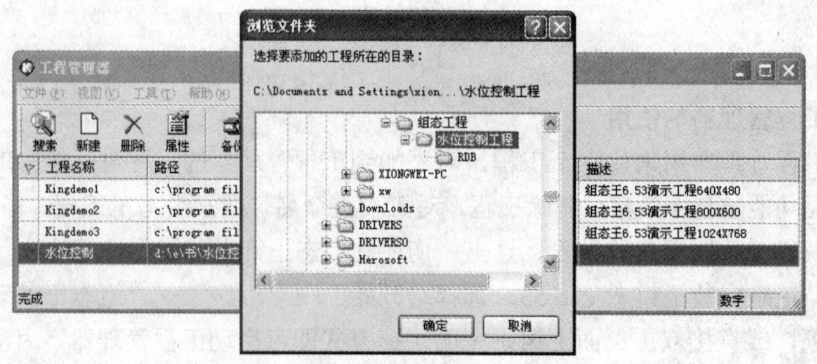

图 3-3　搜索及添加工程

新建：单击此按钮或选择“文件”→“新建工程”选项，或单击“工程管理器”上的“新建”快捷键，弹出“新建工程向导之一”对话框，如图 3-4 所示。

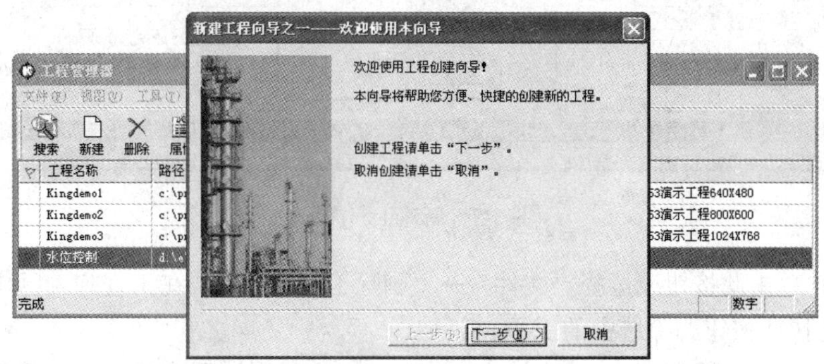

图 3-4 “新建工程向导之一”对话框

单击“下一步”按钮弹出“新建工程向导之二”对话框，如图 3-5 所示。

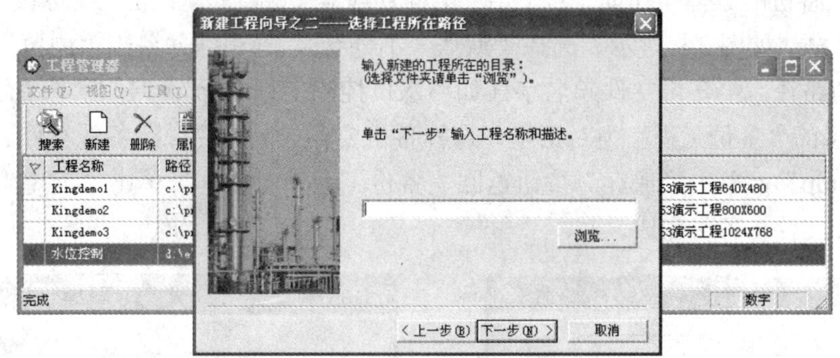

图 3-5 “新建工程向导之二”对话框

单击“浏览”按钮，选择新建工程所要存放的路径，输入工程名称及描述，单击“下一步”按钮，弹出“新建工程向导之三”对话框，如图 3-6 所示。

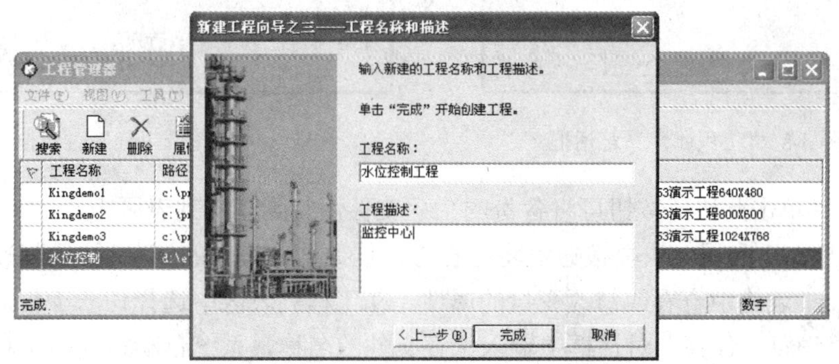

图 3-6 “新建工程向导之三”对话框

单击“完成”按钮会出现“是否将新建的工程设为当前工程？”的提示，如图 3-7 所示。组态王的当前工程的意义是指直接进行开发或运行所指定的工程。

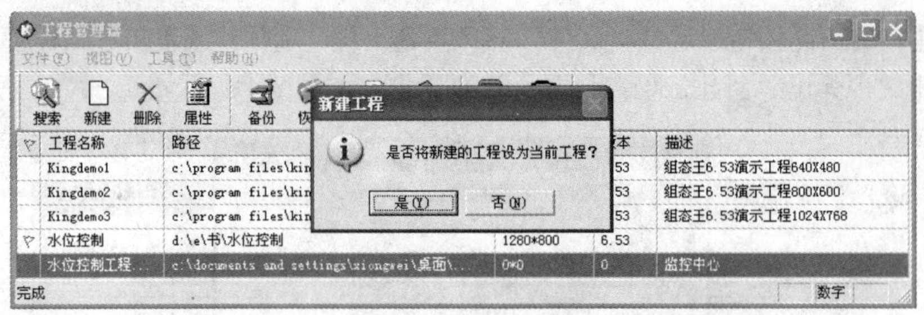

图 3-7　新建工程提示

删除：单击此按钮或选择“文件”→“删除工程”选项，在工程列表区中选择任一工程后，单击此快捷按钮删除选中的工程。

属性：单击此图标按钮或选择“文件”→“工程属性”选项，在工程列表区中选择任一工程后，单击此快捷按钮弹出“工程属性”对话框，如图 3-8 所示。

备份：单击此按钮，在需要保留工程文件的时候，把组态王工程压缩成组态王自己的“.cmp”文件。备份的具体操作如下：单击“工程管理器”窗口的“备份”图标按钮，弹出“备份工程”对话框，如图 3-9 所示。选择“默认（不分卷）”选项，并单击“浏览”按钮，选择备份要存放的路径，给备份文件起名字（如“水位控制工程.cmp”），单击“保存”按钮，弹出图 3-10 所示的“备份工程”为对话框，选择备份要存放的路径，给备份文件起名（如“水位控制工程.cmp”），单击“保存”按钮返回“备份工程”对话框，单击“确定”按钮开始备份，生成备份文件，备份完成。

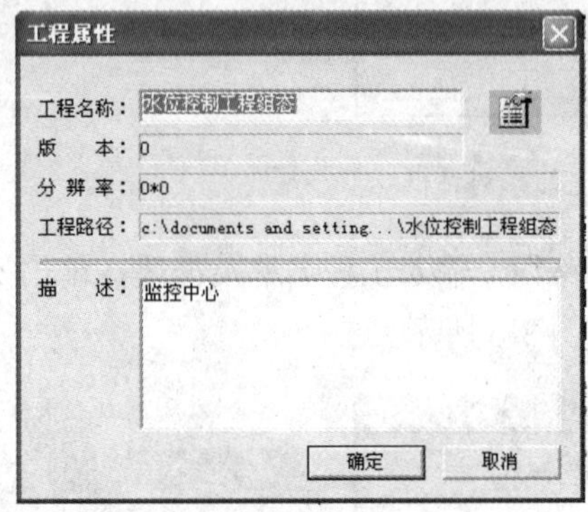

图 3-8 “工程属性”对话框

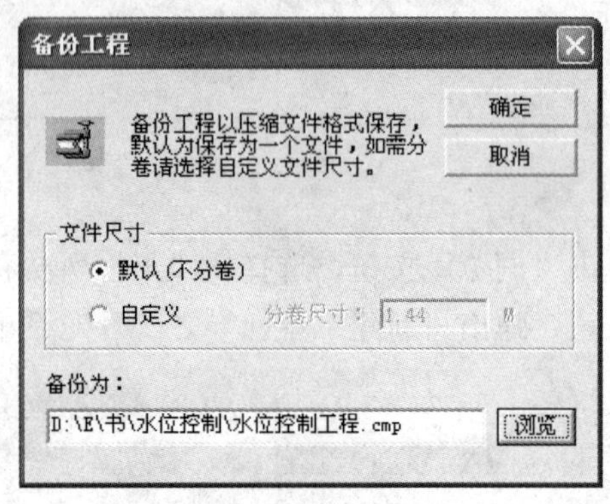

图 3-9 “备份工程”对话框

恢复：单击此快捷按钮可将备份的工程文件恢复到工程列表区中。

DB 导出：利用此快捷按钮可将组态王工程数据词典中的变量导出到 Excel 表格中，用户可在 Excel 表格中查看或修改变量的属性。在工程列表区中选择任一工程后，单击此按钮在弹出的“浏览文件夹”对话框中输入保存文件的名称，系统自动将选中工程的所有变量导出到 Excel 表格中。

DB 导入：利用此按钮可将 Excel 表格中编辑好的数据或利用“DB 导出”命令导出的变量导入到组态王数据词典中。在工程列表区中选择任一工程后，单击此按钮在弹出的“浏览文件夹”对话框中选择导入的文件名称，系统自动将 Excel 表格中的数据导入到组态王工程的数据词典中。

开发：在工程列表区中选择任一工程后，单击此按钮进入工程的开发环境。

运行：在工程列表区中选择任一工程后，单击此按钮进入工程的运行环境。

图 3-10 “备份工程”对话框之二

3.3 工 程 浏 览 器

工程浏览器是组态王的集成开发环境。在这里可以看到工程的各个组成部分，包括 Web、文件、数据库、设备、系统配置、SQL 访问管理器，它们以树形结构显示在“工程浏览器”窗口的左侧，如图 3-11 所示。工程浏览器的使用与 Windows 的资源管理器类似，它由菜单栏、工具栏、目录显示区、内容显示区、状态栏组成。目录显示区以树形结构图显示大纲项节点，用户可以扩展或收缩工程浏览器中所列的大纲项。

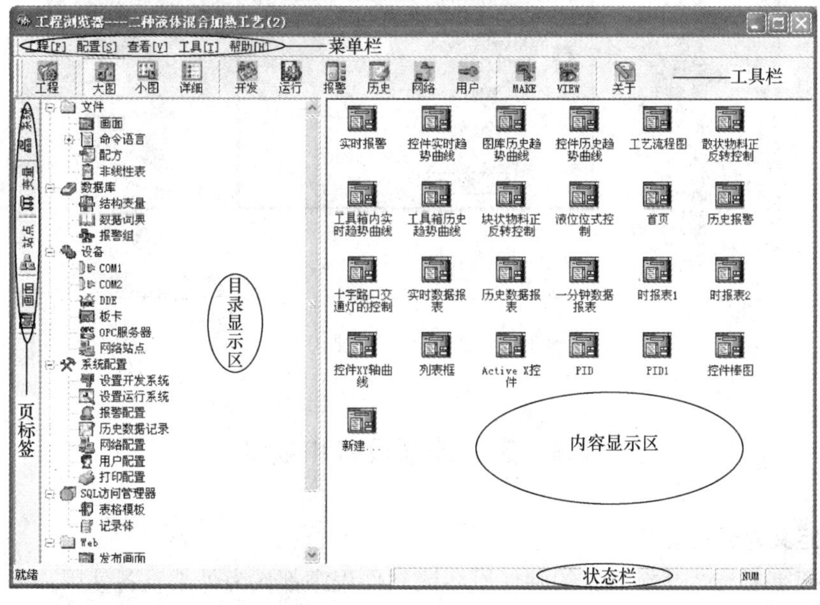

图 3-11 “工程浏览器”窗口

工程加密：工程加密是为了保护工程文件不被其他人随意修改，只有设定密码的人或知道密码的人才可以对工程进行编辑或修改。加密的步骤如下：选择“工具”→“工程加密”选项，如图 3-12 所示，弹出“工程加密处理”对话框，如图 3-13 所示，设置密码后，单击“确定”按钮，密码设定成功。如果退出开发系统，下次再登录时候就会提示要输入密码。注意：如果没有密码则无法进入开发系统。

如果想取消对工程的加密，在打开该工程后，选择“工具”→“工程加密”选项，弹出“工程加密处理”对话框，将密码设为空，单击“确定”按钮即可。

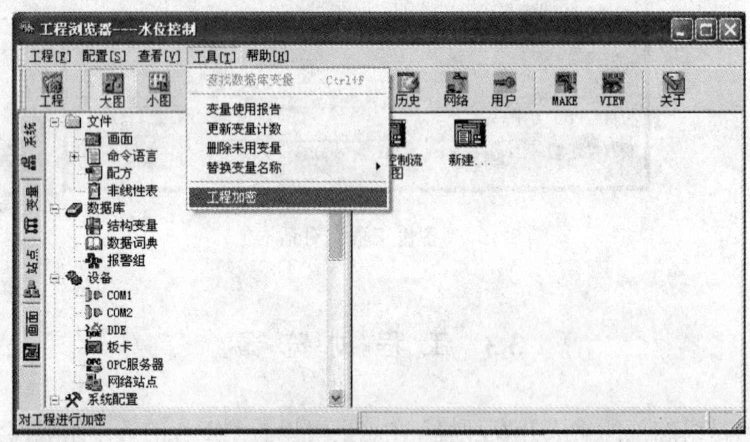

图 3-12　工程加密处理（一）

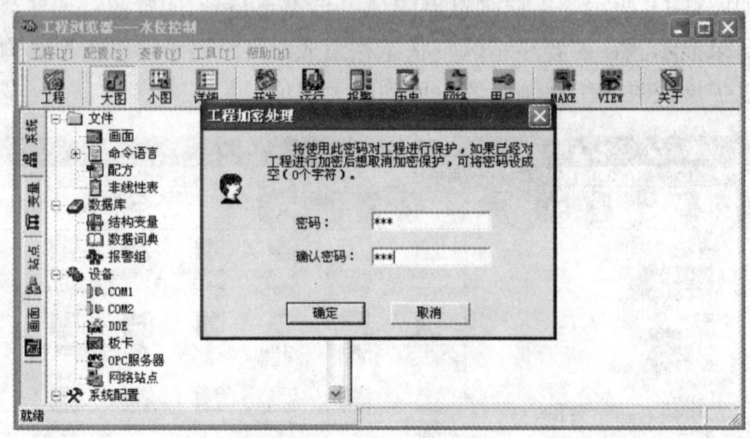

图 3-13　工程加密处理（二）

3.4　定义外部设备和变量

3.4.1　定义外部设备

组态王把需要与之交换数据的硬件设备或软件程序都作为外部设备使用。外部硬件设备通常包括 PLC、仪表、模块、变频器、板卡等，外部软件程序通常包括 DDE、OPC 等服务程序。

按照计算机和外部设备的通信连接方式，可分为串行通信（RS232/422/485）、以太网、专用通信卡（如 CP5611）等。在计算机和外部设备硬件连接好后，为了实现组态王和外部设备的实时数据通信，必须在组态王的开发环境中对外部设备和相关变量加以定义。为方便定义外部设备，组态王设计了“设备配置向导”，引导设计人员完成设备的连接。

【例 3-1】 以组态王及亚控公司自行设计的仿真 PLC（仿真程序）的通信为例叙述在组态王中定义设备和相关变量的步骤（实际硬件设备和变量定义方式与其类似）。

（1）在组态王“工程浏览器”树形目录中，选择“设备”选项，在右边的工作区中出现了“新建”图标，双击此“新建”图标，弹出“设备配置向导”对话框，如图 3-14 所示。

（2）在上述对话框中的设备驱动中，选择“PLC”→“亚控”→“仿真 PLC”→“COM”选项，如图 3-15 所示。

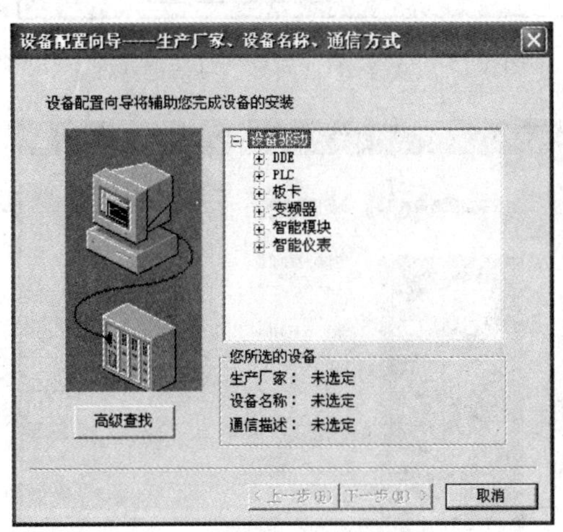

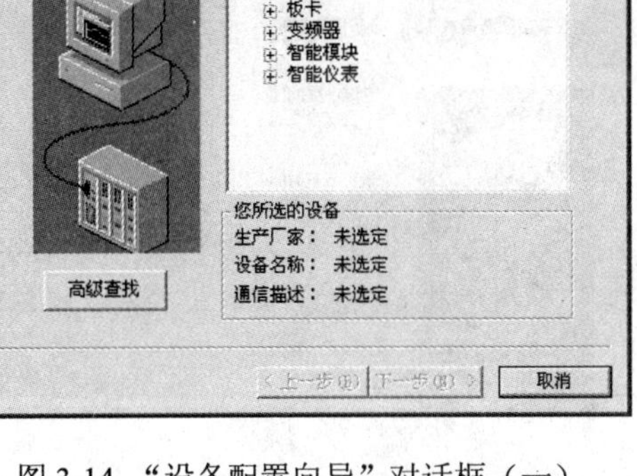

图 3-14 “设备配置向导”对话框（一）

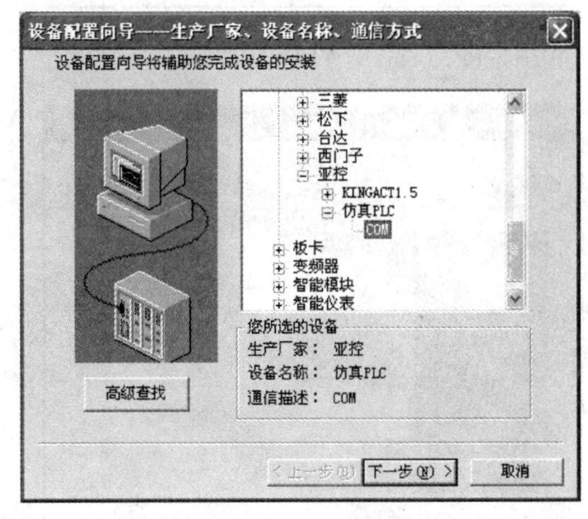

图 3-15 “设备配置向导”对话框（二）

说明：“设备”下的子项中默认列出的项目表示组态王和外部设备几种常用的通信方式，如 COM1、COM2、DDE、板卡、OPC 服务器、网络站点，其中 COM1、COM2 表示组态王支持串口的通信方式，DDE 表示支持通过 DDE 数据传输标准进行数据通信，其他类似。

（3）单击“下一步”按钮，弹出如图 3-16 所示对话框，为仿真 PLC 设备取名（如“仿真 PLC”），单击“下一步”按钮，弹出“选择串口号”对话框。

（4）为设备选择连接的串口为 COM1，如图 3-17 所示，单击“下一步”按钮弹出“设备地址设置指南”对话框。

（5）在连接现场设备时，设备地址处填写的地址要与实际设备地址完全一致（此处填写设备地址为 0），如图 3-18 所示，单击“下一步”按钮，弹出“通信参数”对话框。

（6）设置通信故障恢复参数（一般情况下使用系统默认设置即可），如图 3-19 所示。

1）尝试恢复间隔：当组态王和设备通信失败后，组态王将根据此处设定时间定期和设备尝试通信一次。

2）最长恢复时间：当组态王和设备通信失败后，超过此设定时间仍然和设备通信连接不上的，组态王将不再尝试和此设备进行通信，除非重新启动运行组态王。

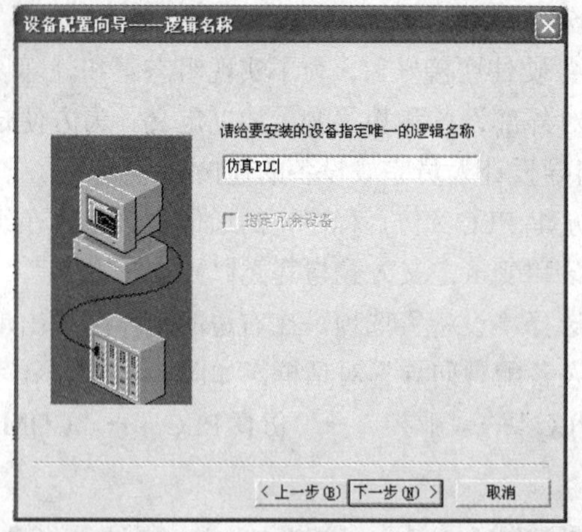

图 3-16 “设备配置向导”对话框（三）

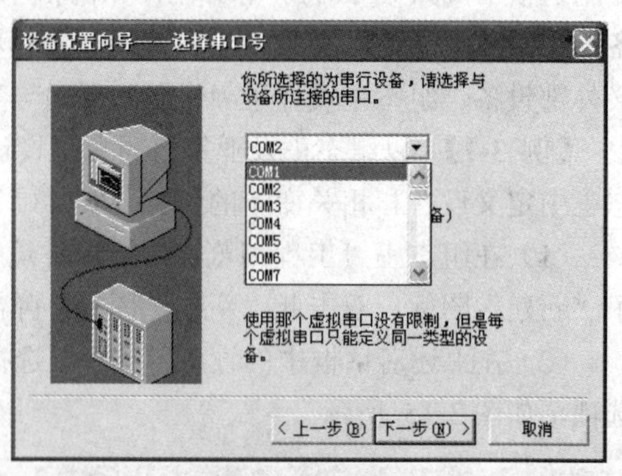

图 3-17 “设备配置向导”对话框（四）

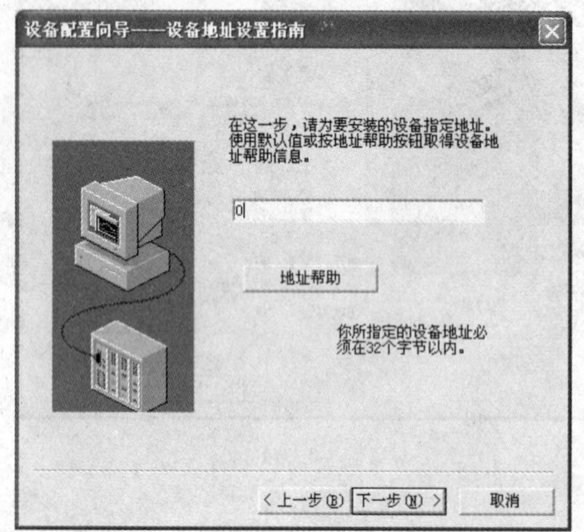

图 3-18 “设备配置向导”对话框（五）

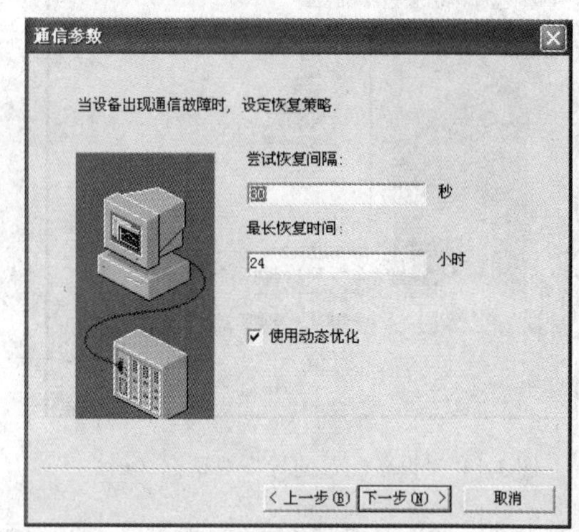

图 3-19 “通信参数”对话框

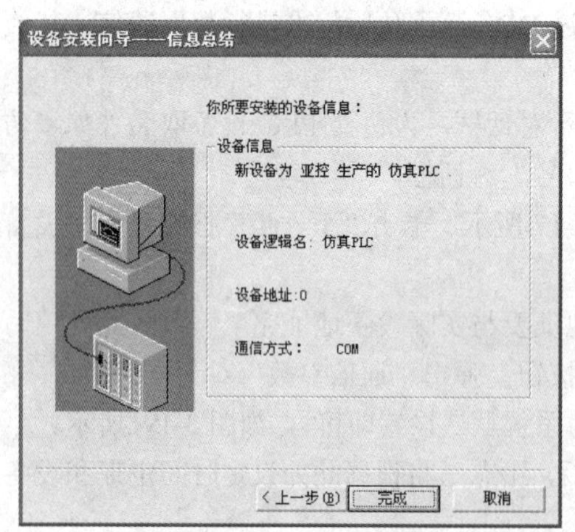

图 3-20 “信息总结”对话框

3）使用动态优化：此项参数可以优化组态王的数据采集。如果选中动态优化选项的话，则以下任一条件满足时组态王将执行该设备的数据采集：①当前显示画面上正在使用的变量；②历史数据库正在使用的变量；③报警记录正在使用的变量；④命令语言中正在使用的变量。任一条件都不满足时将不采集；当动态优化项不选择时，组态王将按变量的采集频率周期性地执行数据采集任务。

单击“下一步”按钮，系统弹出“信息总结”对话框，如图 3-20 所示。检查各项设置是否正确，确认无误后，单击“完成”按钮。

串行通信方式是组态王与 I/O 设备之间最常用的一种数据交换方式。它使用组态王计算机的串口，I/O 设备通过 RS232 串行通信电缆连接到组态王计算机的串口。如果计算机拥有多个串口，就可以同时与多个 I/O 设备相连。组态王最多可与 32 个串口设备相连，如图 3-21 所示。

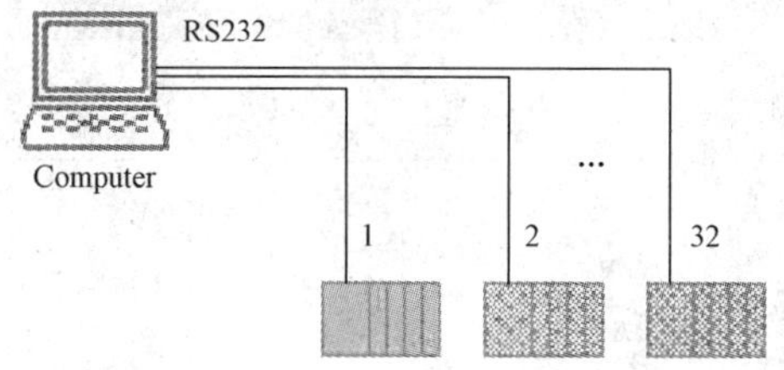

图 3-21　组态王与 I/O 设备的串行通信方式

3.4.2　串口通信参数设置

双击“COM1”项，弹出“设置串口”对话框，如图 3-22 所示。由于定义的是一个仿真设备，所以串口通信参数可以不必设置，但在工程中连接实际的 I/O 设备时，必须对串口通信参数进行设置，且设置项要与实际设备中的设置项完全一致（包括波特率、数据位、停止位、奇偶校验选项的设置），如图 3-22 所示，否则会导致通信失败。

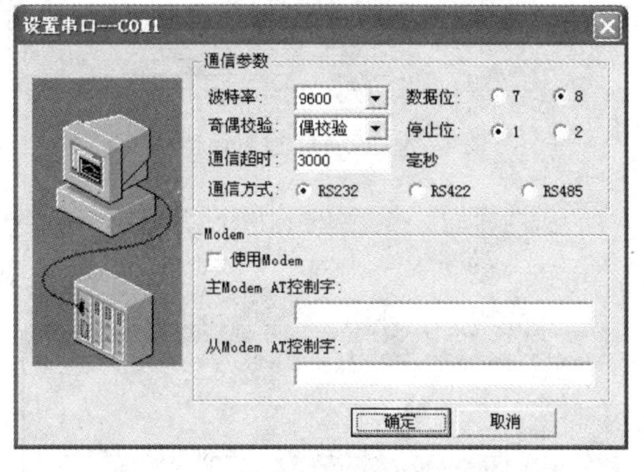

图 3-22　串口通信参数设置对话框

由于 RS232 串行通信距离较短，在生产现场通常采用 RS485 总线通信方式来进行设备的连接，但计算机上又只有 RS232 串行通信接口，所以在计算机的 RS232 串口上安装一个 RS232/RS485 转换器来实现两种不同方式通信协议的转换。如果要在串口上连接多个设备（如 ADAM 4000 系列），可按图 3-23 进行连接。理论上该网络最多可接 256 个亚当模块，如多于 256 个模块，需加 RS485 中继器。

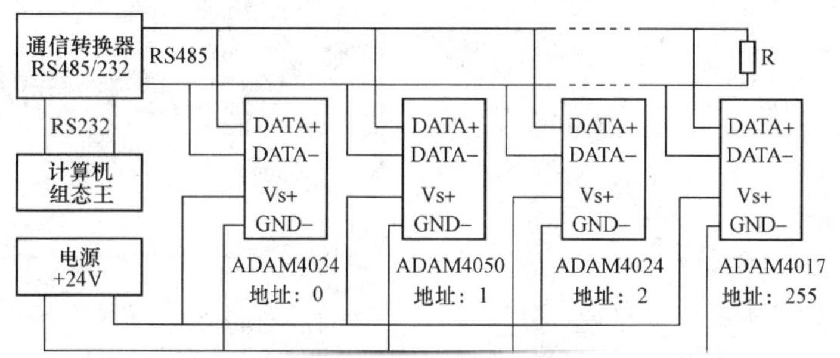

图 3-23　在串行通信口上连接多个 ADAM4000 系列设备

【例 3-2】 在串口 COM2 上连接 ADAM4017、ADAM4024 和 ADAM4050 三个 ADAM4000 系列设备。

首先连接设备 ADAM4017。

（1）打开“工程浏览器”窗口，在工程浏览器左面选中“系统”→“文件”→“设备”→“COM2”选项，如图 3-24 所示。

（2）在工程浏览器右面双击“新建”选项，选择“设备驱动”→“智能模块”→“亚当 4000 系列”→“Adam4017”→“Com”选项，如图 3-25 所示。

（3）单击“下一步”按钮，打开如图 3-26 所示的画面，给要安装的设备指定唯一的逻辑名称为“Adam4017”。

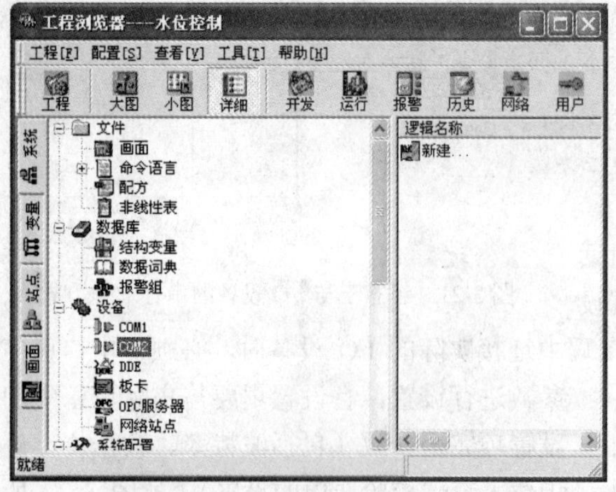

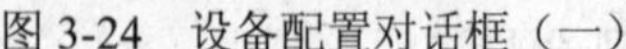
图 3-24　设备配置对话框（一）

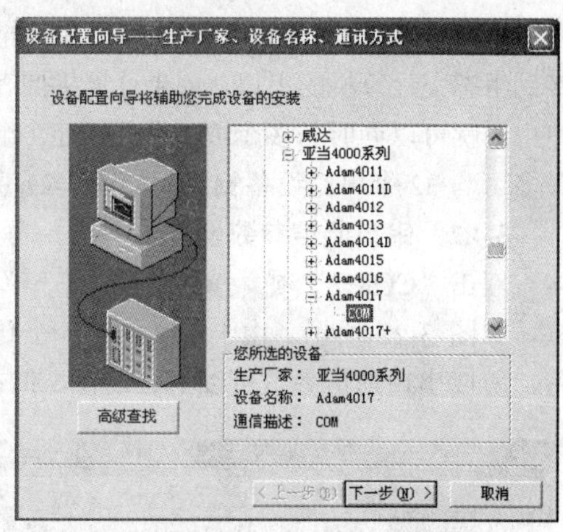

图 3-25　设备配置对话框（二）

（4）单击“下一步”按钮，打开如图 3-27 所示的画面，给要安装的设备选择串口号“COM2”。

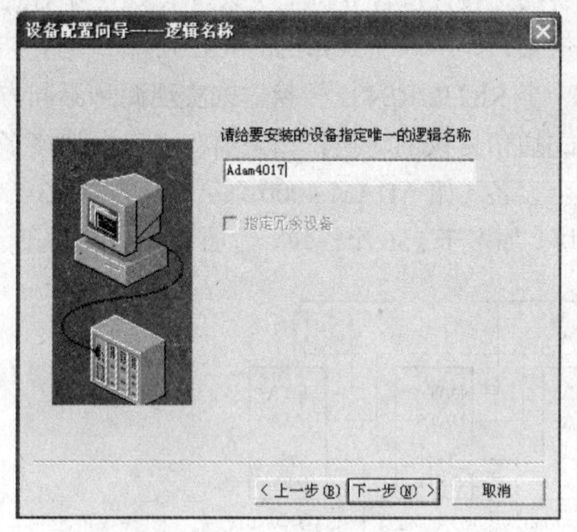

图 3-26　设备配置对话框（三）

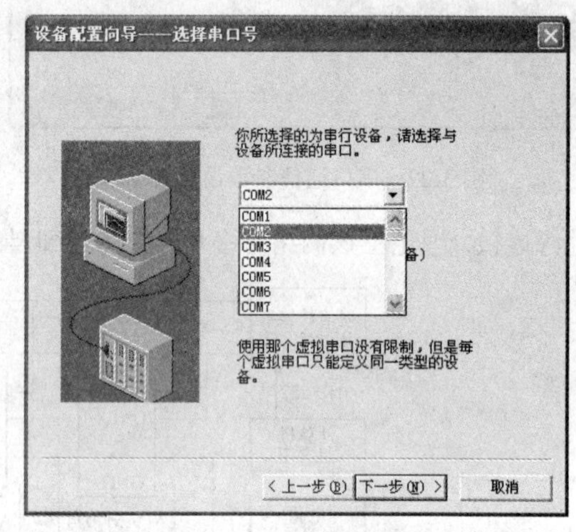

图 3-27　设备配置对话框（四）

（5）单击“下一步”按钮，打开如图 3-28 所示的画面，给要安装的设备选择地址。由于这个串口上要连接三个设备（ADAM4017、ADAM 4024、ADAM 4050），可把地址分配为 1、2、3，不能重复，将来的数据要从设备的地址上读出。

（6）单击“下一步”按钮，打开如图 3-29 所示的画面，设定故障时的恢复策略，使用默认值即可。

（7）单击“下一步”按钮，打开如图 3-30 所示的“信息总结”对话框，检查无误后单击“完成”按钮。用同样的方法完成 Adam4024（地址为 2）、Adam50（地址为 3）设备的安装后，如图 3-31 所示。

3.4.3　实时数据库与外部设备变量

组态王工程浏览器中提供了“数据库”项供用户定义设备变量。

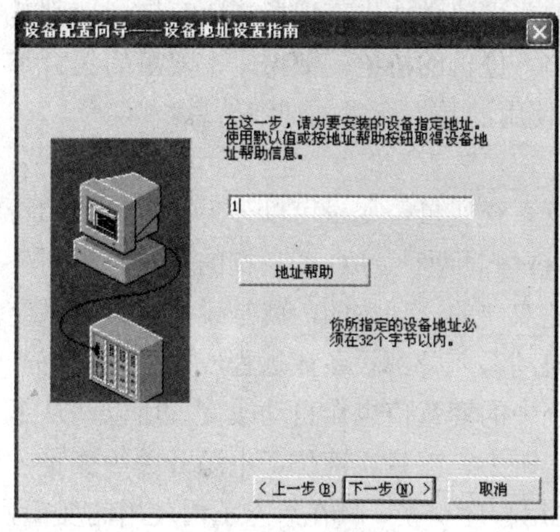

图 3-28 设备配置对话框（五）

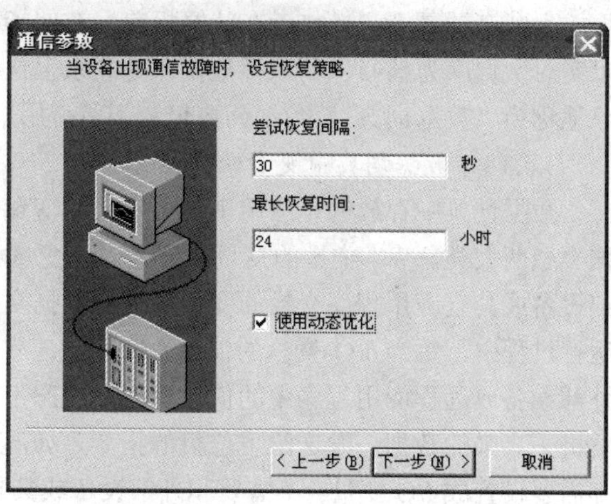

图 3-29 设备配置对话框（六）

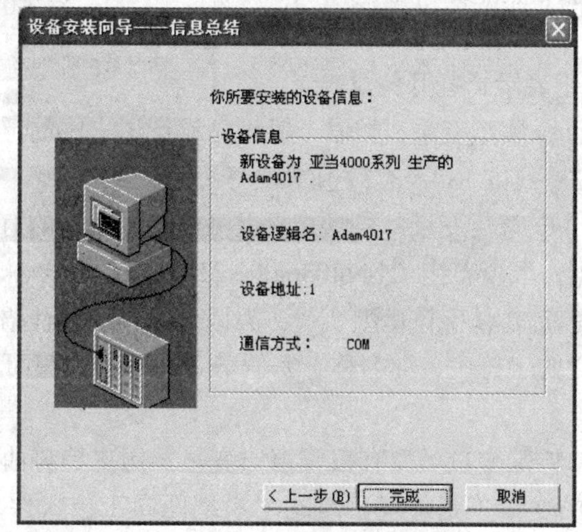

图 3-30 “信息总结”对话框

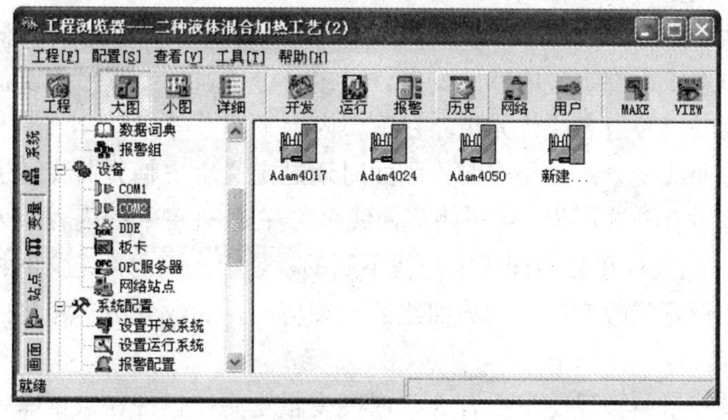

图 3-31 串口 COM2 上连接设备 ADAM4017、ADAM4024 和 ADAM4050

数据库是组态王最核心的部分。在 TouchView 运行时，工业现场的生产状况要以动画的形式反映在屏幕上，操作者在计算机前发布的指令也要迅速送达生产现场，所有这一切都是以实时数据库为核心，所以说数据库是联系上位机和下位机的桥梁。数据库中变量的集合形象地称为“数据词典”，数据词典记录了所有用户可使用的数据变量的详细信息。

3.4.3.1 数据词典中变量的类型

数据词典中存放的是应用工程中定义的变量以及系统变量。变量可以分为基本类型和特殊类型两大类，基本类型的变量又分为内存变量和I/O变量两种。I/O变量指的是组态王与外部设备或其它应用程序交换的变量。这种数据交换是双向的、动态的，就是说在组态王系统运行过程中，每当I/O变量的值改变时，该值就会自动写入外部设备或远程应用程序；每当外部设备或远程应用程序中的值改变时，组态王系统中的变量值也会自动改变。所以，从下位机采集来的数据、发送给下位机的指令，如温度、压力、流量、液位、电源开关等变量，都需要设置成I/O变量。不需要和外部设备或其它应用程序交换、只在组态王内使用的变量，如计算过程的中间变量，就可以设置成内存变量。

基本类型的变量也可以按照数据类型分为离散型、实型、整型和字符串型。

（1）内存离散变量、I/O离散变量：类似一般程序设计语言中的布尔（BOOL）型变量，只有0、1两种取值，用于表示一些开关量。

（2）内存实型变量、I/O实型变量：类似一般程序设计语言中的浮点型变量，用于表示浮点数据，取值范围10E–38～10E+38，有效值7位。

（3）内存整数变量、I/O整数变量：类似一般程序设计语言中的有符号长整数型变量，用于表示带符号的整型数据，取值范围 2147483648～2147483647。

（4）内存字符串型变量、I/O字符串型变量：类似一般程序设计语言中的字符串变量，可用于记录一些有特定含义的字符串，如名称、密码等，该类型变量可以进行比较运算和赋值运算。

（5）特殊变量类型：特殊变量类型有报警窗口变量、历史趋势曲线变量、系统预设变量三种。这几种特殊类型的变量正是体现了组态王系统面向工控软件、自动生成人机接口的特色。

（6）报警窗口变量：这是在制作画面时通过定义报警窗口生成的，在报警窗口定义对话框中有一选项为“报警窗口名”，在此处键入的内容即为报警窗口变量。此变量在数据词典中是找不到的，是组态王内部定义的特殊变量。可用命令语言编制程序来设置或改变报警窗口的一些特性，如改变报警组名或优先级，在窗口内上下翻页等。

（7）历史趋势曲线变量：这是在制作画面时通过定义历史趋势曲线时生成的。在历史趋势曲线定义对话框中有一选项为“历史趋势曲线名”，在此处键入的内容即为历史趋势曲线变量（区分大小写）。此变量在数据词典中是找不到的，是组态王内部定义的特殊变量。可用命令语言编制程序来设置或改变历史趋势曲线的一些特性，如改变历史趋势曲线的起始时间或显示的时间长度等。

（8）系统预设变量：预设变量中有8个时间变量是系统已经在数据库中定义的，用户可以直接使用。

$年：返回系统当前日期的年。

$月：返回1～12之间的整数，表示当前日期的月。

$日：返回 1～31 之间的整数，表示当前日期的日。

$时：返回 0～23 之间的整数，表示当前时间的时。

$分：返回 0～59 之间的整数，表示当前时间的分。

$秒：返回 0～59 之间的整数，表示当前时间的秒。

$日期：返回系统当前日期字符串。

$时间：返回系统当前时间字符串。

以上变量由系统自动更新，只能读取时间变量，而不能改变它们的值。

$用户名：在程序运行时记录当前登录的用户的名字。

$访问权限：在程序运行时记录当前登录的用户的访问权限。

$启动历史记录：表明历史记录是否启动（1=启动；0=未启动）。工程人员在开发程序时，可通过按钮弹起命令预先设置该变量为 1，在程序运行时可由用户控制，按下按钮启动历史记录。

$启动报警记录：表明报警记录是否启动（1=启动；0=未启动）。工程人员在开发程序时，可通过按钮弹起命令预先设置该变量为 1，在程序运行时可由工程人员控制，按下按钮启动报警记录。

$新报警：每当报警发生时，“$新报警”被系统自动设置为 1。由工程人员负责把该值恢复到 0。工程人员在开发程序时，可通过数据变化命令语言设置，当报警发生时，产生声音报警（用 PlaySound()函数），在程序运行时可由工程人员控制，听到报警后，将该变量置 0，确认报警。

$启动后台命令：表明后台命令是否启动（1=启动；0=未启动）。工程人员在开发程序时，可通过按钮弹起命令预先设置该变量为 1，在程序运行时可由工程人员控制，按下按钮启动后台命令。

$双机热备状态：表明双机热备中主、从计算机所处的状态（整型；1=主机工作正常，2=主机工作不正常，−1=从机工作正常，−2=从机工作不正常，0=无双机热备）。主从机初始工作状态是由组态王中的网络配置决定的。该变量的值只能由主机进行修改，从机只能进行监视，不能修改该变量的值。

$毫秒：返回当前系统的毫秒数。

$网络状态：用户通过引用网络上计算机的“$网络状态”的变量得到网络通信的状态。显示的数据是 0～5 的数据：0 代表人为地将网络中断；1～4 代表网络在通过可能存在的 4 块网卡中的某一块进行通信；5 代表通信故障。当此数字为 1～5 时，用户只能将此数字改为 0，中断网络通信，其它的数字，变量不接受。但此数字为 0 时，用户任意输入数据，寄存器的数值将变成 5，网络通信进入尝试恢复的状态。

（9）结构变量：在工程实际中，往往一个被控对象有很多参数，而这样的被控对象很多，而且都具有相同的参数。如一个储料罐，可能有压力、液位、温度、上下限报警等参数，而这样的储料罐可能在同一工程中有很多。如果用户对每一个对象的每一个参数都在组态王中定义一个变量，有可能会造成使用时查找变量不方便，定义变量所耗费的时间很长，而且大多数定义的都是有重复属性的变量。如果将这些参数作为一个对象变量的属性，在使用时直接定义对象变量，就会减少大量的工作，提高效率。为此，组态王引入了结构变量的概念。

3.4.3.2　变量及变量属性的定义

在“工程浏览器”左边的目录树中选择“数据词典”项，右侧的内容显示区会显示当前工程中所定义的变量。双击“新建”图标，弹出“定义变量”属性对话框。组态王的变量属性由基本属性、报警配置、记录配置三个属性页组成。采用这种卡片式管理方式，用户只要用单击卡片顶部的属性标签，则该属性卡片有效，用户可以定义相应的属性。“定义变量”对话框如图 3-32 所示，“基本属性”选项卡中的各项用来定义变量的基本特征，各项意义解释如下：

（1）变量名：唯一标识一个应用程序中数据变量的名字，同一应用程序中的数据变量不能重名，数据变量名区分大小写，最长不能超过 31 个字符。单击编辑框的任何位置进入编辑状态，此时可以输入变量名字，变量名可以是汉字或英文，第一个字符不能是数字，名称中间不允许有空格、算术符号等非法字符存在。例如，温度、压力、液位、var1 等均可以作为变量名。变量的名称最多为 31 个字符。

（2）变量类型：在对话框中只能定义 8 种基本类型中的一种，选择变量类型下拉列表框列出可供选择的数据类型。当定义有结构模板时，一个结构模板就是一种变量类型。

（3）描述：用于输入对变量的描述信息。例如若想在报警窗口中显示某变量的描述信息，可在定义变量时，在“描述”文本框中加入适当说明，并在报警窗口中加上描述项，则在运行系统的报警窗口中可见该变量的描述信息。内容最长不超过 39 个字符。

（4）变化灵敏度：数据类型为模拟量或整型时此项有效。只有当该数据变量的值变化幅度超过变化灵敏度时，组态王才更新与之相连接的画面显示（默认为 0）。

（5）最小值：指该变量值在数据库中的下限。

（6）最大值：指该变量值在数据库中的上限。

（7）最小原始值：变量为 I/O 模拟变量时，驱动程序中输入原始模拟值的下限。

（8）最大原始值：变量为 I/O 模拟变量时，驱动程序中输入原始模拟值的上限。

第（5）～（8）四项是对 I/O 模拟量进行工程值自动转换所需要的。组态王将采集到的数据按照这四项的对应关系自动转为工程值。例如，一个压力变送器测量范围是 0～500kPa，变送器的输出是 4～20mA，在数据词典中定义该变量时这样对应：

最小值：0（kPa）；最小原始值：4（mA）。

最大值：500（kPa）；最大原始值：20（mA）。

（9）保存参数：选中该复选框，则在系统运行时，如果变量的域（可读、可写型）值发生了变化，组态王运行系统退出时系统自动保存该值。组态王运行系统再次启动后，变量的初始域值为上次系统运行退出时保存的值。

（10）保存数值：选中该复选框，则在系统运行时，如果变量的值发生了变化，组态王运行系统退出时，系统自动保存该值。组态王运行系统再次启动后，变量的初始值为上次系统运行退出时保存的值。

（11）初始值：这项内容与所定义的变量类型有关，定义模拟量时出现编辑框可输入一个数值，定义离散量时出现开或关两种选择。定义字符串变量时出现编辑框可输入字符串，它们规定软件开始运行时变量的初始值。

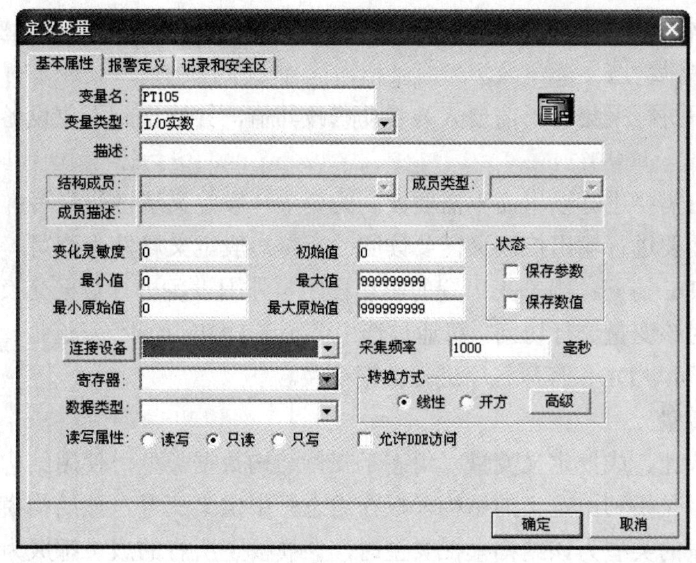

图 3-32　变量属性对话框

（12）连接设备：只对 I/O 类型的变量起作用，只需从下拉列表中选择相应的设备即可。此列表框所列出的连接设备名是组态王设备管理中已安装的逻辑设备名。用户要想使用自己的 I/O 设备时，首先单击“连接设备”按钮，则“变量属性”对话框自动变成小图标出现在屏幕左下角，同时弹出“设备配置向导”对话框，工程人员根据安装向导完成相应设备的安装，当关闭“设备配置向导”对话框时，“变量属性”对话框又自动弹出；工程人员也可以直接从设备管理中定义自己的逻辑设备名。连接设备为 DDE 设备时，DDE 会话中会出现项目名选项，可参考 Windows 的 DDE 交换协议资料设置。

（13）寄存器：指定要与组态王定义的变量进行连接通信的寄存器变量名，该寄存器与工程人员指定的连接设备有关。

（14）转换方式：规定 I/O 模拟量输入原始值到数据库使用值的转换方式。有线性转换、开方转换，高级转换方式中又包括非线性表、累计等转换方式。

（15）数据类型：只对 I/O 类型的变量起作用，定义变量对应的寄存器的数据类型，共有 9 种数据类型供用户使用，这 9 种数据类型分别是：

BIT：1 位，范围是 0 或 1；

BYTE：8 位，1 个字节，范围是 0～255；

SHORT，2 个字节，范围是-32768～32767；

USHORT：16 位，2 个字节，范围是 0～65535；

BCD：16 位，2 个字节，范围是 0～9999；

LONG：32 位，4 个字节，范围是-2147483648～2147483647；

LONGBCD：32 位，4 个字节，范围是 0～4294967295；

FLOAT：32 位，4 个字节，范围是 $10e^{-38}$～$10e^{38}$，有效位 7 位；

STRING：128 个字符长度。

（16）采集频率：用于定义数据变量的采样频率。与组态王的基准频率设置有关。

（17）读写属性：定义数据变量的读写属性，工程人员可根据需要定义变量为“只读”、“只写”、“读写”等属性。

只读：对于只进行采集而不需要人为手动修改其值，并输出到下位设备的变量一般定义属性为只读；

只写：对于只需要进行输出而不需要读回的变量一般定义属性为只写；

读写：对于需要进行输出控制又需要读回的变量一般定义属性为读写。

（18）允许 DDE 访问：组态王内置的驱动程序与外围设备进行数据交换，为了方便工程人员用其它程序对该变量进行访问，可通过选中“允许 DDE 访问”复选框，这样组态王就作为 DDE 服务器，可与 DDE 客户程序进行数据交换。

3.4.4 结构变量

为方便用户快速、成批定义变量，组态王支持结构数据类型，使用结构数据类型定义结构变量。结构变量是指利用定义的结构模板在组态王中定义变量，该结构模板包含若干个成员，当定义的变量的类型为该结构模板类型时，该模板下所有的成员都成为组态王的基本变量。一个结构模板下最多可以定义 64 个成员。结构变量中结构模板允许两层嵌套，即在定义了多个结构模板后，在一个结构模板的成员数据类型中可嵌套其它结构模板数据类型。

当组态王工程中定义了结构变量时，在“变量类型”的下拉列表框中会自动列出已定义的结构变量，一个结构变量作为一种变量类型，结构变量下可包含多个成员，每一个成员就是一个基本变量，成员类型可以为内存离散、内存整型、内存实型、内存字符串、I/O 离散、I/O 整数、I/O 实数、I/O 字符串。结构变量的成员的变量类型必须在定义结构变量的成员时先定义，包括离散型、整型、实型、字符串型或已定义的结构变量。在变量定义的界面上只能选择该变量是内存型还是 I/O 型。

3.4.4.1 结构变量的定义

要使用结构变量，首先需要定义结构模板和结构成员及属性。在组态王“工程浏览器”中选择数据库下的结构变量，如图 3-33 所示。

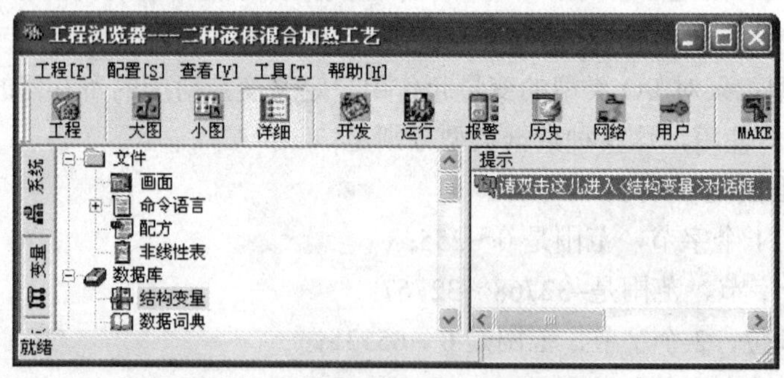

图 3-33　选择定义结构变量

双击右侧的提示图标，进入“结构变量定义”对话框，如图 3-34 所示。

在“结构变量定义”对话框中有“新建结构”、“增加成员”、“修改”、“删除”几个功能按钮。如一个储料罐具有压力、温度、物位、上限报警、下限报警等几个参数，下面以此为例来说明组态王中结构变量的定义和使用过程。

（1）新建结构：增加新的结构。单击“新建结构”按钮，弹出结构变量名输入框，如图 3-35 所示。输入结构变量名称，单击“确定”按钮，在结构变量树状目录中显示出用户定义的结构模板。

图 3-34　结构变量定义对话框

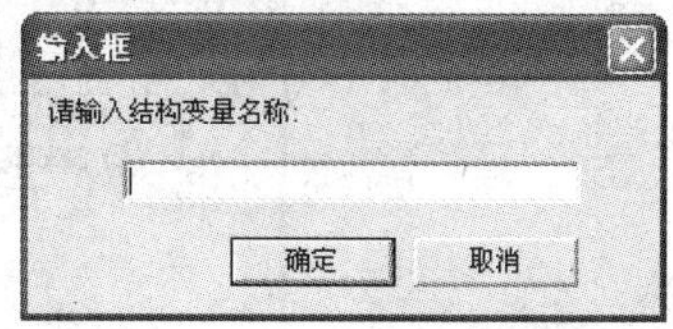

图 3-35　结构名输入对话框

如在结构名称输入框中输入“储料罐”，单击“确定”按钮，关闭对话框，则在结构变量定义界面上增加了一个新的结构，如图 3-36 所示。按照该方法，可以建立多个结构。

图 3-36　新增加的结构

（2）增加成员：选中一个结构模板，如图 3-36 所示，单击“增加成员”按钮，弹出“新建结构成员”对话框，如图 3-37 所示。

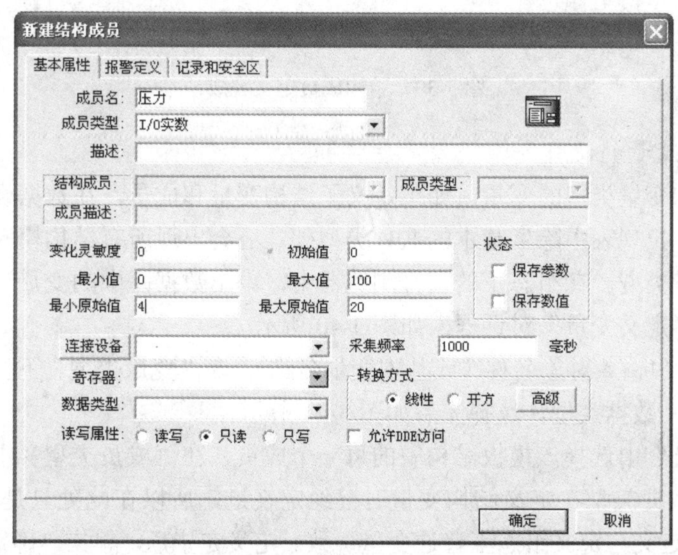

图 3-37　结构成员定义对话框

该对话框与组态王“定义变量”对话框相同，用户在这里可以直接定义结构成员的各种属性，如基本数值属性、I/O 属性、报警属性、记录属性等。在“成员名”文本框中输入成员名称。然后打开成员类型列表，选择该成员的数据类型。另外，如果用户定义了其它结构模板，并且其它结构模板下定义了结构成员，那么，其它结构模板的名称也会出现在数据类型中，用户可以选择结构模板作为数据类型，将其嵌入当前结构模板中，如图 3-38 所示。

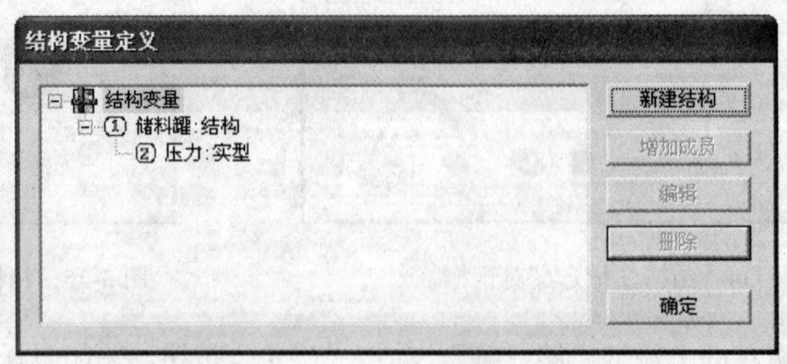

图 3-38　结构变量定义

所有属性定义与基本变量属性定义相同，这里不再细述。定义完毕后，单击“确定”按钮，关闭“结构变量定义”对话框。

按照上述方法，可以将其它成员加入到成员列表中来。定义完成后，如图 3-39 所示。如果此时确定完成，则单击“确定”按钮，关闭对话框。

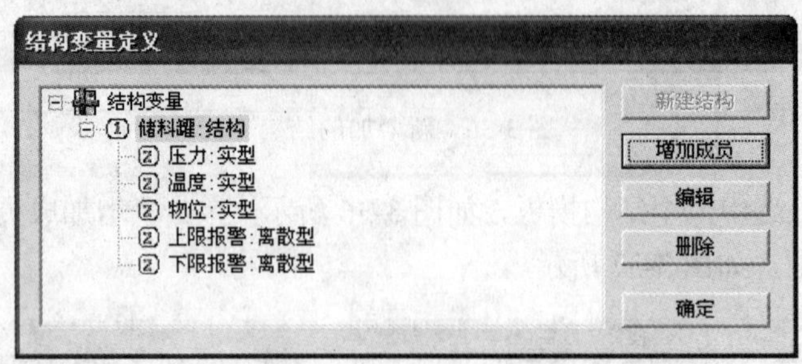

图 3-39　结构成员定义完成

3.4.4.2　结构变量的使用

（1）定义结构变量类型的变量。如果定义了结构变量和成员，在数据词典中定义变量选择变量类型时，下拉列表中除了基本的八种类型外，还会出现所有结构模板名称，一种结构模板就是一种变量类型。在组态王的工程浏览器中，单击数据库中的变量词典，单击右侧的新建图标，弹出“定义变量”对话框，如图 3-40 所示。

在“变量名”中输入对象名称（或基本变量名称），在“变量类型”下拉列表中选择刚才定义的“储料罐” 数据类型。选择完后如图 3-41 所示。

在“结构成员”中选择该模板结构中的每一个成员，在“成员类型”中选择该成员的变量类型（因为其数据类型在定义结构变量时已经定义过，所以在此处只是选择内存型、I/O 实数）。其余各项定义与定义组态王普通变量一致。定义完毕后，单击“确定”按钮完成。这样，在数据词典里定义一个变量，利用结构变量，这一个变量代表很多个变量（因为一个结构中有着很多个成员）。数据词典列表中显示的结构变量的 ID 号为其最后一个成员的 ID 号，每个成员都会被自动分配一个 ID 号。

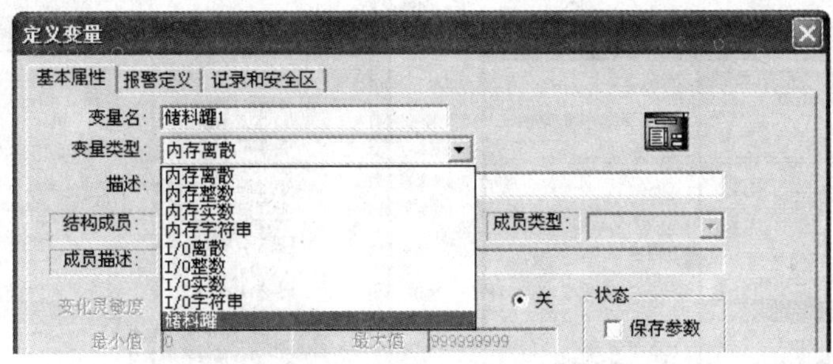

图 3-40　选择结构变量类型

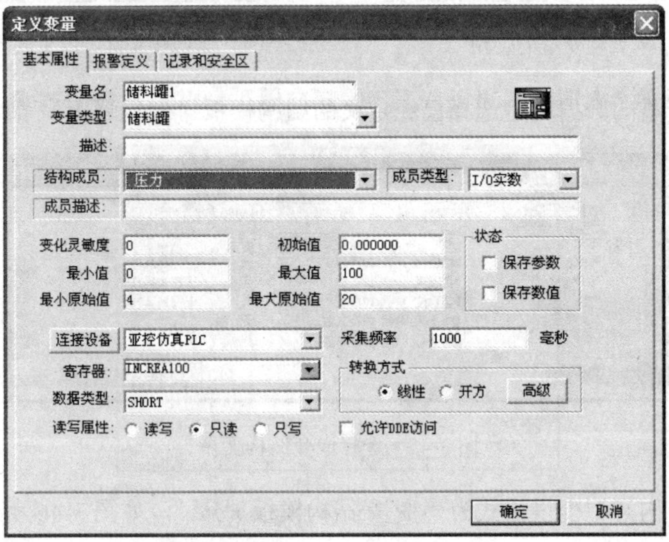

图 3-41　结构变量

（2）使用结构变量。变量表达式的格式为“变量名.结构成员名称”。画面中需要使用结构变量时，在弹出变量浏览器中选择相应的结构变量，如图 3-42 所示。

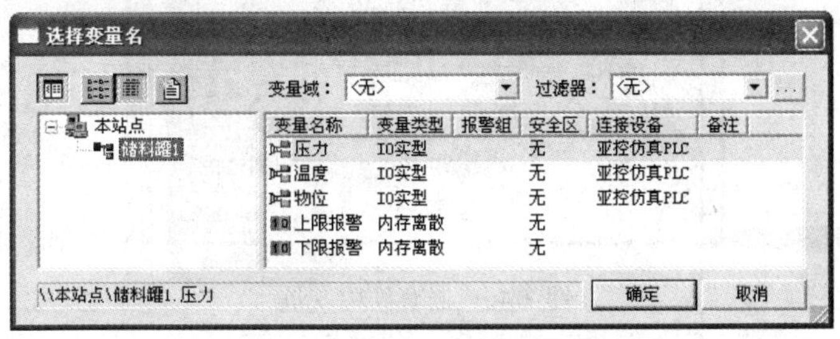

图 3-42　结构变量在变量浏览器中

在站点名称目录“本站点”下选择结构变量名称“储料罐 1”，则右边变量列表中显示所有成员变量。选择到动画连接中，如图 3-43 所示。

（3）定义嵌套的结构变量。首先在“结构变量定义”对话框中新建一个结构，或选中已有的结构，单击“增加成员”按钮，在定义成员的变量类型时，选择已经定义的结构，如图3-44所示。

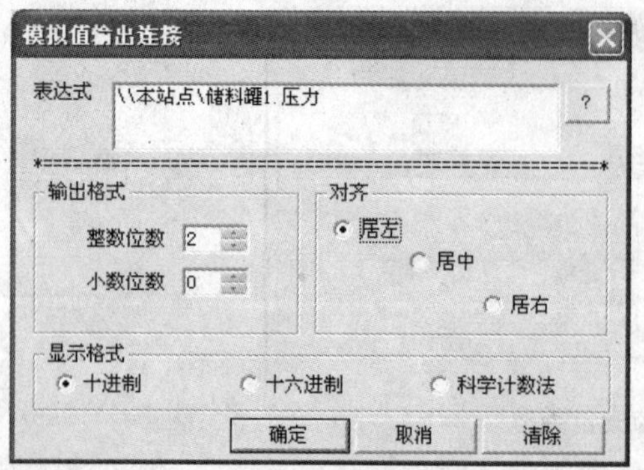

图3-43　结构类型变量的使用

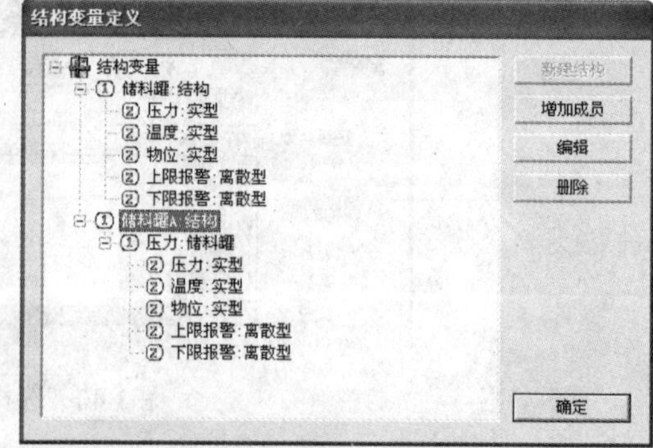

图3-44　定义嵌套结构

新建的结构变量的数据类型选择已经定义的结构模板“储料罐1”，如图3-45所示。

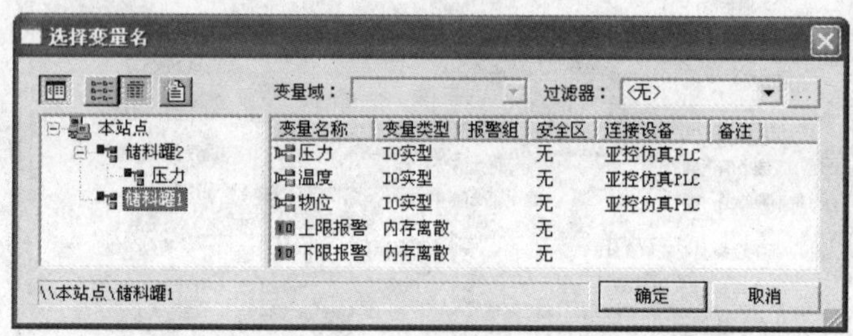

图3-45　选择嵌套结构变量

对于嵌套的结构类型变量格式为“变量.结构模板.成员”，如图3-46所示。

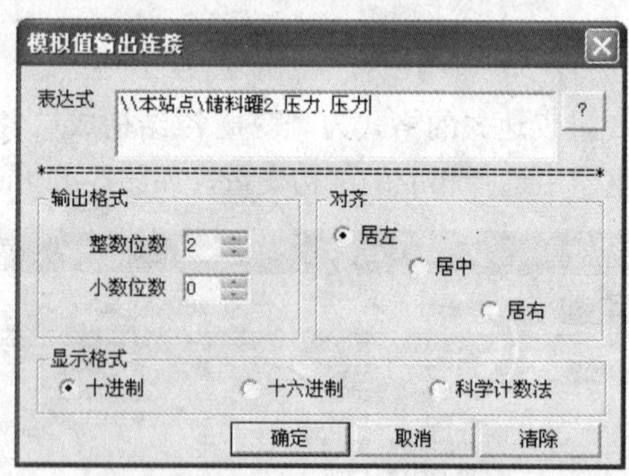

图3-46　嵌套结构变量

3.5　组态王提供的通信的其它特殊功能

3.5.1　开发环境下的设备通信测试

为保证用户对硬件的使用方便，在完成设备配置与连接后，用户在组态王开发环境中即可以对与之连接的硬件进行测试。对于测试的寄存器，可以直接将其加入到变量列表中。当用户选择某台设备后，右击弹出浮动式菜单，除 DDE 外的设备均有菜单项“测试设备名”。如定义亚控仿真 PLC 设备，在设备名称上右击，弹出快捷菜单，如图 3-47 所示。

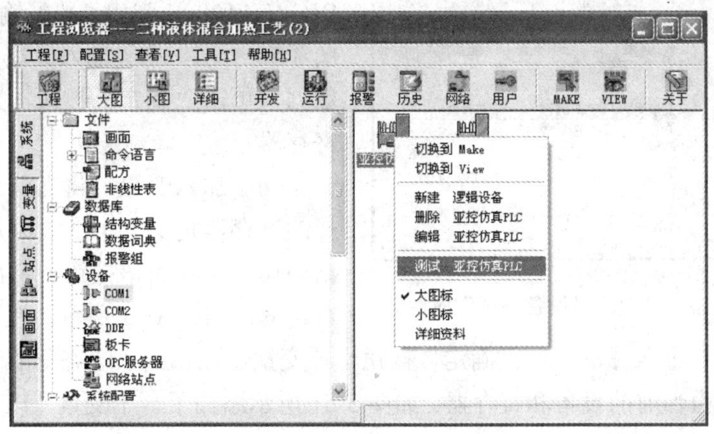

图 3-47　硬件设备测试

使用设备测试时，单击“测试…”，对于不同类型的硬件设备，将弹出不同的对话框。如，对于串口通信设备（如串口设备—亚控仿真 PLC），将弹出如图 3-48 所示的对话框。

对话框共分为通信参数、设备测试两个属性页。

“通信参数”属性页中主要定义设备连接的串口的参数、设备的定义等。应仔细将图 3-48 所示的各项参数对照设备的通信参数进行设置。如果发现组态王与设备不能正常通信，则对照图 3-48 所示的各项参数检查是否与设备端的通信参数吻合。

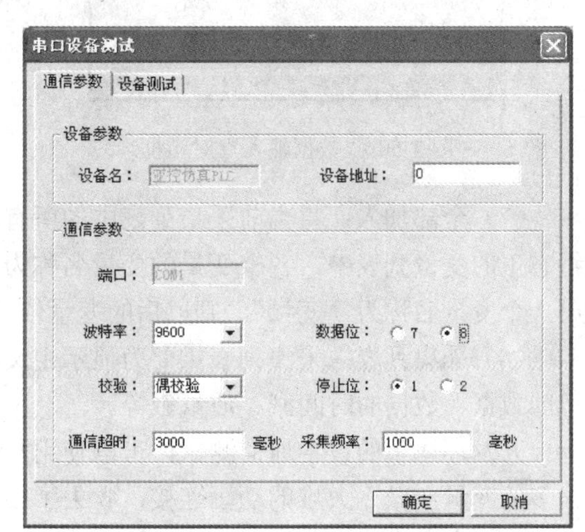

图 3-48　“串口设备测试”的“通信参数”属性页

“设备测试”属性页如图 3-49 所示。选择要进行通信测试的设备的寄存器进行测试。下面说明设备测试属性页中各参数及功能。

（1）寄存器：从寄存器列表中选择寄存器名称，填写寄存器序号。如本例中的“INCREA100”。然后从“数据类型”下拉列表中选择寄存器的数据类型。

（2）添加：单击该按钮，将定义的寄存器添加到“采集列表”中，等待采集。

（3）删除：如果不再需要测试某个采集列表中的寄存器，在采集列表中选择该寄存器，单击该按钮，将选择的寄存器从采集列表中删除。

（4）读取/停止：当没有进行通信测试的时候，“读取”按钮可见，单击该按钮，对采集列表中定义的寄存器进行数据采集。同时，“停止”按钮变为可见。当需要停止通信测试时，单击“停止”按钮，停止数据采集，同时“读取”按钮变为可见。

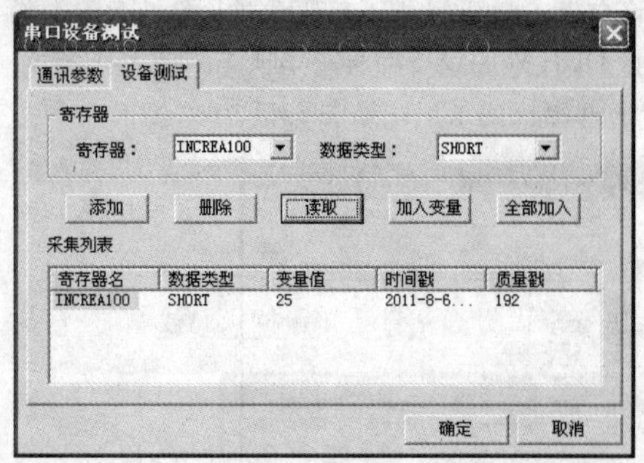

图 3-49 “串口设备测试”的“设备测试”属性页

（5）向寄存器赋值：如果定义的寄存器是可读写的，则测试过程中，在图 3-49 中“采集列表”中双击该寄存器的名称（如 INCREA100），弹出“数据输入”对话框，如图 3-50 所示。在“输入数据”文本框中输入数据，单击“确定”按钮，数据便被写入该寄存器。

（6）加入变量：将当前在采集列表中选择的寄存器定义一个变量添加到组态王的数据词典中。单击该按钮，弹出“变量名称”对话框，如图 3-51 所示，在文本框中输入该寄存器所对应的变量名称，单击“确定”按钮，该变量便加入到了组态王的变量列表中，连接设备和寄存器为当前的设备和寄存器。如图 3-51 所示添加了一个变量“TT102”，寄存器为“INCREA100”，可到数据词典中查询。

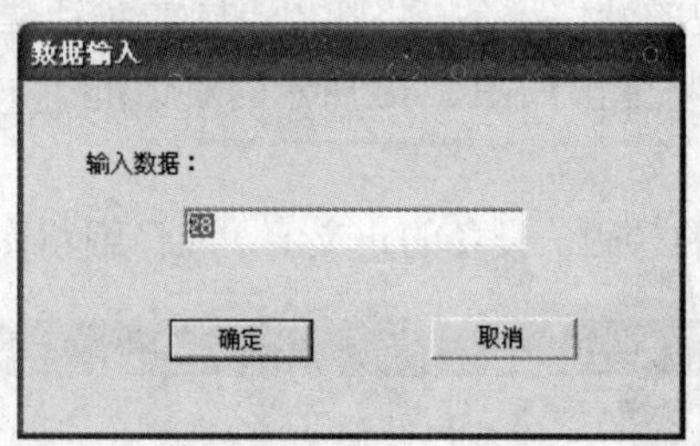

图 3-50 “数据输入”对话框

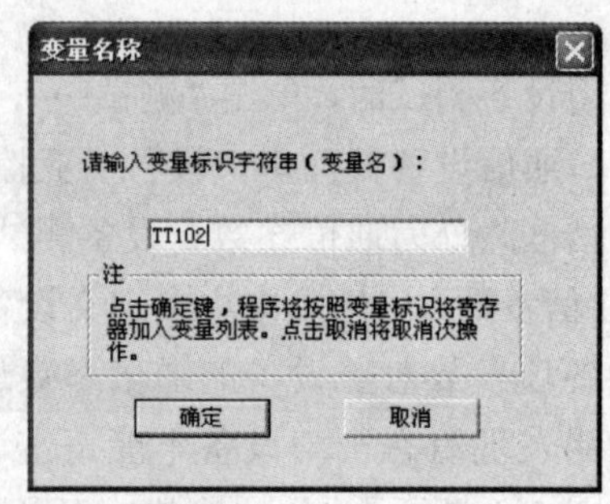

图 3-51 “变量名称”对话框

（7）全部加入：将当前采集列表中的所有寄存器按照给定的第一个变量名称全部增加到组态王的变量列表中，各个变量的变量名称为定义的第一个变量名称后增加序号。如定义的第一个变量名称为“变量”，则以后的变量依次为“变量 1”、“变量 2”等。

（8）采集列表：采集列表主要为显示定义的通信测试的寄存器，以及进行通信时显示采集的数据、数据的时间戳、质量戳等。

开发环境下的设备通信测试，可以使用户很方便地了解设备的通信能力，而不必先定义很多的变量和做一大堆的动画连接，省去了很多工作，而且也方便了变量的定义。在系统投运前，可利用设备通信测试测试连接的设备及其通信能力。

3.5.2 运行系统中设备通信状态的判断

组态王的驱动程序（除 DDE 外）为每一个设备都定义了 CommErr 寄存器，该寄存器表征设备通信的状态是故障状态还是正常状态。另外用户还可以通过修改该寄存器的值控制设备通信的通断。

在使用该功能之前，应该先为该寄存器定义一个 I/O 离散型变量，变量为读写型。当该变量的值为 0 或被置为 0 时，表示通信正常或恢复通信。当变量的值为 1 或被置为 1 时，表示通信出现故障或暂停通信。

另外，当某个设备通信出现故障时，画面上与故障设备相关联的 I/O 变量的数值输出显示都变为“？？？”，表示出现了通信故障。当通信恢复正常后，该符号消失，恢复为正常数据显示。

3.5.3　使用 GPRS 对设备进行远程通信

随着移动推出 GPRS 无线数据传输以来，GPRS 的通信具有速度快、通信费用低、组网灵活等优点，越来越被广大客户看好。GPRS 数传终端，具有 TCP/IP 协议转换功能，不需要用户提供 TCP/IP 的支持，可适用于所有带串口的终端设备。它通过 GPRS 网络平台实现数据信息的无线和透明传输，为不具备 TCP/IP 协议处理的终端设备提供了 GPRS 通信的能力。目前，GPRS 数据传输终端已被广泛应用于环保、水文水利、油田、电力及工业控制等各个领域，在数据的远程传输和监控方面得到了很好的应用。

GPRS 服务程序支持通过 GPRS 数据传据输终端（简称 GPRS DTU）与组态王驱动程序的串口设备之间的通信。

GPRS 和组态王通信示意如图 3-52 所示。

图 3-52　GPRS 和组态王通信示意图

3.5.3.1　定义 GPRS——虚拟串口设备

下面通过一个具体的例子来说明如何在组态王中定义 GPRS DTU 设备。

【例 3-3】 使用莫迪康 PLC（MODBUS RTU 协议）作为现场的数据采集设备，组态王通过桑荣的 GPRS 设备和莫迪康 PLC 进行通信。

在组态王中定义设备的步骤如下：

（1）选择串口设备，定义实际设备（即莫迪康 PLC），如图 3-53 所示。

（2）指定莫迪康 PLC 的逻辑名称，如图 3-54 所示。

（3）给莫迪康 PLC 选择一个虚拟串口，如图 3-55 所示。选择“使用虚拟串口（GPRS 设备）”选项，表示组态王通过 GPRS 和串口设备通信，否则表示组态王直接和设备通信。

（4）在虚拟串口上定义 GPRS 设备，如图 3-56 所示。

1）逻辑名称：虚拟串口上定义的 GPRS 设备名称，用户自己定义。

2）设备选择：从下拉列表中选择组态王支持的 GPRS 设备。例如选择“桑荣”设备，如图 3-56 所示。

3）配置 DTU 设备标识信息和设备端口号：这两个参数要和 GPRS 硬件中的相应设置一致，组态王通过此信息来找相应的 GPRS 设备。

4）选择已定义的虚拟设备：当选定“选择已定义的虚拟设备”复选框时，在下拉列表中将显示已经定义的虚拟设备。用户可以选择已经定义的虚拟设备（此项选择用于 1 个具有 485

接口的 GPRS DTU 下连接多个具有相同协议的数据采集终端设备的情况）。

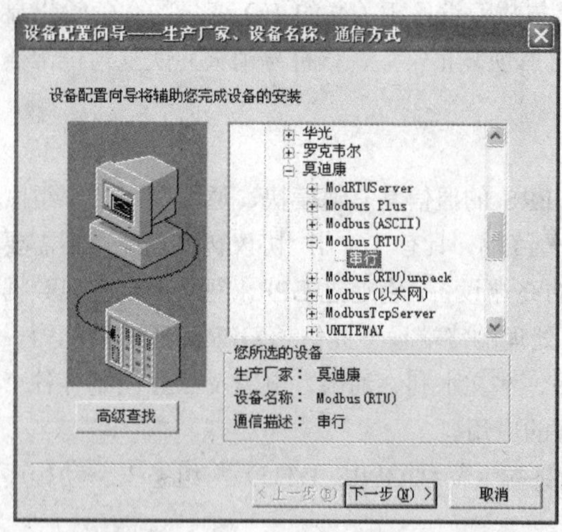

图 3-53 定义串口设备

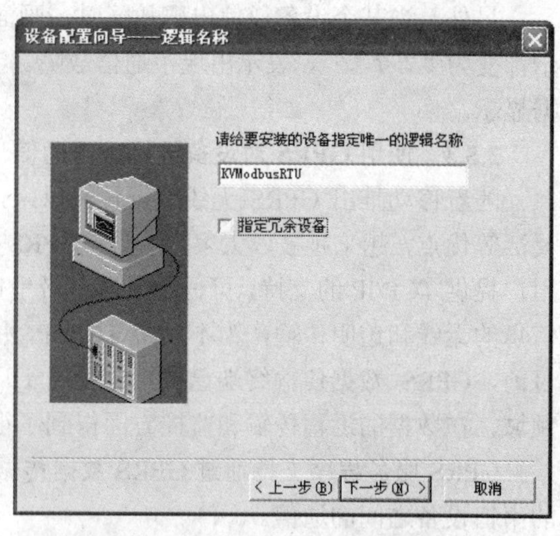

图 3-54 定义串口设备的逻辑名称

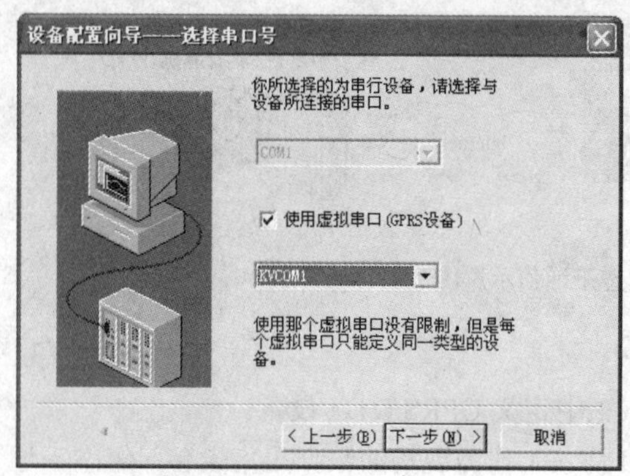

图 3-55 选择使用虚拟串口设备

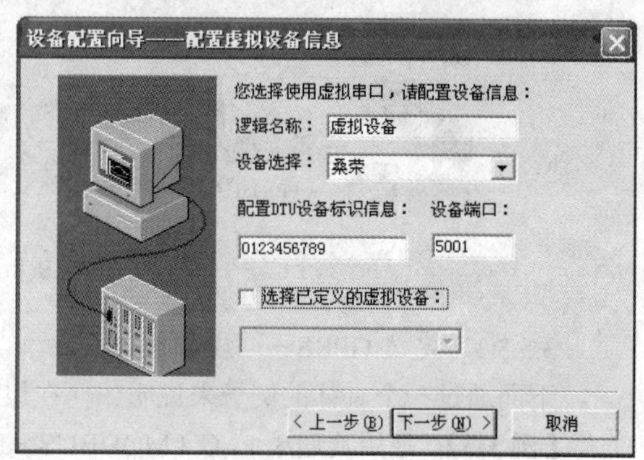

图 3-56 配置虚拟设备信息

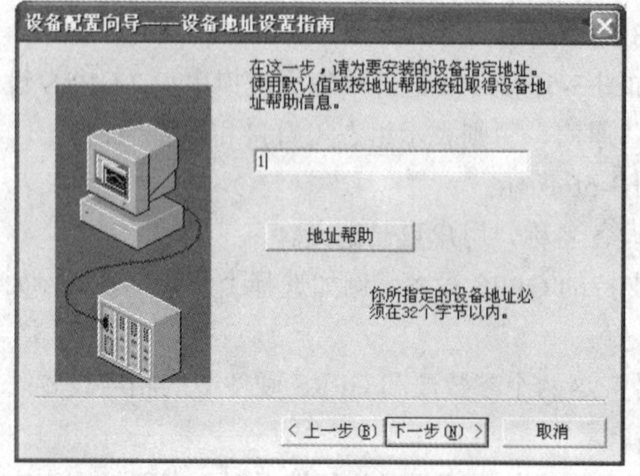

图 3-57 定义设备地址

（5）定义设备地址：GPRS 下挂的实际设备的地址如图 3-57 所示。

（6）继续单击“下一步”按钮，则弹出“设备配置向导——通信参数”对话框，如图 3-58 所示。

（7）继续单击“下一步”按钮，则弹出“设备配置向导——信息总结”对话框，如图 3-59 所示。

至此设备定义完毕，系统会生成两种设备的图标，虚拟串口设备（即 GPRS DTU 设备）和 GPRS DTU 设备下挂的实际设备如图 3-60 所示。

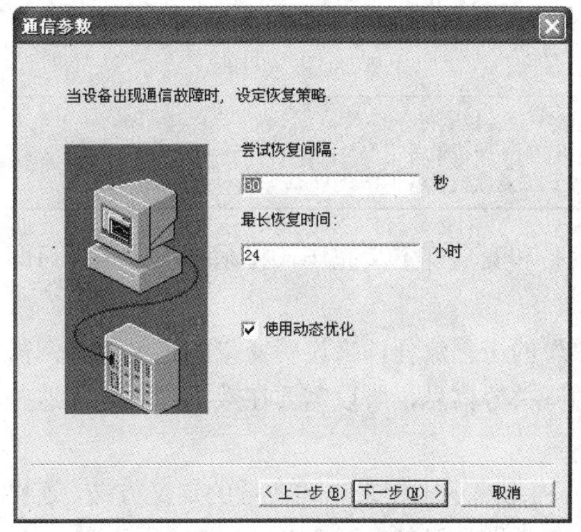

图 3-58　定义设备通信参数

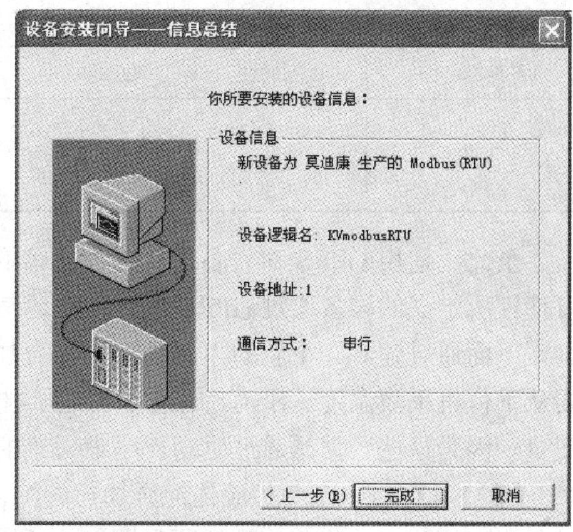

图 3-59　所定义的设备信息总结

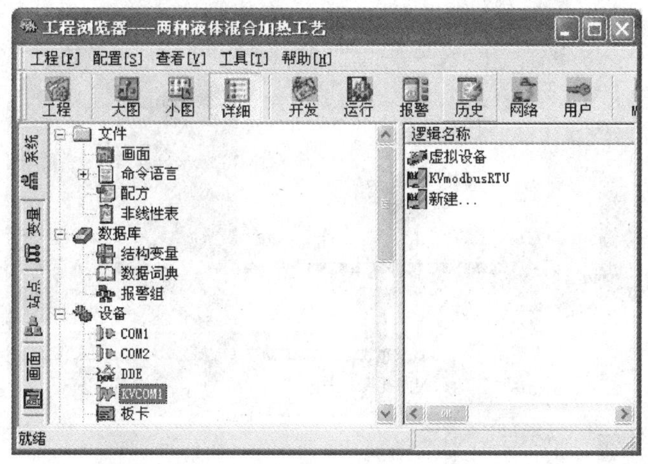

图 3-60　定义虚拟串口设备

3.5.3.2　定义 GPRS 变量

通信时还要定义 GPRS 下面所连接的终端数据采集设备的变量，其变量的定义和不接 GPRS 设备时是一致的，在画面上分别连接 GPRS 和终端数据采集设备的变量。正常通信时组态王切换到运行，GPRS 的 V_S、V_C 两个寄存器的状态均为 1，表示 GPRS 设备已经连接到 GPRS 网络，并且工作正常。终端数据采集设备的数据是实时刷新的。如果用户不想和设备通信可以将 V_C 的值置为 0，即停止虚拟设备工作，这样组态王就不和设备通信了。GPRS 的两个寄存器功能说明见表 3-1。

表 3-1　　GPRS 寄存器功能说明

寄存器名称	读写属性	数据类型	寄 存 器 说 明
V_S	只读	SHORT	虚拟设备（即 GPRS DTU 设备）的状态 0：表示没有连接到 GPRS 网络 1：表示已经连接到 GPRS 网络

续表

寄存器名称	读写属性	数据类型	寄 存 器 说 明
V_C	读写	SHORT	虚拟设备控制寄存器 0：停止虚拟设备工作 1：恢复虚拟设备工作

至此，使用 GPRS 对设备进行远程通信的设备和变量都定义完毕，将系统投入运行后即可使用所定义的设备通过 GPRS 进行远程通信。

下面通过建立一个新的“两种液体混合加热”的工艺流程，来说明变量的定义。本例需要从下位机采集温度、压力、流量、液位、电源开关等信号，所以需要在数据库中定义这些变量。因为这些数据是通过驱动程序来采集的。

【例 3-4】 以一个两种液体混合加热的工艺流程为演示工程来讲述变量的定义方法，连接设备为亚控仿真 PLC，工艺流程如图 3-61 所示，I/O 设备清单见表 3-2。

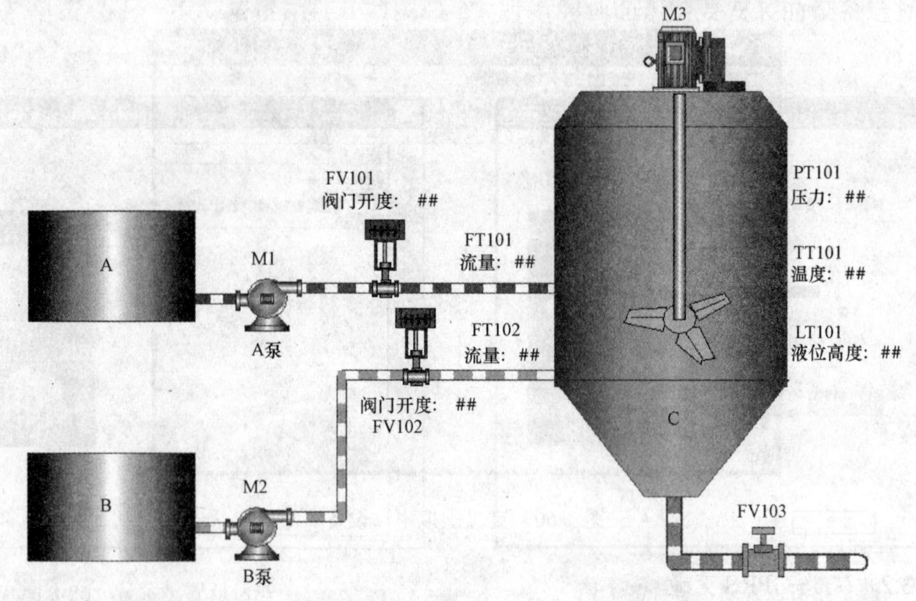

图 3-61 两种液体混合加热工艺流程图

表 3-2 **两种液体混合加热工艺流程 I/O 设备清单**

序号	位号	设备名称	用 途	原始信号类型		工程量
1	M1	A 泵	A 液体输送	交流接触器	DO	NC
2	M2	B 泵	B 液体输送			NC
3	FT101	流量计	A 液体流量	4～20mA	AI	100m³/h
4	FT102	流量计	B 液体流量			
5	FV101	电动调节阀	A 液体流量控制	4～20mA	AO	100%
6	FV102	电动调节阀	B 液体流量控制			

续表

序号	位号	设备名称	用　途	原始信号类型		工程量
7	M3	搅拌电动机	A、B 液体混合	交流接触器	DO	NC
8	TT101	热电阻	混合液体温度测量	Pt100	AI	250℃
9	LT101	液位变送器	混合液体高度测量	4～20mA	AI	100%
10	FV103	电磁阀	混合液体输出控制	交流接触器	DO	NC
11	PT101	压力变送器	混合液体反应罐压力测量	4～20mA	AI	10kPa

下面以组态王及亚控公司自行设计的仿真 PLC（仿真程序）的通信为例来讲解在组态王中如何定义相关变量（实际硬件设备和变量定义方式与其类似）。

变量定义方法如下：在“工程浏览器”树形目录中选择“数据词典”选项，在右侧双击“新建”图标，弹出基本属性对话框，如图 3-62 所示。在对话框中添加变量如下：

变量名：FT101。可对应位号，将来数据词典中所有的变量名都如此，方便记忆。

变量类型：I/O 实数。该类型的设备要和外部设备进行数据交换。

变化灵敏度：0。

初始值：0。

最小值：0。相当于仪表的零点。

最大值：100。相当于仪表的满度值。

最小原始值：4。相当于从变送器过来的对应零点的 4mA 信号。

最大原始值：20。相当于从变送器过来的对应满度值的 20mA 信号。

转换方式：线性。

连接设备：仿真 PLC。

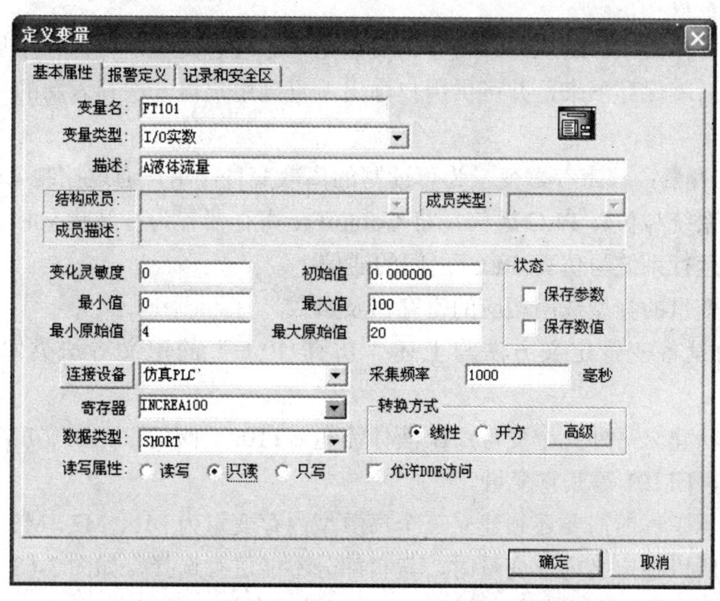

图 3-62　数据词典中“基本属性”对话框

寄存器：INCREA100，在连接实际设备时可连接相应的寄存器。

数据类型：SHORT。

采集频率：1000 毫秒。

读写属性：只读。

设置完成后单击“确定”按钮。

此处注意，如果是 DI、AI 变量，则读写属性设为“只读”；如果是 DO、AO 变量，则读写属性设为“读写”；

在该演示工程中使用的设备为上述建立的仿真 PLC，仿真 PLC 提供 INCREA、DECREA、RADOM、STATIC 等类型的内部寄存器，即 INCREA、DECREA、RADOM、STATIC 寄存器的编号为 1～1000，变量的数据类型均为整型（即 SHORT）。

自动加 1 寄存器 INCREA：该寄存器变量的最大变化范围是 0～1000，寄存器变量的编号原则是在寄存器名后加上整数值，此整数值同时表示该寄存器变量的递增变化范围，例如，INCREA100 表示该寄存器变量从 0 开始自动加 1，其变化范围是 0～100。

自动减 1 寄存器 DECREA：该寄存器变量的最大变化范围是 0～1000，寄存器变量的编号原则是在寄存器名后加上整数值，此整数值同时表示该寄存器变量的递减变化范围，例如，DECREA100 表示该寄存器变量从 100 开始自动减 1，其变化范围是 0～100。

随机寄存器 RADOM：该寄存器变量的最大变化范围是 0～1000，该寄存器变量的值是一个随机值，可供用户读出，此变量是一个只读型，用户写入的数据无效。此寄存器变量的编号原则是在寄存器名后加上整数值，此整数值同时表示该寄存器变量产生数据的最大范围，例如，RADOM100 表示随机值的范围是 0～100。

常量寄存器 STATIC：该寄存器变量是一个静态变量，可保存用户下发的数据，当用户写入数据后就保存下来，并可供用户读出。STATIC100 表示该寄存器变量能够接收 0～100 之间的任意一个整数。

常量字符串寄存器 STRING：该寄存器变量是一个静态变量，可保存用户下发的字符，当用户写入字符后就保存下来，并可供用户读出，直到用户再一次写入新的字符，字符串长度最大值为 128 个字符。

CommErr 寄存器：该寄存器变量为可读写的离散变量，用户通过控制 CommErr 寄存器状态来控制运行系统与仿真 PLC 通信，将 CommErr 寄存器置为打开状态时中断通信，置为关闭状态后恢复运行系统与仿真 PLC 之间的通信。

用户可根据变量的类型选用相应的寄存器及参数。

对于实际的设备变量定义方法与上述“仿真 PLC”的定义方法类似，这里就不再赘述。

用类似的方法建立另外几个变量：B 液体流量 FT102，阀门 FV101、FV102，温度测量 TT101，液位测量 LT101 等其它变量。

此外由于演示工程的需要还须建立三个离散型内存变量为 M1、M2、M3，由于内存变量不需连接设备，所以在定义内存变量时，其它部分不能进行选择，如图 3-63 所示。

至此，按照 I/O 设备清单上所有的 DI、AI 变量就全部定义完成。

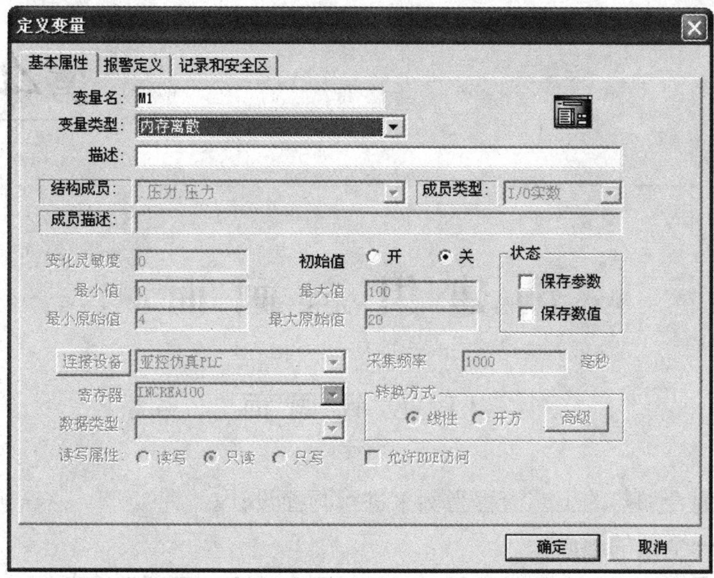

图3-63　数据词典中定义内存变量属性

第4章

创 建 组 态 画 面

4.1 设 计 画 面

以两种液体混合加热的工艺流程为例来进行画面设计。

4.1.1 建立一个新的画面

（1）在“工程浏览器”左侧的工程目录显示区中选择“画面”选项，在右侧视图中双击“新建”图标，弹出“画面属性”对话框，如图 4-1 所示。

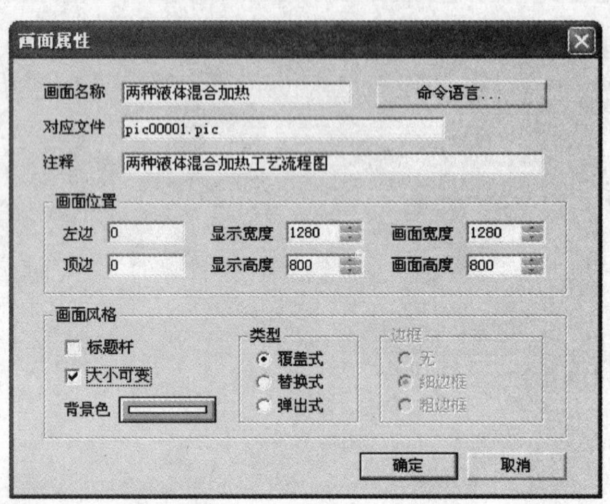

图 4-1 “画面属性”对话框

（2）新画面属性设置如下：

1）画面名称：两种液体混合加热。

2）对应文件：pic00001.pic（自动生成，也可以用户自己定义）。

3）注释：两种液体混合加热工艺流程图。

4）画面位置：左边，0；顶边，0；显示宽度，1280；显示高度，800；画面宽度，1280；画面高度，800。

5）画面风格：①类型，选择“覆盖式”；②标题杆，无效；③大小可变，有效。

注意，这里设置的显示宽度×显示高度=画面宽度×画面高度，原则上要与计算机显示的屏幕分辨率相同，否则画面就不能充满整个屏幕或不能完整显示而出现上下、左右滚动条。设置时，应先查看计算机显示属性中的屏幕分辨率，如图 4-2 所示，然后设置与之相同。

（3）单击“画面属性”对话框中的“确定”按钮，组态王将按照指定的风格产生出一幅名为“两种液体混合加热”的空画面。

4.1.2　使用工具箱

使用工具箱可在画面中绘制各种图素。绘制图素的主要工具放置在图形编辑工具箱内。当画面打开时，工具箱自动显示。工具箱中各种基本工具的使用方法与 Windows 中的画笔类似。

如果工具箱没有出现，选择“工具”菜单中的“显示工具箱”选项或按 F10 键将其打开。也可选中“菜单”→“工具”→“显示工具箱”选项（选项前打“√”），使屏幕上显示“工具箱”。

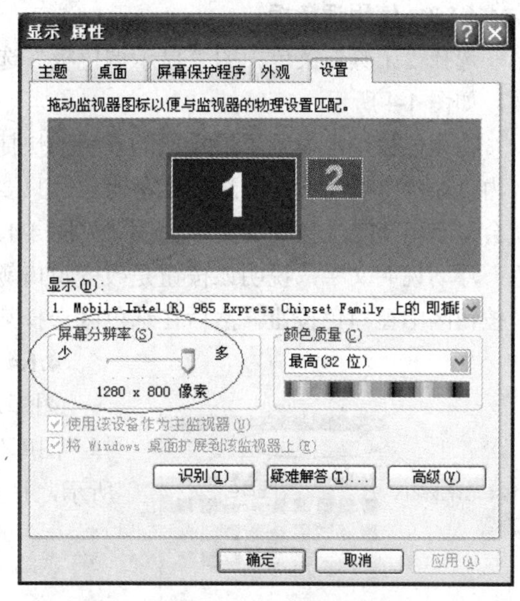

图 4-2　查看计算机显示属性中的屏幕分辨率

工具箱中提供了许多常用的菜单命令，也提供了菜单中没有的一些操作。当光标放在工具箱任一按钮上时，会出现提示条标明此工具按钮的功能，如图 4-3 所示。用户在每次修改工具箱的位置后，组态王会自动记忆工具箱的位置，当用户下次进入组态王时，工具箱返回上次用户使用时的位置。

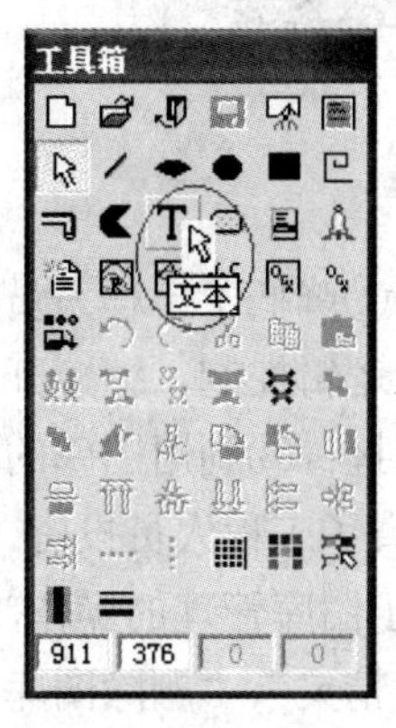

图 4-3　工具箱

如果由于不小心操作导致找不到工具箱，或从菜单中也打不开，应进入组态王的安装路径“kingview”下，打开 toolbox.ini 文件，查看最后一项[Toolbox]是否位置坐标不在屏幕显示区域内，默认值为：

```
[Toolbox]
Left=1092
Top=396
```

用户可以在该文件中修改，但注意不能修改别的项目。

工具箱中的工具按钮大致分为四类：

（1）画面类。提供对画面的常用操作，包括新建、打开、关闭、保存、删除、全屏显示等工具按钮。

（2）编辑类。包括：绘制各种图素（矩形、椭圆、直线、折线、多边形、圆弧、文本、点位图、按钮、菜单、报表窗口、实时趋势曲线、历史趋势曲线、控件、报警窗口）的工具按钮；常用编辑（剪切、粘贴、复制、撤消、重复等）工具按钮；合成、分裂组合图素及合成、分裂单元工具按钮；对图素的前移、后移、旋转、镜像等操作工具按钮。

（3）对齐方式类。这类工具用于调整图素之间的相对位置，能够以上、下、左、右、水平、垂直等方式把多个图素对齐；或者把它们水平等间隔、垂直等间隔放置。

（4）选项类。提供其它一些常用操作按钮，如全选、显示调色板、显示画刷类型、显示线形、网格显示/隐藏、激活当前图库、显示调色板等按钮。

4.1.3 使用调色板

选择“工具”菜单中的“显示调色板”选项，或在工具箱中单击按钮▦，弹出调色板画面，如图 4-4 所示。

在调色板中，设置了最常用的 6 种的快捷方式按钮位于调色板的最顶端的对象选择按钮区内，如图 4-4 所示，要选中某种对象，只要将光标放在相应的对象选择按钮区的按钮上，就会显示出该功能按钮的文字说明（见图 4-4）。将光标放在▣功能按钮上，会显示出“窗口色”浮动说明文字，说明该按钮是改变窗口颜色的按钮。选中文本，在调色板上选中对象选择按钮区中窗口色按钮，然后在选色区选择某种颜色，则该窗口就变为相应的颜色。

4.1.4 图库管理器

图库是指组态王中提供的已制作成型的图素组合。选择“图库”菜单中“打开图库”选项或按 F2 键，如图 4-5 所示，打开图库管理器。

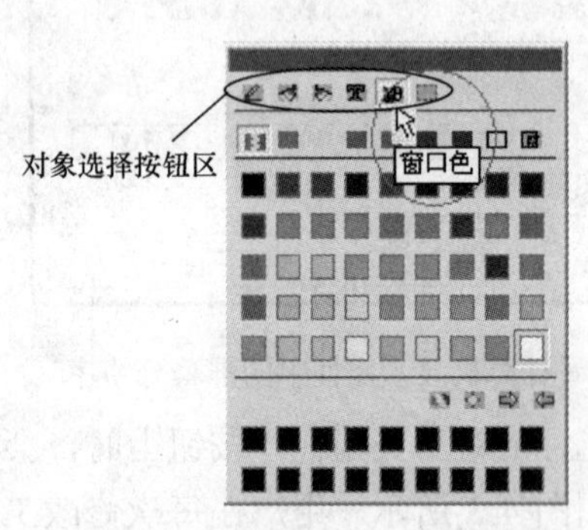

图 4-4 调色板的文字说明

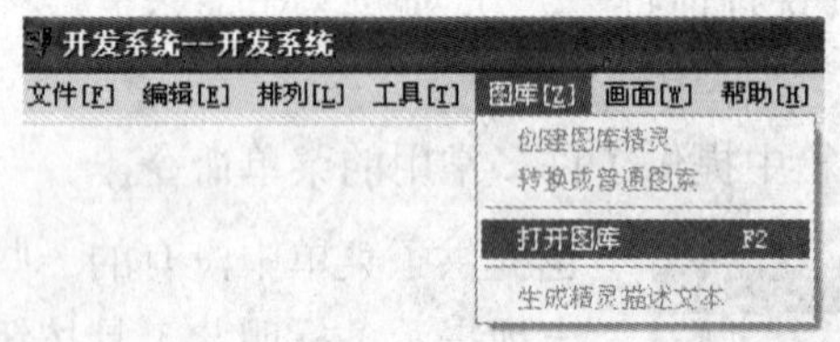

图 4-5 打开图库管理器

打开的图库管理器如图 4-6 所示。使用图库开发工程界面的功能为：①降低了工程人员设计界面的难度，使他们能更加集中精力于维护数据库和增强软件内部的逻辑控制，缩短开发周期；②用图库开发的软件将具有统一的外观，方便工程人员学习和掌握；③利用图库的开放性，工程人员可以生成自己的图库元素，“一次构造，随处使用”，节省了工程人员投资。组态王为了便于用户更好地使用图库，提供图库管理器，图库管理器集成了图库管理的操作，在统一的界面上，完成“新建图库”，“更改图库名称”、“加载用户开发的精灵”、“删除图库精灵”操作。

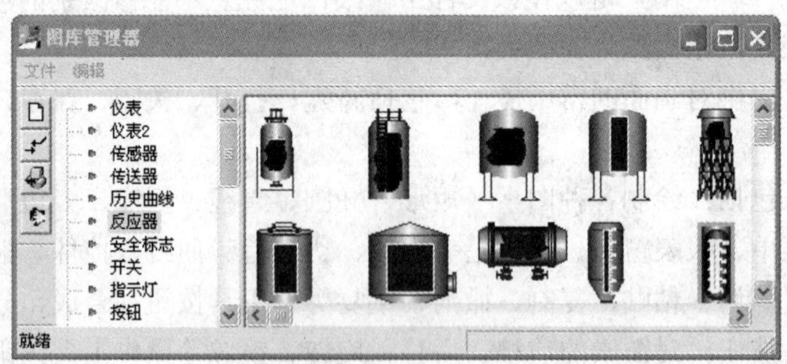

图 4-6 图库管理器

4.1.4.1 图库管理器的使用

在图库管理器左侧图库名称列表中选择图库名称，选中右框内的图形后双击，图库管理器自动关闭，在工程画面上光标位置出现“┌”标志，在画面上单击，该图素就被放置在画面上并拖动边框到适当的位置，改变其至适当的大小并利用工具箱中的文本工具标注该图形。

例如：画面上需要一个按钮，代表一个开关，开关打开时按钮为绿色，开关关闭后变为红色，并且可以定义按钮为置位开关、复位开关或切换开关。如果没有图库，首先要绘制一个绿色按钮和一个红色按钮，用一个变量和它们连接，设置隐藏属性，最后把它们叠在一起，把这些复杂的步骤合在一起。如利用组态王定义好的“按钮精灵”，只要把“按钮精灵”从图库拷贝到画面上，用鼠标双击定义后就具有了“打开为绿色，关闭为红色”，也可以根据用户具体需求改变颜色，并且可以设置开关类型的功能，如图 4-7 所示。图库中大部分的精灵都有类似的已经定义的动画连接，所以使用图库精灵将极大地提高设计界面的效率。

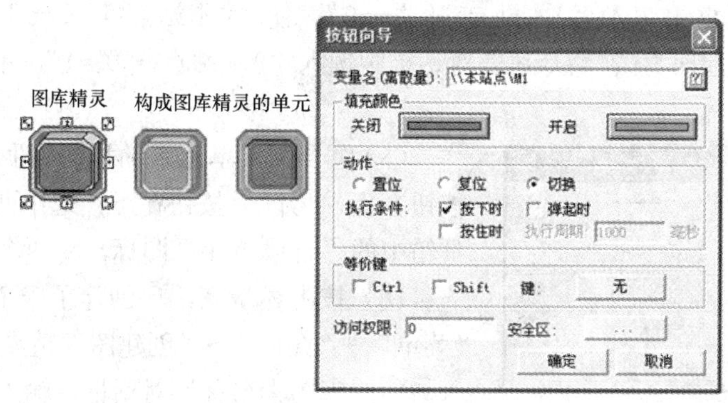

图 4-7　图库精灵的构成及定义

工程人员可以在画面上任意地缩放图库精灵改变图形外观和定义动画连接的“属性向导”。对话框中包含了图库精灵的外观修改、动作、操作权限、与动作连接的变量等各项设置。对于不同的图库精灵，具有不同的属性向导界面，用户只需要输入变量名，合理调整各项设置，就可以设计出符合自己使用要求的个性化图形。一般情况下，该类图库精灵使用的变量名都是示意性的，不一定适合需要，可以进行修改。修改方法为：双击“图库精灵”，在弹出的对话框中单击“变量名”后的输入框，弹出“替换变量名”对话框，在对话框中输入实际使用的变量名即可（该变量必须是已经在数据库中定义过的）。修改过程中，为减少文字输入量，可单击“？”按钮，在弹出的“变量选择”对话框中选择所需的变量名。需要注意，新变量和图库精灵原来使用的变量必须是同一类型，图库精灵的动画连接属性的设置方法与普通图素的动画连接一样。

4.1.4.2　创建图库精灵

对于一些在开发过程中自己制作的一些常用的开关、按钮、图形、动画等可以利用创建图库精灵的方法将它们保存在图库中，以备将来使用。组态王提供两种方式供用户自制图库：①编制程序方式，即用户利用软件提供的图库开发包，自己利用 VC 开发工具和组态王开发系统中生成的精灵描述文本制作，生成*.dll 文件；②利用组态王开发系统中建立动画连接并合成图素的方式直接创建图库精灵。

下面以创建一个变色按钮为例来说明怎样创建图库精灵。

（1）选择菜单中的“图库”→“打开图库”选项，打开图库管理器，选择“编辑”→“创建新图库”→键入图库名“自己图库”→“退出”→“保存”选项，就在图库管理器的左面增加了一项“自己图库”，专门用于放置自己制作的图库精灵，当然也可以放置在其它位置上。

（2）在画面上创建两个按钮，一个按钮用字符串替换使文本显示为“开”，另一按钮为“关”。

（3）在数据词典中定义一个内存离散变量，如“开关”。

（4）添加动画连接。双击画面上的“开”按钮，弹出“动画连接”对话框，选择“隐含连接”项，键入“\\本站点\开关==1”，使“\\本站点\开关=1”时让“开”按钮显示，如图 4-8 所示。单击“确定”按钮，回到“动画连接”对话框，再选择“弹起时”，在命令语言对话框中键入“\\本站点\开关=0”，单击“确定”按钮，如图 4-9 所示。同样，在“关”按钮的“隐含连接”属性对话框中键入“\\本站点\开关==0”，使“\\本站点\开关=0”时让“关”按钮显示，再选择“弹起时”，在命令语言对话框中键入“\\本站点\开关=1”，单击“确定”按钮即可。

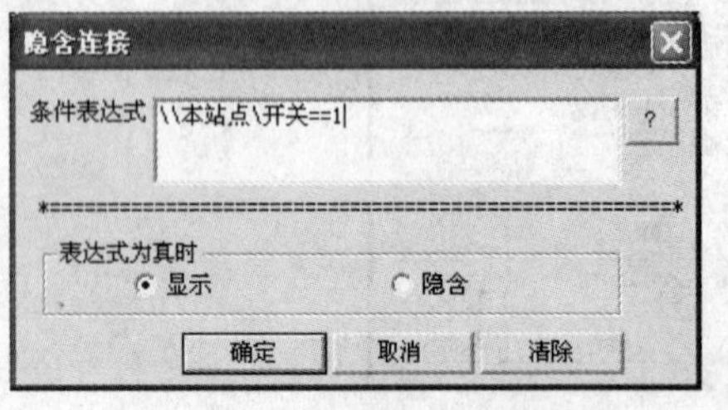

图 4-8 建立隐含动画连接

（5）组合图素单元。将两个按钮叠放在一起，“关”按钮在上，“开” 按钮在下，选中两个按钮，选择工具箱中的“合成单元”图标，将两个按钮合成单元。

（6）按上述步骤，已创建了一个图库精灵，选择“菜单”→“图库”→“创建图库精灵”选项，弹出“输入新的图库图素名称”对话框，输入名称，如图 4-10 所示。

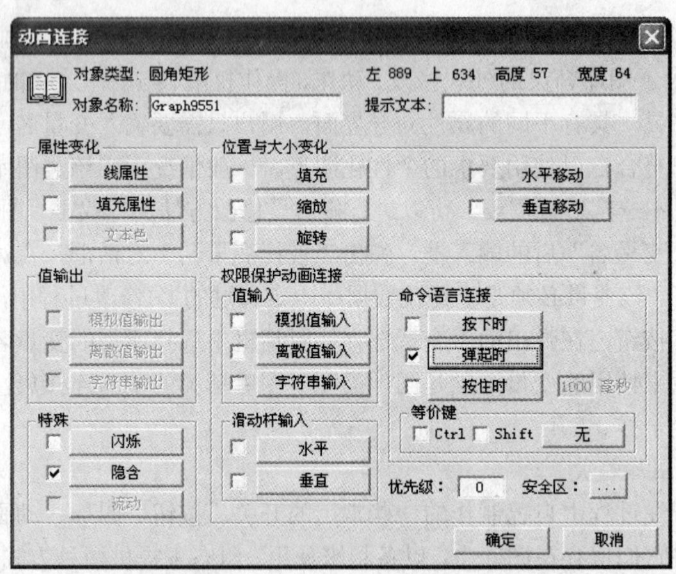

图 4-9 建立按钮动画连接

（7）输入名称后，单击“确定”按钮，弹出图库管理器，在图库管理器的左边确定该精灵要放的图库下单击，如把变色按钮放在自己创建的“自己图库”下，然后在管理器右边单击即可，如图 4-11 所示。

这样在图库中就添加了一个自己创建的变色开关，放在“自己图库”的下面。

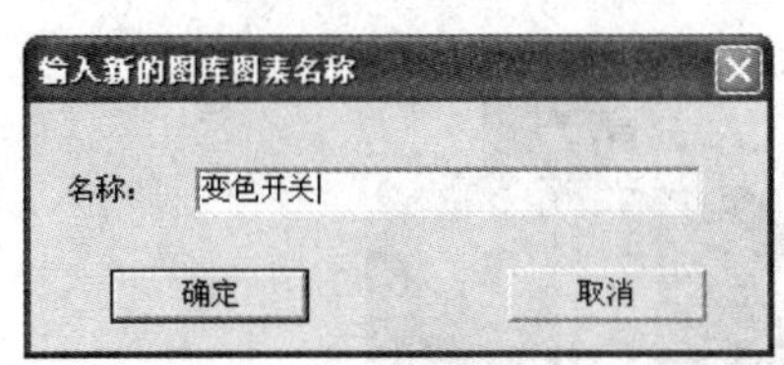

图 4-10　输入加入图库的图素名

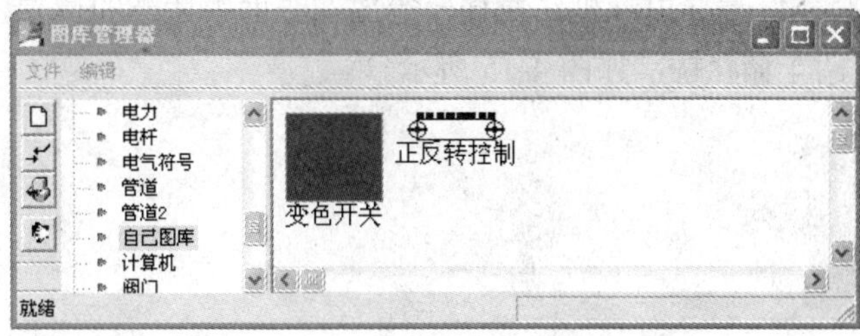

图 4-11　加入图库中的自定义图素

4.1.4.3　把图库精灵转换成普通图素

如果要对组成图库精灵的图素作调整，应首先把图库精灵转换成普通图素。具体操作是：在画面上选中精灵（精灵周围出现 8 个小矩形），如图 4-12 所示，选择菜单“图库”→“转换成普通图素”选项，图库精灵分解为许多单元或图素，如图 4-13 所示。对于分解出来的单元，还要使用工具箱中的“分裂单元”把它再分解成图素，然后就可以对这些图素进行任意的修改。

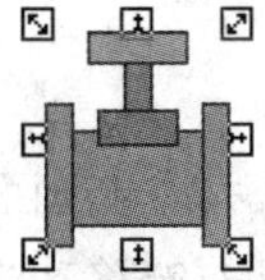

图 4-12　图库中的精灵

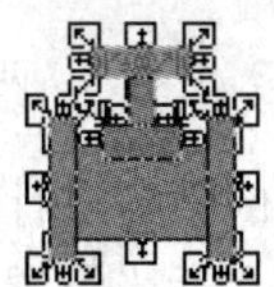

图 4-13　图库中的精灵被转换成普通的图素

4.1.5　利用图库管理、工具箱等进行工艺流程图的设计制作

【例 4-1】 完成两种液体混合加热的工艺流程图，如图 4-14 所示。

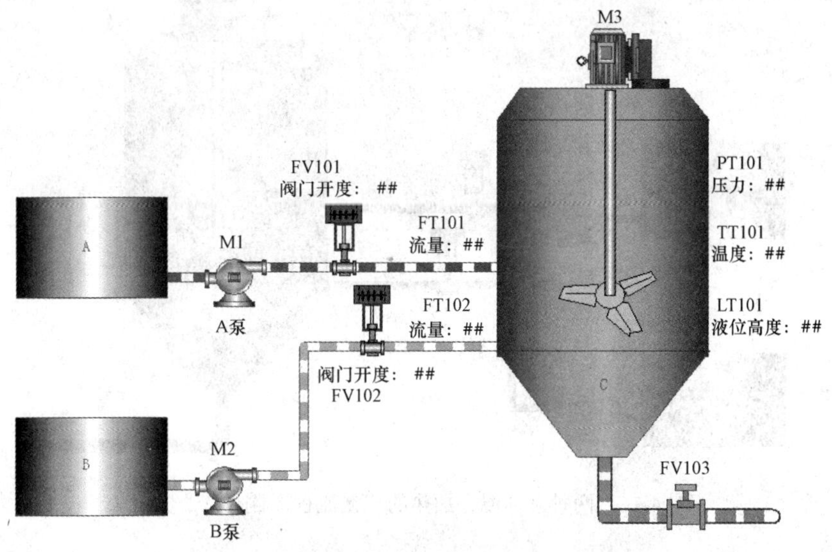

图 4-14　两种液体混合加热的工艺流程图

（1）在图库中选择 C 反应器、M1 泵、M2 泵、FV101、FV102 电动调节阀、FV103 电磁

阀、M3 搅拌电动机、搅拌器等放在画面中适当的位置，在工具箱中选择圆角矩形，画出 A、B 两个储存罐，如图 4-15 所示。

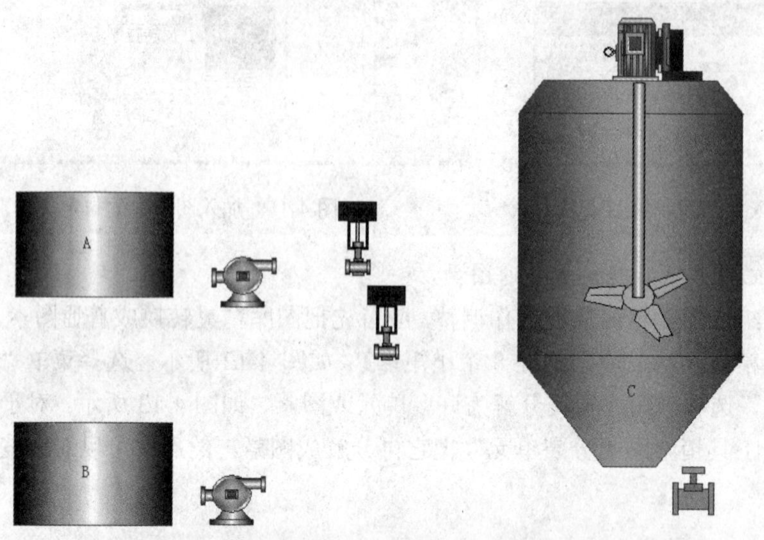

图 4-15　两种液体混合加热的工艺流程图制作（一）

（2）将图 4-15 中的设备进行连接。选择工具箱中的立体管道工具，在画面上光标箭头图形变为“+”形状，在适当位置作为立体管道的起始位置，按住鼠标左键移动光标到结束位置后双击，则立体管道在画面上显示出来。如果立体管道需要拐弯，只需在折点出单击，然后继续移动光标，就可实现折线形式的立体管道绘制。在画立体管道时，要注意必须从头到尾一次画完，因为后面要做的动画连接与管道画的顺序有关，如图 4-16 所示。

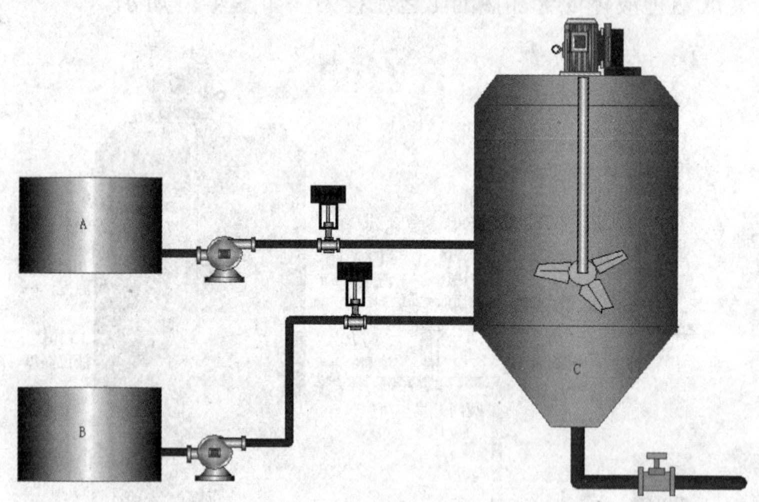

图 4-16　两种液体混合加热的工艺流程图制作（二）

（3）选中所画的立体管道，在调色板上单击对象选择按钮区中线条色按钮，在选色区中选择某种颜色，则立体管道变为相应的颜色。选中立体管道，在立体管道上右击，在弹出的右键快捷菜单中选择“管道宽度”选项来修改立体管道的宽度，如图 4-16 所示。

（4）在画面相应的位置上标注出设备名称、位号、动态数据等，定义完动画连接后，生成的画面如图 4-14 所示，选择“文件”菜单的“全部存”命令将所完成的画面进行保存。

至此，一个简单的两种液体混合加热的工艺流程图监控画面就建立起来了。

4.2　动　画　连　接

4.2.1　概述

工艺流程图监控画面做好后，就要进行动画连接，模拟真实生产设备的运行，将生产实时数据连接到画面中来。在组态王开发系统中制作的画面都是静态的，需要通过实时数据库才能反映工业现场的状况，因为只有数据库中的变量才是与现场状况同步变化的。数据库变量的变化通过“动画连接”导致画面的动画效果。所谓动画连接，就是建立画面的图素与数据库变量的对应关系。这样，工业现场的数据（如温度、液面高度等）发生变化时，通过 I/O 接口将引起实时数据库中变量的变化，如果定义了画面图素，如指针，如果指针与变量相关联，将会看到指针会随关联的变量同步偏转。

动画连接的引入是设计人—机接口的一次突破，它把工程人员从重复的图形编程中解放出来，为工程人员提供了标准的工业控制图形界面，并且由可编程的命令语言连接来增强图形界面的功能。图形对象与变量之间有丰富的连接类型，给工程人员设计图形界面提供了极大的方便。组态王系统还为部分动画连接的图形对象设置了访问权限，对于保障系统的安全具有重要的意义。

图形对象可以按动画连接的要求改变颜色、尺寸、位置、填充百分数等，一个图形对象又可以同时定义多个连接。把这些动画连接组合起来，应用程序将呈现出图形动画效果。

4.2.2　“动画连接”对话框

给图形对象定义动画连接是在“动画连接”对话框中进行的。在组态王开发系统中，双击图形对象（不能有多个图形对象同时被选中），弹出“动画连接”对话框。对不同类型的图形对象，弹出的对话框大致相同。但是对于特定属性对象，有些是灰色的，表明此动画连接属性不适应于该图形对象，或者该图形对象定义了与此动画连接不兼容的其它动画连接。

以一个简单的以圆角矩形为例，在工具箱中画出一个圆角矩形，双击圆角矩形弹出如图 4-17 所示的“动画连接”对话框。

（1）对话框的第一行标识出被连接对象的名称和左上角在画面中的坐标以及图形对象的宽度和高度。

（2）对话框的第二行提供“对象名称”和“提示文本”文本框。“对象名称”是为图素提供的唯一的名称，供以后的程序开发使用，暂时不能使用。“提示文本”的含义为：当图形对象定义了动画连接时，在运行的时候，光标放在图形对象上，将出现开发中定义的提示文本。

（3）属性变化。共有三种连接（线属性、填充属性、文本色），规定了图形对象的颜色、线型、填充类型等属性如何随变量或连接表达式的值变化而变化。单击任一按钮弹出相应的连接对话框。线类型的图形对象可定义线属性连接，填充形状的图形对象可定义线属性、填充属性连接，文本对象可定义文本色连接。

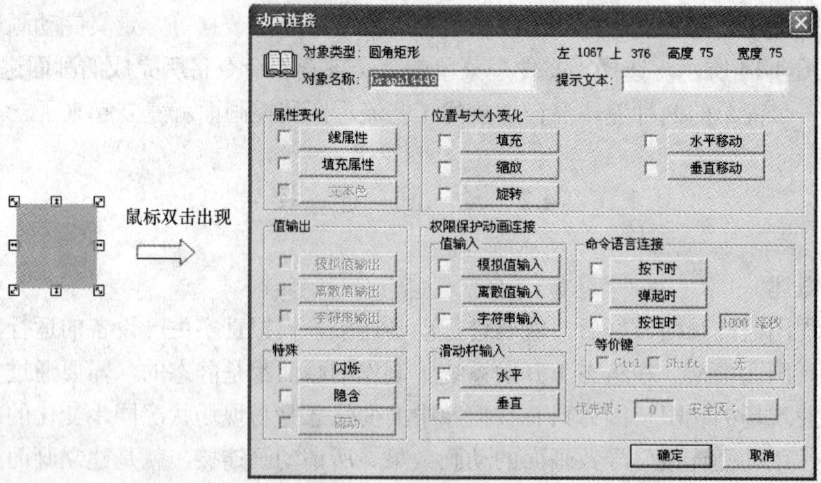

图 4-17　动画连接对话框

（4）位置与大小变化。共有五种连接（水平移动、垂直移动、缩放、旋转、填充），规定了图形对象如何随变量值的变化而改变位置或大小（不是所有的图形对象都能定义这五种连接）。单击任一按钮弹出相应的连接对话框。

（5）值输出。只有文本图形对象能定义三种值输出连接中的某一种。这种连接用来在画面上输出文本图形对象的连接表达式的值。运行时文本字符串将被连接表达式的值所替换，输出的字符串的大小、字体和文本对象相同。单击任一按钮弹出相应的输出连接对话框。

（6）值输入。所有的图形对象都可以定义为三种用户输入连接中的一种，输入连接使被连接对象在运行时为触敏对象。当 TouchView 运行时，触敏对象周围出现反显的矩形框，可由鼠标或键盘选中此触敏对象。按空格键、Enter 键或鼠标单击，会弹出输入对话框，从键盘键入数据以改变数据库中变量的值。

（7）特殊。所有的图形对象都可以定义闪烁、隐含两种连接，这是两种规定图形对象可见性的连接。流动是专门对立体管道设计的，此处选中的图形对象是矩形，所以在此处不可用。单击任何一个按钮弹出相应连接对话框。

（8）滑动杆输入。所有的图形对象都可以定义两种滑动杆输入连接中的一种，滑动杆输入连接使被连接对象在运行时为触敏对象。当 TouchView 运行时，触敏对象周围出现反显的矩形框。按住鼠标左键拖动有滑动杆输入连接的图形对象可以改变数据库中变量的值。

（9）命令语言连接。所有的图形对象都可以定义三种命令语言连接中的一种，命令语言连接使被连接对象在运行时成为触敏对象。当 TouchView 运行时，触敏对象周围出现反显的矩形框，可由鼠标或键盘选中。按空格键、Enter 键或鼠标单击，就会执行定义命令语言连接时用户输入的命令语言程序。单击相应按钮弹出连接的命令语言对话框。

（10）等价键。设置被连接的图素在被单击执行命令语言时与用鼠标操作相同功能的快捷键。

（11）优先级。此编辑框用于输入被连接的图形元素的访问优先级级别。当软件在 TouchView 中运行时，只有优先级级别不小于此值的操作员才能访问它，这是组态王保障系统安全的一个重要功能。

（12）安全区。此编辑框用于设置被连接元素的操作安全区。当工程处在运行状态时，只有在设置安全区内的，操作员才能访问。安全区与优先级一样，是组态王保障系统安全的一个重要功能。

只有有特定动画连接的图形对象可以设置优先级和安全区，这几种动画连接是模拟值输入连接、离散值输入连接、字符串输入连接、水平滑动杆输入、垂直滑动杆输入连接、命令语言连接（鼠标或等价键按下、按住、弹起时）。

4.2.3　常用动画连接属性的设置

4.2.3.1　线属性连接

线属性连接是使被连接对象的边框或线的颜色和线形随连接表达式的值而改变。定义这类连接需要同时定义分段点和对应的线属性。利用连接表达式的多样性，可以构造出许多很有用的连接。

【例 4-2】 用线颜色表示离散变量“开关”的报警状态。

绘制一条线段，双击线段打开“动画连接”对话框，单击“线属性”按钮，打开“线属性连接”对话框，如图 4-18 所示，在连接表达式中输入“开关.Alarm”或单击“？”按钮在数据词典中选择“\\本站点\开关.Alarm”，然后将下面的两个笔属性颜色对应的值改为 0.00（蓝色）、1.00（红色），单击“确定”按钮即可。设置好后，软件在运行时，当警报发生时（开关.Alarm ==1），线就由蓝色变成了红色；当警报解除后，线又变为蓝色。但要注意的是，在数据词典中定义的离散型变量“开关”（I/O 离散变量或内存离散型变量都行）一定要进行报警定义，如图 4-19 所示。

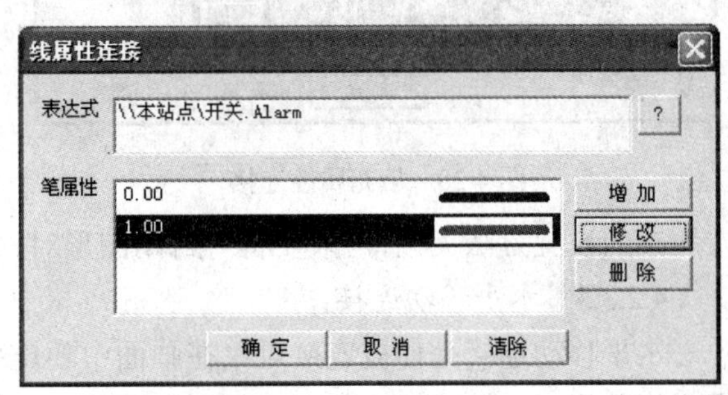

图 4-18　线属性连接

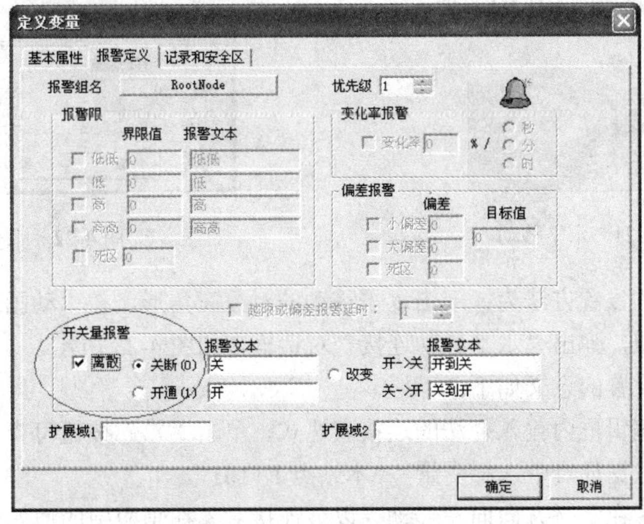

图 4-19　离散型变量的报警定义

4.2.3.2　填充属性连接

填充属性连接使图形对象的填充颜色和填充类型随连接表达式的值而改变，通过定义一些分段点（包括阈值和对应填充属性），使图形对象的填充属性在一段数值内为指定值。

【例 4-3】 封闭图形对象定义填充属性连接。在［例 3-4］中，当变量“混合液体温度”TT101 的值在 0～100 时，图形对象为绿色；在 100～200 之间时为黄色，变量值大于 200 时，图形对象为红色。

绘制一个封闭图形对象，双击封闭图形对象，弹出“动画连接”对话框，单击“填充属性”按钮，在连接表达式中输入“\\本站点\TT101”，或按“？”按钮在数据词典中选择变量\\本站点\TT101；在“刷属性”中设置阈值为 0.00 时填充属性为绿色，阈值为 100.00 时为黄色，阈值为 200.00 时为红色。单击“确定”按钮，如图 4-20 所示。画面程序运行时，变量“混合液体温度”TT101 的值在 0～100 时，图形对象为绿色；在 100～200 时为黄色；变量值大于 200 时，图形对象为红色。

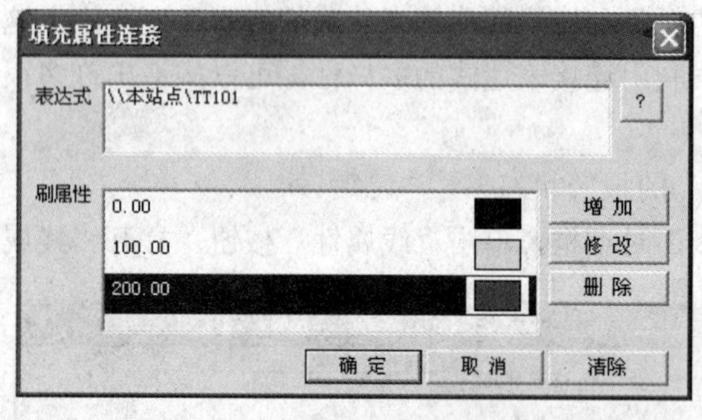

图 4-20　填充属性连接

“文本色连接的设置方法”和“填充属性连接的设置方法类似”，只要将“封闭图形对象”换成“文本”即可。

4.2.3.3　水平移动连接

水平移动连接是使被连接对象在画面中随连接表达式值的改变而水平移动。移动距离以像素为单位，以被连接对象在画面制作系统中的原始位置为参考基准。水平移动连接常用来表示图形对象实际的水平运动。

【例 4-4】 建立一个指示器，在画面上画一个三角形，移动从 0 刻度到 100 刻度，如图 4-21 所示，以表示实际变量 FT101 的大小。

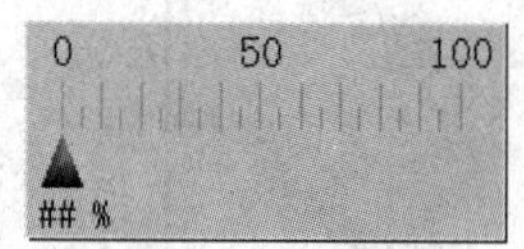

图 4-21　水平移动

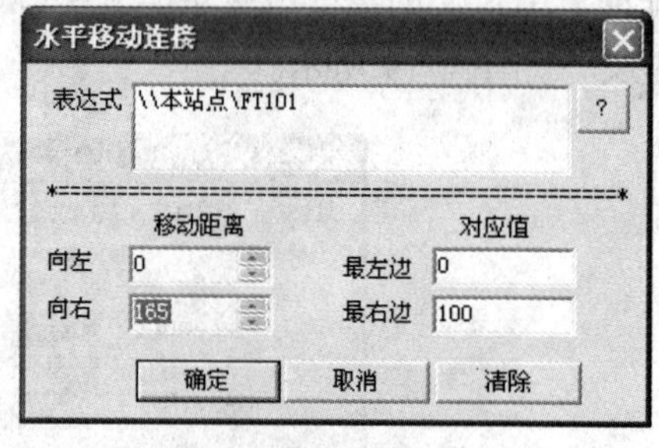

图 4-22　水平连接

水平移动连接的设置方法为：双击水平移动的对象三角形，在“动画连接”对话框中单击“水平移动”按钮，弹出“水平移动连接”对话框，如图 4-23 所示。

对话框中各项设置的意义如下：

表达式：在此编辑框内输入合法的连接表达式，单击“？”按钮可查看已定义的变量名和变量域。此处在数据词典中选择变量“\\本站点\FT101”。

向左：输入图素在水平方向向左移动（以被连接对象在画面中的原始位置为参考基准）的距离。

最左边：输入与图素处于最左边时相对应的变量值，当连接表达式的值为对应值时，被连接对象的中心点向左（以原始位置为参考基准）移到最左边规定的位置。

向右：输入图素在水平方向向右移动（以被连接对象在画面中的原始位置为参考基准）的距离。此处三角形对象从 0 刻度移动到 100 刻度时 X 轴坐标的移动距离为 165。

最右边：输入与图素处于最右边时相对应的变量值，当连接表达式的值为对应值时，被连接对象的中心点向右（以原始位置为参考基准）移到最右边规定的位置。此处 FT101 的最大量程值为“100”。

为设置完后在 TouchView 中的运行状态如图 4-23 所示。

注意：移动距离的计算参阅图 4-24，在图 4-24 中，左下角的两个框内分别为 X、Y 轴运动轨迹的坐标，可由此计算出对象移动的相对距离。

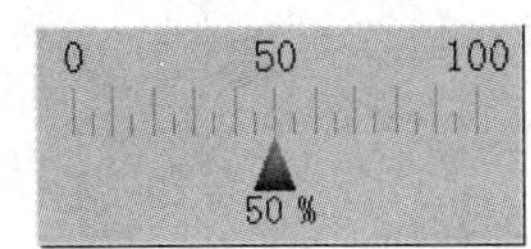

图 4-23　水平移动对象的运行状态

图 4-24　利用坐标计算移动距离

要使下方的显示值和三角形同时移动，用同样的方法设置即可。也可使用水平移动动画连接向导来完成水平移动设置，具体步骤为：

（1）首先在画面上绘制水平移动的图素，如小三角形，见图 4-21。

（2）选中该图素，选择菜单命令“编辑”→“水平移动向导”，或在该小三角形形上右击，在弹出的快捷菜单上选择“动画连接向导”→“水平移动连接向导”命令，光标形状变为小“十”字形。

（3）选择图素水平移动的起始位置，单击，光标形状变为向左的箭头，表示当前定义的是运行时图素由起始位置向左移动的距离，水平移动光标，箭头随之移动，并画出一条水平移动轨迹线。

（4）当光标箭头向左移动到左边界后，单击，光标形状变为向右的箭头，表示当前定义的是运行时图素由起始位置向右移动的距离，水平移动光标，箭头随之移动，并画出一条移动轨迹线，当到达水平移动的右边界时，单击，弹出水平移动动画连接对话框，如图 4-25 所示。

在“表达式”文本框中输入变量或单击“？”按钮选择变量。“移动距离”的“向左”、“向右”文本框中的数据为利用向导建立动画连接产生的数据，用户可以按照需要修改该项。设定好后单击“确定”按钮完成动画连接。

4.2.3.4　垂直移动连接

垂直移动连接的设置和水平移动连接的设置类似，只是移动的方向不同，其它的设置方法都完全相同，将［例 4-4］的指示器旋转 90°，就变成垂直方向上的指示器，垂直移动对象的运行状态如图 4-26 所示。同样，也可以用垂直移动动画连接向导来完成。

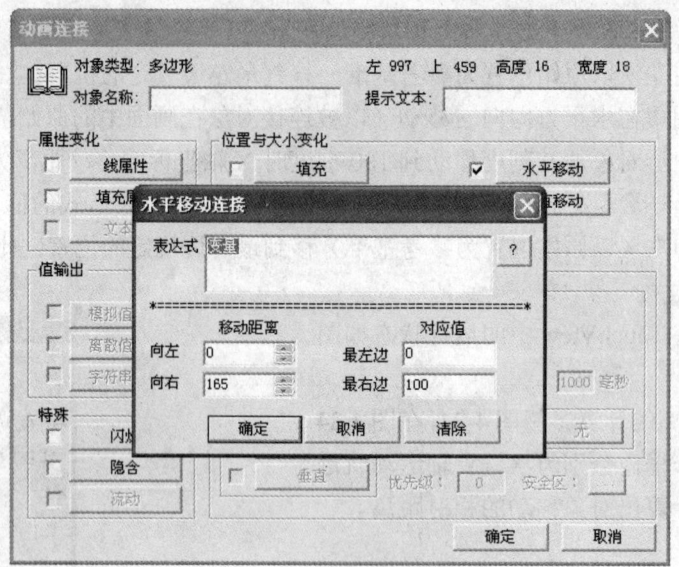

图 4-25 水平移动动画连接

4.2.3.5 缩放连接

缩放连接是使被连接对象的大小随连接表达式的值而变化。

【例 4-5】 建立一个压力计，用一个矩形的缩放表示压力 PT102 的变化（设置“缩放连接”动画属性），以反映变量“压力”的变化。

图 4-27 是设计状态，组态时，作两个矩形，一个红色不做动画连接，置于底部；一个黑色置于顶部并进行缩放连接设置，再画出刻度，标上数值，如图 4-27 所示。图 4-28 是在 TouchView 中的运行状态。

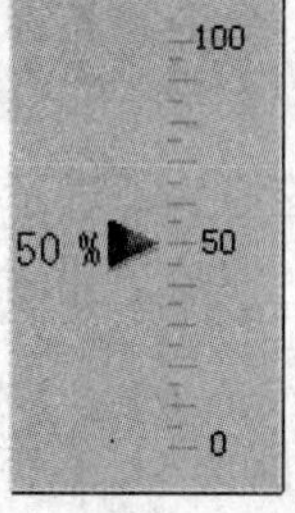

图 4-26 垂直移动对象的运行状态

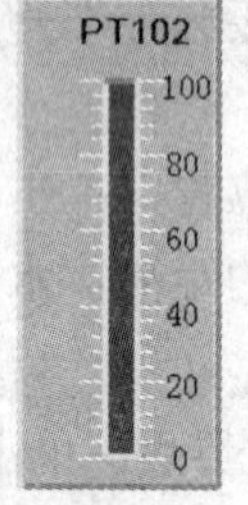

图 4-27 缩放连接设计状态

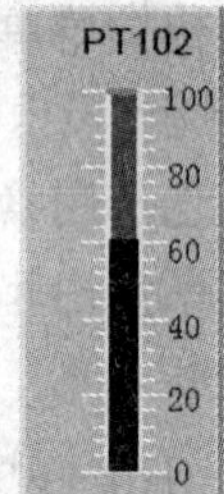

图 4-28 缩放连接运行状态

缩放连接的设置方法是：双击黑色矩形框，在“动画连接”对话框中单击“缩放”按钮，弹出如图 4-29 所示“缩放连接”对话框。

对话框中各项设置的意义如下：

（1）表达式：在此编辑框内输入合法的连接表达式，单击“？”按钮可以查看已定义的变量名和变量域。此处单击“？”按钮，在数据词典中选择“\\本站点\PT1O2”。

（2）最小时：输入对象最小时占据的被连接对象的百分比（占据百分比）及对应的表达式的值（对应值）。百分比为 0 时此对象不可见。

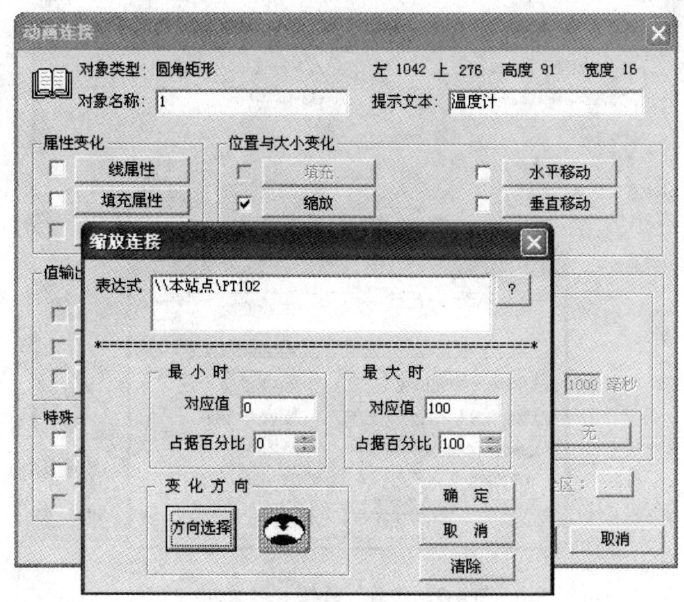

图 4-29　“缩放连接”对话框

（3）最大时：输入对象最大时占据的被连接对象的百分比（占据百分比）及对应的表达式的值（对应值）。若此百分比为 100，则当表达式值为对应值时，对象大小为制作时该对象大小。

（4）变化方向：选择缩放变化的方向。变化方向共有五种，用“方向选择”按钮旁边的指示器来形象地表示。箭头是变化的方向。单击“方向选择”按钮，可选择五种变化方向之一。

4.2.3.6　旋转连接

旋转连接是使对象在画面中的位置随连接表达式的值而旋转。

【例 4-6】 建立一个有指针仪表，以指针旋转的角度表示变量“温度”的变化。图 4-30 是设计状态，图 4-31 是在 TouchView 中的运行状态。

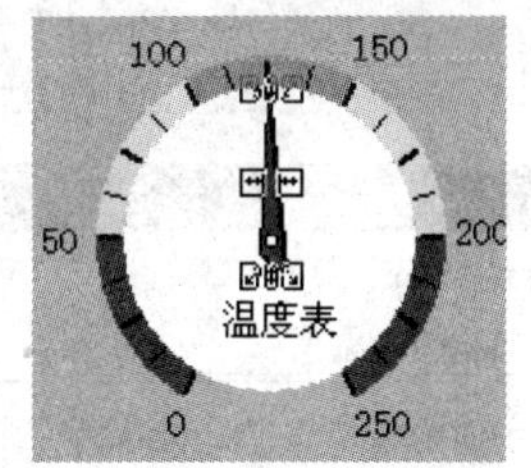

图 4-30　指针旋转仪表设计状态之一

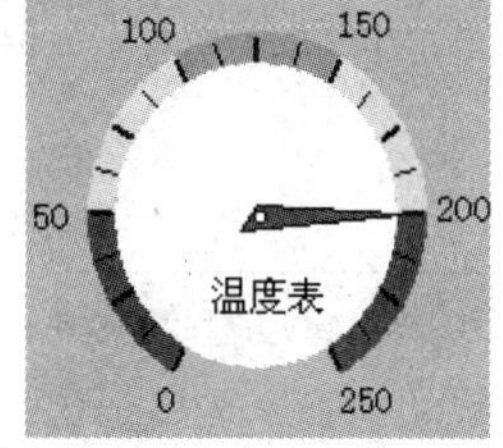

图 4-31　指针旋转仪表运行状态

在画面中画出图 4-30 的指针式旋转仪表，旋转连接的设置方法为：双击图 4-30 中的指针，弹出“动画连接”对话框，单击“旋转”按钮，弹出“旋转连接”对话框，如图 4-32 所示。

对话框中各项设置的意义如下：

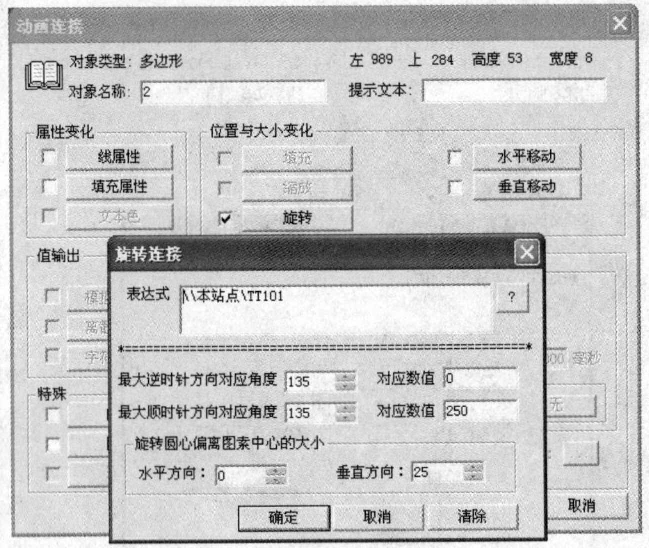

图 4-32 “旋转连接”对话框

（1）表达式：在此编辑框内输入合法的连接表达式，单击“？”按钮可以查看已定义的变量名和变量域。此处设置为混合液体温度，即“\\本站点\TT101”。

（2）最大逆时针方向对应角度：被连接对象逆时针方向旋转所能达到的最大角度及对应的表达式的值（对应数值）。角度值限于 0°～360°，Y 轴正向是 0°。

（3）最大顺时针方向对应角度：被连接对象顺时针方向旋转所能达到的最大角度及对应的表达式的值（对应数值）。角度值限于 0°～360°，Y 轴正向是 0°。

（4）旋转圆心偏离图素中心的大小：被连接对象旋转时所围绕的圆心坐标距离与被连接对象中心的值，水平方向为圆心坐标水平偏离的像素数（正值表示向右偏离），垂直方向为圆心坐标垂直偏离的像素数（正值表示向下偏离），该值可由坐标位置窗口帮助确定。

图 4-30 中指针位置在正中央，总的旋转角度是 270°，指针逆时针方向旋转 135°到零点，指针顺时针方向旋转 135°到最大值点，指针总长度是 50，因此应在垂直方向上将旋转中心偏离 25，具体的动画设置如图 4-32 所示。如果将指针的初始位置放在零点处，如图 4-33 所示，则旋转连接的动画设置如图 4-34 所示。

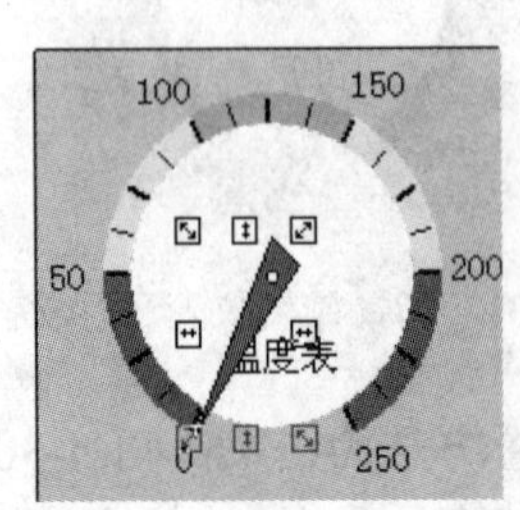

图 4-33 指针旋转仪表设计状态

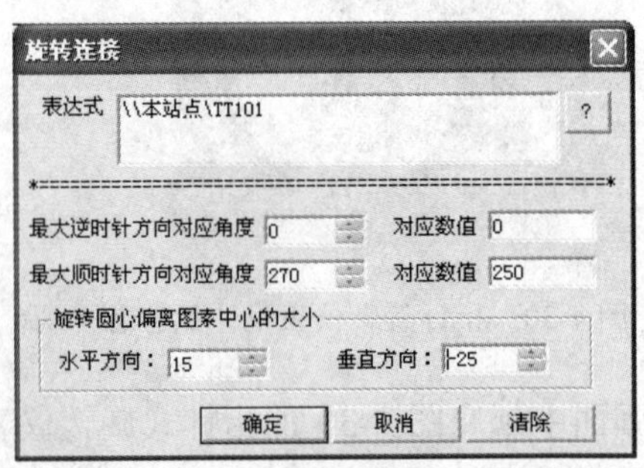

图 4-34 旋转连接的动画设置

一般情况下设置旋转，最好将旋转体放置为水平位置或垂直位置，这样只需要计算一个方向的偏离值即可。

4.2.3.7　填充连接

填充连接是使被连接对象的填充物（颜色和填充类型）占整体的百分比随连接表达式的值而变化。

【例 4-7】 建立一个矩形对象，以表示变量“液位”LT101 的变化。图 4-35 是设计状态，图 4-36 是在 TouchView 中的运行状态。

图 4-35　填充连接设计状态

图 4-36　填充连接运行状态

在画面中画出如图 4-35 所示的矩形框，填充连接的设置方法是：双击矩形框，在“动画连接”对话框中单击“填充”按钮，弹出的对话框如图 4-37 所示。

图 4-37　填充连接设置

对话框中各项设置的意义如下：

（1）表达式：在此编辑框内输入合法的连接表达式，单击“？”按钮可以查看已有的变量名和变量域。此处，单击“？”按钮在数据词典中选择“\\本站点\LT101”。

（2）最小填充高度：输入对象填充高度最小时所占据的被连接对象的高度（或宽度）的百分比（占据百分比）及对应的表达式的值（对应数值）。

（3）最大填充高度：输入对象填充高度最大时所占据的被连接对象的高度（或宽度）的百分比（占据百分比）及对应的表达式的值（对应数值）。

（4）填充方向：规定填充方向，由“填充方向”按钮和填充方向示意图两部分组成。共有四种填充方向，单击“填充方向”按钮，可选择其中之一。

4.2.3.8　模拟值输出连接

模拟值输出连接是使文本对象的内容在程序运行时被连接表达式的值所取代。

【例 4-8】 建立文本对象以表示系统时间。为文本对象连接的变量是系统预定义变量$时、$分、$秒。图 4-38 是模拟值输出连接的设计状态，图 4-39 是在 TouchView 中的运行状态。

时 ## 分 ## 秒

图 4-38　模拟值输出连接

12 时 06 分 11 秒

图 4-39　模拟值输出连接

在画面中需要用模拟输出值的地方用“##”号键输入代替，模拟值输出连接的设置方法是：双击“##”字符，弹出“动画连接”对话框，单击“模拟值输出”按钮，弹出对话框如图 4-40 所示。在图 4-38 中，时、分、秒分别选择数据词典中的系统变量“\\本站点\$时”、“\\本站点\$分”、“\\本站点\$秒”即可。如果要在画面上显示数据词典中的任何变量，双击“##”字符，单击图 4-40 中的“？”按钮，在数据词典中选择定义过的变量即可。

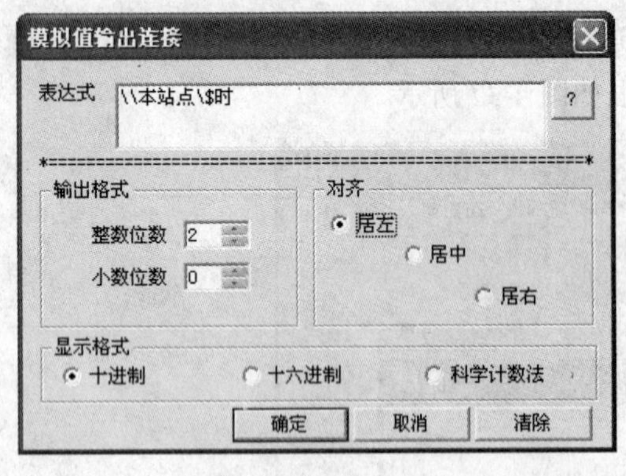

图 4-40　模拟值输出连接

对话框中各项设置的意义如下：

（1）表达式：在此编辑框内输入合法的连接表达式，或单击右侧的“？”按钮查看已定义的变量名和变量域。

（2）整数位数：输出值的整数部分占据的位数，若实际输出时的值的位数少于此处输入的值，则高位填 0。如：规定整数位是 4 位，而实际值是 12，则显示为 0012。如果实际输出的值位数多于此值，则按照实际位数输出，实际值是 12345，则显示为 12345。若不想有前补零的情况出现，则可令整数位数为 0。

（3）小数位数：输出值的小数部分位数。若实际输出时值的位数小于此值，则填 0 补充。如：规定小数位是 4 位，而实际值是 0.12，则显示为 0.1200。如果实际值输出的值位数多于此值，则按照实际位数输出。

（4）科学计数法：规定输出值是否用科学计数法显示。

（5）对齐方式：运行时输出的模拟值字符串与当前被连接字符串在位置上按照左、中、右方式对齐。

流程图上所有的模拟值输出显示都是用这种方法来定义的，在流程图 4-14 中，双击“##”字符，弹出如图 4-40 所示的“模拟值输出连接”对话框，单击“？”按钮可从数据词典中选择相关的模拟输出值进行显示。

4.2.3.9　离散值输出连接

离散值输出连接是使文本对象的内容在运行时被连接表达式的指定字符串所取代。

【例 4-9】 建立一个文本对象“液位状态”，使其内容在变量“液位”的值小于 80 时是“液位正常”，当变量值不小于 80 时，文本对象变为“液位过高”。

图 4-41 所示是设计状态，图 4-42 所示是在 TouchView 中的运行状态。

在［例 4-7］中，在填充图形的上部显示液位状态和液位值，在画面上画出如图 4-41 的图形，设置矩形的填充属性，离散值输出连接的设置方法是：双击液位状态后的“##”字符，弹出“动画连接”对话框中，单击“离散值输出”按钮，弹出对话框如图 4-43 所示。对液位值模拟值输出连接进行设置。

图 4-41　离散值输出连接设计状态

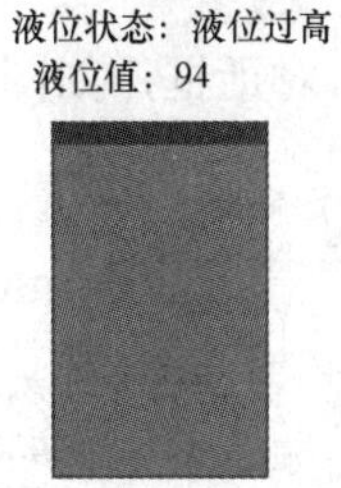

液位状态：液位过高
液位值：94

图 4-42　离散值输出连接运行状态

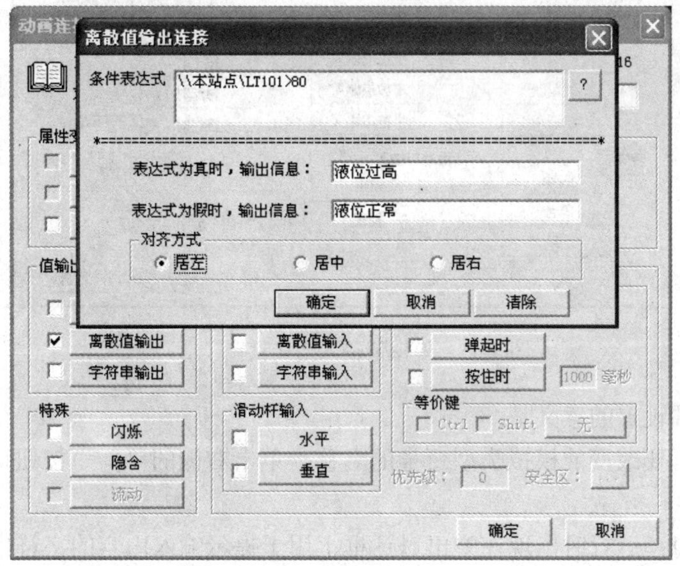

图 4-43　离散值输出连接

对话框中各项设置的意义如下：

（1）条件表达式：可以输入合法的连接表达式。单击右侧的“？”按钮可以查看已定义的变量名和变量域。

（2）表达式为真时，输出信息：规定表达式为真时，被连接对象（文本）输出的内容。

（3）表达式为假时，输出信息：规定表达式为假时，被连接对象（文本）输出的内容。

（4）对齐方式：运行时输出的离散量字符串与当前被连接字符串在位置上按照左、中、右方式对齐。

4.2.3.10　模拟值输入连接

模拟值输入连接是使被连接对象在运行时为触敏对象，该对象可以是字符、图形、输入框等，单击此对象或按下指定热键将弹出输入值对话框，用户在对话框中可以输入连接变量

的新值，以改变数据库中某个模拟型变量的值。

【例 4-10】 建立一个矩形框，设置“模拟值输入”连接以改变变量“给定值 SP”的值。

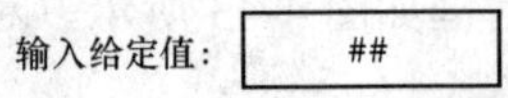

输入给定值： ##

图 4-44　模拟值输入连接设置（一）

在画面上作出图 4-44 所示图形，方框用于设置模拟值输入连接。模拟值输入连接的设置方法是：双击方框，打开“动画连接”对话框，单击“模拟值输入”按钮，弹出“模拟值输入连接”对话框，如图 4-45 所示。

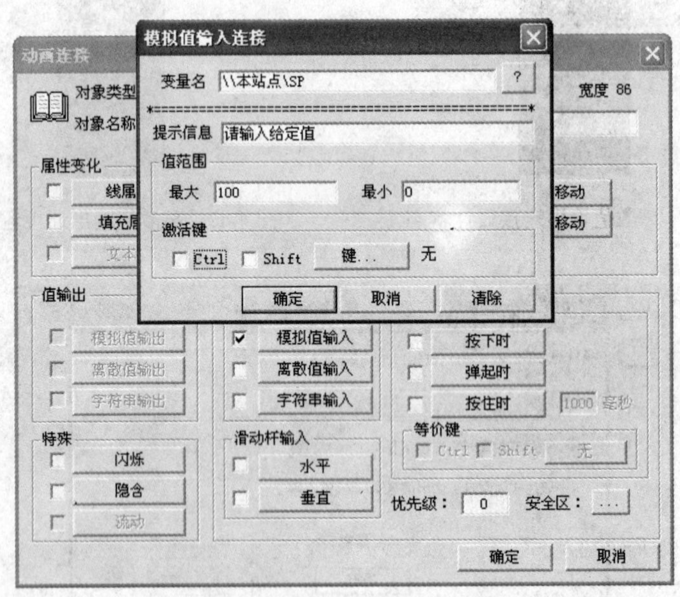

图 4-45　模拟值输入连接设置（二）

对话框中各项设置的意义是：

（1）变量名：要改变的模拟类型变量的名称。单击右侧的“？”按钮可以查看已定义的变量和变量域。

（2）提示信息：运行时出现在弹出对话框上用于提示输入内容的字符串。

（3）值范围：规定键入值的范围。它应该是要改变的变量在数据库中设定的最大值和最小值。

（4）激活键：定义激活键,这些激活键可以是键盘上的单键也可以是组合键（Ctrl、Shift 和键盘单键的组合），在 TouchView 运行画面时可以用激活键随时弹出输入对话框，以便输入修改新的模拟值。

“##.”用于显示所输入的值，双击图 4-44 中“##”，设置模拟值输出连接。也可以将“##”字符同时用于模拟值输入连接和模拟值输出连接。

在运行时单击矩形框，弹出如图 4-45 所示输入对话框，用户在此对话框中可以输入变量的新值。如果在组态王工程浏览器中选中了“系统配置”→“设置运行系统”下的“特殊”属性页中的“使用虚拟键盘”选项，程序运行中弹出输入对话框的同时还将显示模拟键盘窗口，在模拟键盘上单击按钮的效果与键盘输入相同。

在图 4-46 所示对话框中可以输入变量的新值“50”单击“确定”按钮后，新的给定就会显示在方框内，如图 4-47 所示。

4.2.3.11　离散值输入连接

离散值输入连接是使被连接对象在运行时为触敏对象，单击此对象后弹出输入值对话框，可在对话框中输入离散值，以改变数据库中某个离散类型变量的值。

【例 4-11】 建立一个矩形框，设置“离散值输入”连接以改变变量“开关”的值。

在画面上做出图 4-48 所示图形，方框用于设置模拟离散值输入连接。

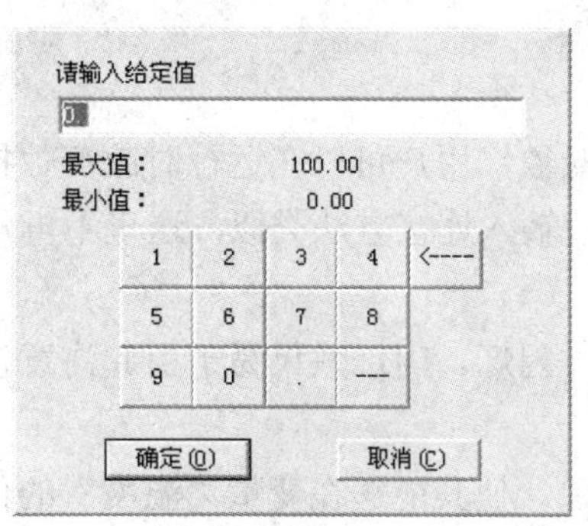

图 4-46　模拟值输入连接设置（三）

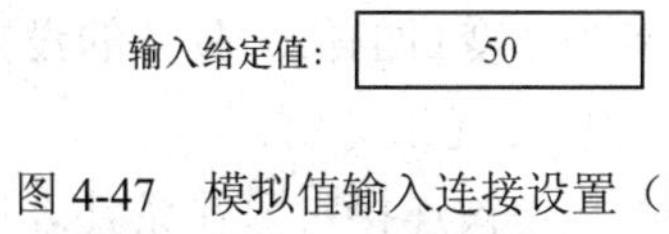

图 4-47　模拟值输入连接设置（四）

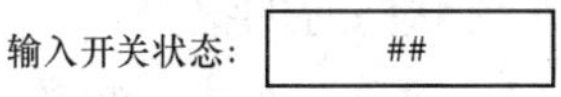

输入开关状态：　##

图 4-48　离散值输入连接（一）

离散值输入连接的设置方法是：双击图 4-48 中“##”字符，出现“动画连接”对话框，单击“离散值输入”按钮，弹出如图 4-49 所示对话框。运行时，在对话框中单击显示的字符可以改变离散变量“开关”的值。

对话框中各项设置的意义如下：

（1）变量名：要改变的离散类型变量的名称。单击右侧的“？”按钮可以查看已定义的变量和变量域。

（2）提示信息：运行时出现在弹出对话框上用于提示输入内容的字符串。

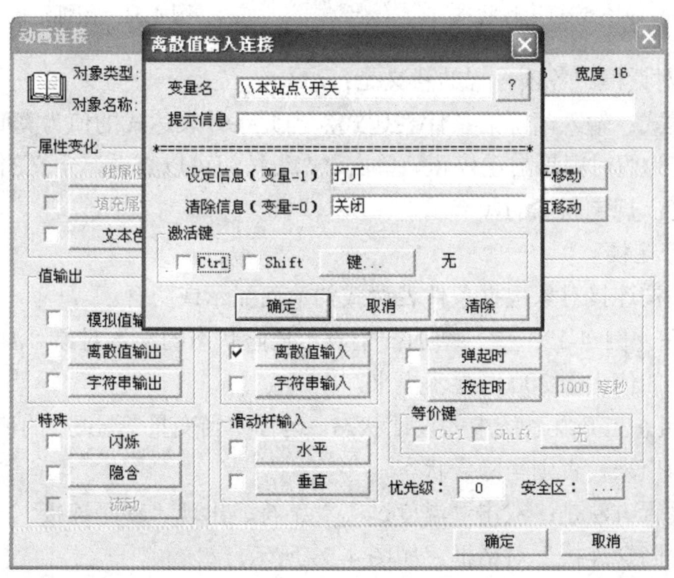

图 4-49　离散值输入连接（二）

（3）设置信息：运行时出现在弹出对话框上第一个按钮上的文本内容，此按钮用于将离散变量值设为 1。

（4）清除信息：运行时出现在弹出对话框上第二个按钮上的文本内容，此按钮用于将离散变量值设为 0。

也可以将“##”字符同时用于离散值输入连接和离散值输出连接。如果同时设置了“##”为离散值输入连接和离散值输出连接，当运行时“##”字符就会显示出开关的状态为“打开”或“关闭”。

4.2.3.12　字符串输入连接

字符串输入连接是使被连接对象在运行时为触敏对象，用户可以在运行时改变数据库中的某个字符串类型变量的值。具体的设置方法与离散值输入连接方法类似，这里不再赘述。

4.2.3.13　闪烁连接

闪烁连接是使被连接对象在条件表达式的值为真时闪烁。闪烁效果易于引起注意，故常用于出现非正常状态时的报警。

【例 4-12】 建立一个表示报警状态的红色圆形对象，使其能够在变量“温度”的值大于 200 时闪烁。

图 4-50 是在组态王开发系统中的设计状态。运行中当变量“温度”的值大于 200 时，红色对象开始闪烁。

闪烁连接的设置方法是：双击红色圆形对象出现“动画连接”对话框，单击“闪烁”按钮，弹出“闪烁连接对话框”，如图 4-51 所示。

图 4-50　闪烁连接设计状态

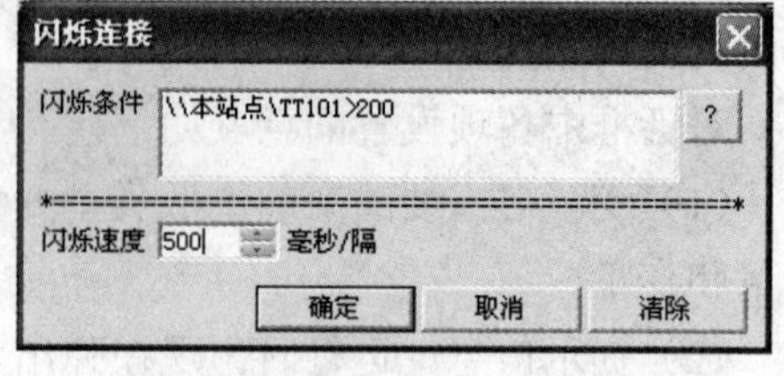

图 4-51　闪烁连接对话框设置

“闪烁连接”对话框中各项设置的意义是：

（1）条件表达式：输入闪烁的条件表达式，当此条件表达式的值为真时，图形对象开始闪烁。表达式的值为假时闪烁自动停止。单击“？”按钮可以查看已定义的变量名和变量域。

（2）闪烁速度：规定闪烁的频率。

4.2.3.14　隐含连接

隐含连接是使被连接对象根据条件表达式的值而显示或隐含。

【例 4-13】 在［例 4-12］中，增加一个表示危险状态的文本对象“温度过高”，使其能够在变量“温度”的值大于 200 时显示出来。

图 4-52 是在组态王开发系统中的设计状态。运行中当变量“温度”的值大于 200 时，“温度过高”字样显示出来，否则呈隐含状态。

隐含连接的设置方法是：双击“温度过高”字符，出现“动画连接”对话框，单击“隐含”按钮，弹出“隐含连接”对话框，如图 4-53 所示。

对话框中各项设置的意义是：

（1）条件表达式：输入显示或隐含的条件表达式，单击“？”可以查看已定义的变量名和变量域。

图 4-52　隐含连接的设计状态

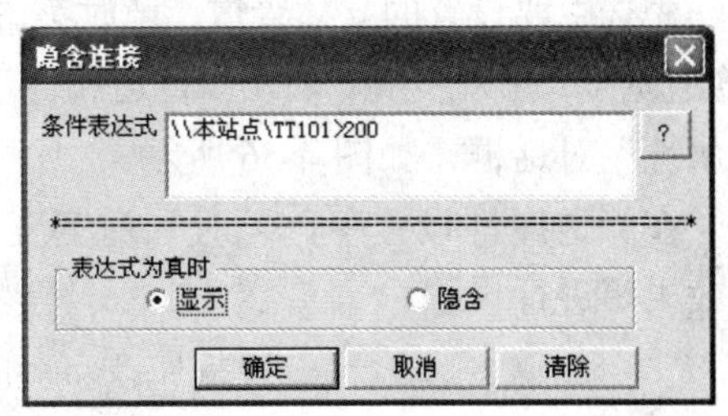

图 4-53　隐含连接对话框设置

（2）表达式为真时：规定当条件表达式值为 1（TRUE）时，被连接对象是显示还是隐含。当表达式的值为假时，定义了“显示”状态的对象自动隐含，定义了“隐含”状态的对象自动显示。

4.2.3.15　阀门动画设置

图库里的阀门有两种类型，开关型阀门和连续变化型阀门。如电磁阀；对于这类的阀门，一般图库里都做了动画连接。

（1）开关型的阀门的动画设置。此类阀门只有“全开”和“全关”两种状态，如电磁阀。对于这类的阀门，图库里大部分已经做了动画连接，如开关的状态用两种颜色来表示，在数据词典中设置一个离散型的变量，用来控制阀门的两个状态，只要做一些简单的设置就可以将变量与画面中阀门连接起来。在图 4-14 画面上双击 “FV103”图形，弹出该图库对象的动画连接对话框，如图 4-54 所示，对话框设置如下：

1）应用数据词典中定义过的变量（离散量）：FV103。

2）关闭时颜色：红色。

3）打开时颜色：绿色。

单击“确定”按钮后 FV103 混合液体输出控制阀动画设置完毕，当系统进入运行环境时单击此阀门，其变成绿色，表示阀门已被打开，再次单击关闭阀门，从而达到了控制阀门的目的。

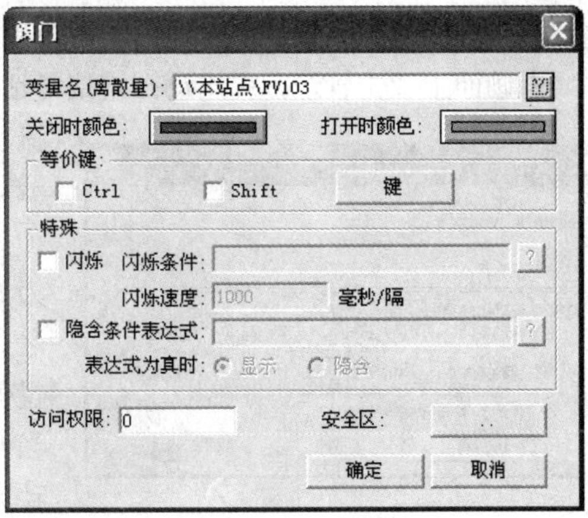

图 4-54　阀门动画设置

（2）连续变化型阀门的动画设置。对于这类的阀门，一般图库里都没有做动画连接，如电动调节阀、气动调节阀，如图 4-14 中的 FV101、FV102 都是电动调节阀，利用数据词典中的 AO 变量（I/O 实型）来指示阀门的开度，阀位开度的变化为 0～100%，可将 AO 变量的实时动态变化数据引入到阀门附近进行阀位指示，如图 4-55 所示。

4.2.3.16　管道流动动画设置

流动连接用于设置立体管道内液体流线的流动状态。流动状态根据“流动条件”表达式的值确定。

先选中要设置的立体管道，此时菜单命令“工具”→“管道宽度”由灰变亮，右击“管道属性”菜单，弹出“管道属性”对话框，如图 4-56 所示。

在管道属性设置中，可对管道宽度、内壁颜色、流动效果等进行设置。

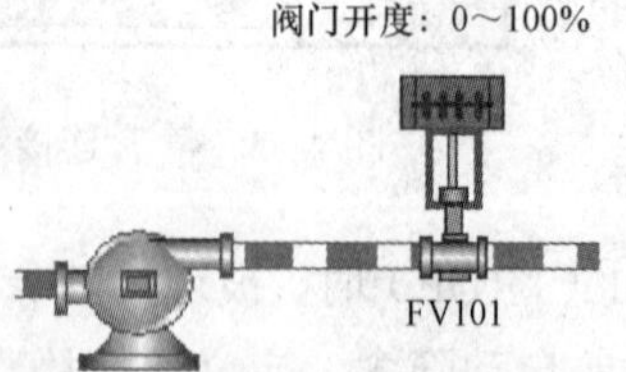

图 4-55　连续变化型阀门位置的动态数据表示方法

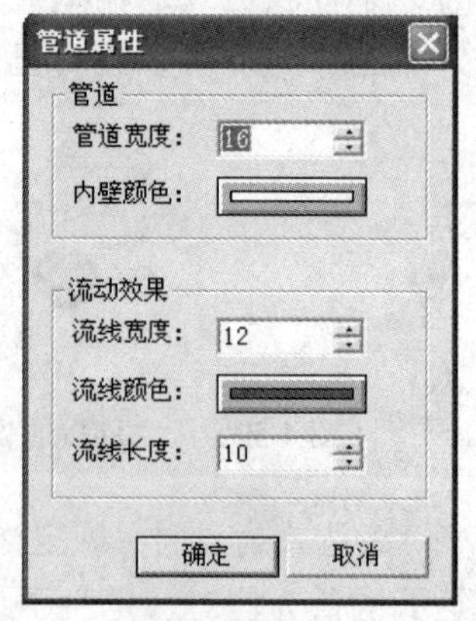

图 4-56　管道属性设置

立体管道上同样有两种阀门，一种是连续变化的（如电动调节阀和气动阀），阀门开度在 0～100%变化；另一种是电磁阀，只有“开”和“关”两种位置。下面分别说明两种阀门的管道动画设置。

（1）连续变化型阀门与管道的液体流动动画控制。对于开度是连续变化的阀门，管道内流体的流速也是连续变化的，为了使动画更形象、逼真，通过管道动画的设置，可以用阀门的开度来控制动画流动的速度。在图 4-14 中，所有管道都选用了立体管道，管道的流动效果可用阀门的开度或管道内流体的流量来控制，阀门的开度或管道内流体的流量越大，流动就越快。用阀门的开度来控制流速的动画效果的具体设置方法如下：

在画面上双击管道，弹出动画连接对话框，在对话框中单击“流动”按钮，弹出“管道流动连接”对话框，如图 4-57 所示。对话框设置中流动条件为：

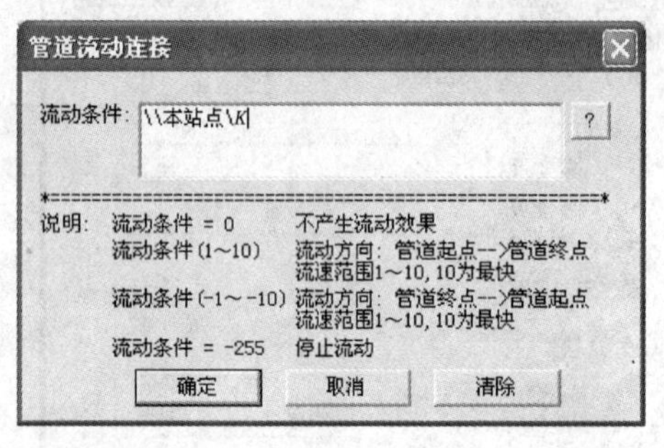

图 4-57　管道流动连接的设置

“流动条件”：输入流动状态关联的组态王变量为 I/O 实型变量。单击“？”可以选择已定义的变量名。管道流动的状态由关联的变量的值确定：当变量值为 0 时，不产生流动效果，管道内不显示流线；当变量值在（1，10）范围时，管道内液体流线的流动方向为管道起点至管道终点，流速为设定值，10 为速度的最大值；当变量值为（–10，–1）时，管道内液体流线的流动方向为管道终点至管道起点，流速为设定值，–10 为速度的最大值。

在图 4-14 中，不会出现逆向流动的情况，所以设定动画连接变量时，只要考虑动画连接变量的变化范围在 1～10 之间即可，在 FV101 阀门所在的管道上，由于 FV101 阀门的开度是 0～100，可以在数据词典设定一个内存实型的中间变量 *K*，范围为 0～10，使 *K* 的变化范围为当阀门的开度在 0～100 变化时，*K* 的变化范围为 0～10，那么 FV101 和 *K* 之间的关系为 *K*=FV101/10，在“工程浏览器”→“命令语言”中，双击“应用程序命令语言”，在应用程序命令语言书写框中写入（或者在画面命令语言书写框中写入）“\\本站点\K=\\本站点\FV101/10”；这样 *K* 就作为管道流动的变量值。管道流动连接属性的设置见图 4-57。

用同样的方法设置图 4-14 中 FV102 管道上的管道流动连接动画。通过设置管道的“动画属性”→“流动”后管道的颜色会发生变化，如图 4-58 所示。

图 4-58　设置管道的“动画属性\流动”前后管道的颜色变化对比

（a）设置前；（b）设置后

管道流动速度与组态王运行系统基准频率有关。当组态王运行系统的基准频率设置值大时，管道显示流动速度慢，否则快。

组态王系统基准频率设置方法：打开工程浏览器，双击“设置运行系统”，选择“特殊”选项，打开“运行系统设置”对话框，如图 4-59 所示。组态王运行系统基准频率默认值是 500 毫秒，设置范围为 55～65535 毫秒。

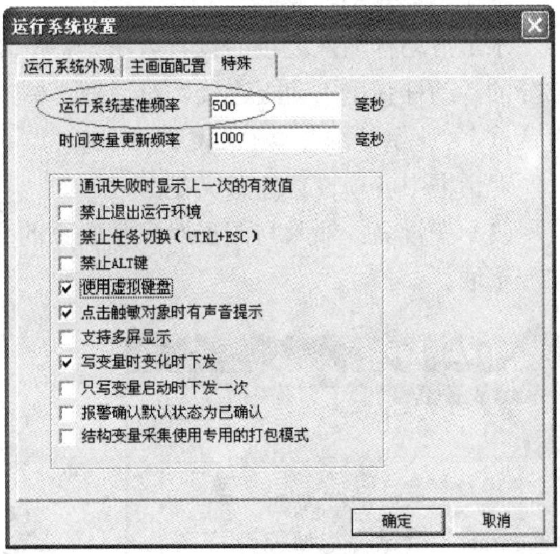

图 4-59　组态王系统基准频率设置

（2）开关变化型阀门与管道的液体流动动画控制。在图 4-14 中，FV101、FV102 是随着信号的增大（0～100%）连续变化的，而 FV103 是电磁阀，只有“开”或“关”两个状态。可设置当电磁阀在“开”状态时流量最大动画流动最快，当电磁阀在“关”状态时流量为零没有动画产生。设置方法如下：

利用工具箱画出两个完全相同的立体管道，或者先画出一个然后再复制，一个设置动画效果，利用隐含、显示的方法来设置开关型动画连接。具体的设置方法为：一个管道不设流动动画，当阀门“关”的时候显示，一个设为流动，流动条件为 10（最大），当阀门“开”的时候显示。设置如图 4-60 所示。然后将两个已设置好动画连接的管道叠放在一起即可。这样当运行时阀门开的时候有动画连接的管道就会显示，阀门关的时候无动画连接的管道就会显示。

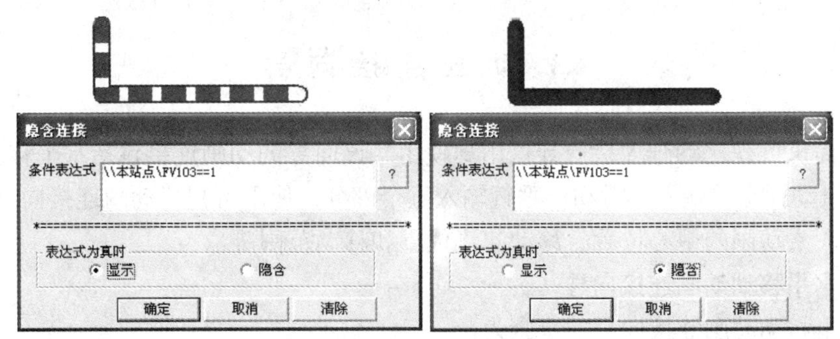

图 4-60　利用隐含显示的方法设置开关型动画连接

4.2.3.17　水平滑动杆输入连接

当有滑动杆输入连接的图形对象被鼠标拖动时，与之连接的变量的值将会被改变。当变量的值改变时，图形对象的位置也会发生变化。可用于设定值、输入值的改变等。

【例 4-14】 建立一个用于改变变量“给定值 SP”的水平滑动杆。在数据词典中，SP 的变化范围是 0～100。

图 4-61 是水平滑动杆输入的设计状态，图 4-62 是在 TouchView 中的运行状态。

图 4-61 水平滑动杆设计状态　　图 4-62 水平滑动杆运行状态

水平滑动杆输入连接的设置方法是：在画面上画出如图 4-61 所示的画面，鼠标双击可动部分的滑动杆弹出“动画连接”对话框，单击“水平滑动杆输入”按钮，弹出如图 4-63 所示对话框。

对话框中各项设置的意义是：

（1）变量名：输入与图形对象相联系的变量，单击“？”按钮可以查看已定义的变量名和变量域。

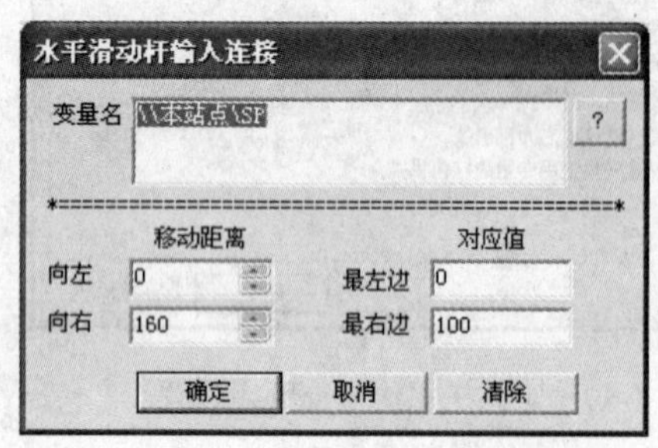

图 4-63 水平滑动杆输入连接对话框

（2）向左：图形对象从设计位置向左移动的最大距离。

（3）向右：图形对象从设计位置向右移动的最大距离。本例中可动部分从最左端到最右端得距离为 160。

（4）最左边：图形对象在最左端时变量的值。

（5）最右边：图形对象在最右端时变量的值。本例中 SP 的最大值为 100。

设置完成对话框中的内容，单击“确定”按钮，切换到运行状态，按住鼠标左键在图 4-62 中的可动部分左右移动，即可改变给定值 SP。

垂直滑动杆输入连接与水平滑动杆输入连接类似，只是图形对象的移动方向不同。其它的设置方法都一样。

4.3 动画连接向导

组态王提供可视化动画连接向导供用户使用。该向导的动画连接包括水平移动、垂直移动、旋转、滑动杆水平输入、滑动杆垂直输入五个部分。使用可视化动画连接向导可以简单、精确地定位图素动画的中心位置、移动起止位置和移动范围等。

4.3.1 水平移动动画连接向导

使用水平移动动画连接向导的步骤为：

（1）首先在画面上绘制水平移动的图素，如圆角矩形。

（2）选中该图素，选择菜单命令“编辑”→“水平移动向导”，或在该圆角矩形上右击，在弹出的快捷菜单上选择“动画连接向导”→“水平移动连接向导”命令，光标形状变为小

“十”字形。

（3）选择图素水平移动的起始位置，单击，光标变为向左的箭头，表示当前定义的是运行时图素由起始位置向左移动的距离，水平移动光标，箭头随之移动，并画出一条水平移动轨迹线。

（4）光标箭头向左移动到左边界后，单击，光标形状变为向右的箭头，表示当前定义的是运行时图素由起始位置向右移动的距离，水平移动光标，箭头随之移动，并画出一条移动轨迹线，当到达水平移动的右边界时，单击，弹出“水平移动连接”对话框，如图 4-64 所示。

在“表达式”文本框中输入变量或单击“？”按钮选择变量。在“移动距离”的“向左”、“向右”文本框中的数据为利用向导建立动画连接产生的数据。用户可以按照需要进行修改。设置好后单击“确定”按钮完成动画连接。

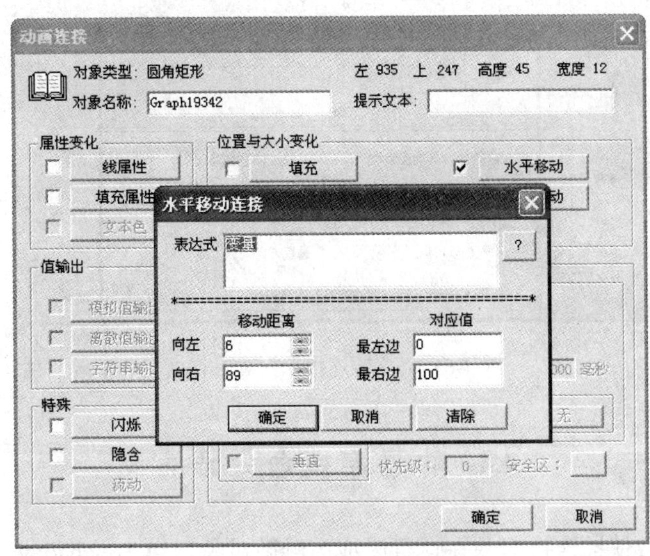

图 4-64　水平移动动画连接

4.3.2　垂直移动动画连接向导

垂直移动动画连接向导与水平移动动画连接向导类似，只是图形对象的移动方向不同，其它的设置方法都一样。

4.3.3　滑动杆的水平输入和垂直输入动画连接向导

滑动杆的水平输入和垂直输入动画连接向导的使用与水平移动、垂直移动动画连接向导的使用方法相同。

4.3.4　旋转动画连接向导

（1）首先在画面上绘制旋转动画的图素，如椭圆。

（2）选中该图素，选择菜单命令“编辑”→“旋转向导”；或在该椭圆上右击，在弹出的快捷菜单上选择“动画连接向导”→“旋转连接向导”命令。光标形状变为小“十”字形。

（3）选择图素旋转时的围绕中心，在画面上相应位置单击。随后光标形状变为逆时针方向的旋转箭头，表示现在定义的是图素逆时针旋转的起始位置和旋转角度。移动光标，环绕

选定的中心，则一个图素形状的虚线框会随光标的移动而转动。

（4）确定逆时针旋转的起始位置后，单击，光标形状变为顺时针方向的旋转箭头，表示现在定义的是图素顺时针旋转的起始位置和旋转角度，方法同逆时针。选定好顺时针的位置后，单击弹出“旋转连接”对话框，如图 4-65 所示。

旋转连接动画向导很有力地解决了用户在定义旋转图素时很难找到旋转中心的问题。

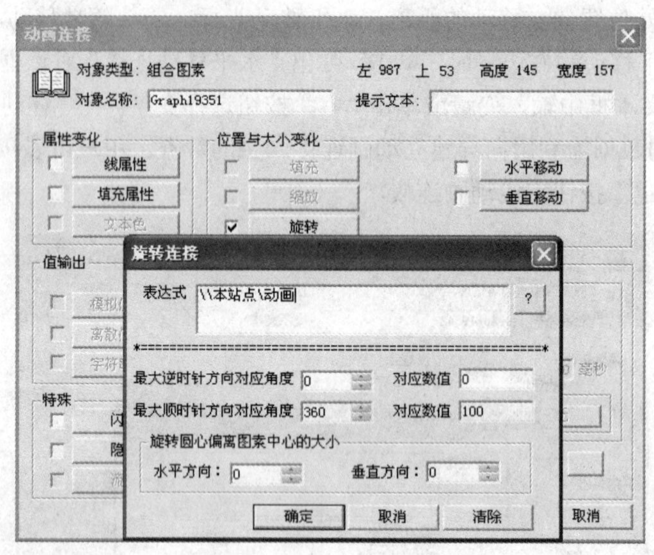

图 4-65 “旋转连接”向导对话框

4.4 动画连接命令语言

命令语言连接会使被连接对象在运行时成为触敏对象。当 TouchView 运行时，触敏对象周围出现反显的矩形框。命令语言有“按下时”、“弹起时”和“按住时”三种，分别表示鼠标左键在触敏对象上按下、弹起、按住时执行连接的命令语言程序。定义“按住时”的命令语言连接时，还可以指定按住鼠标后每隔多少毫秒执行一次命令语言，这个时间间隔在编辑框内输入。可以指定一个等价键，在键盘上用等价键代替鼠标，等价键的按下、弹起、按住三种状态分别等同于鼠标的按下、弹起、按住状态。单击任一种“命令语言连接”按钮，将弹出“命令语言”对话框，用于输入命令语言连接程序，如图 4-66 所示。

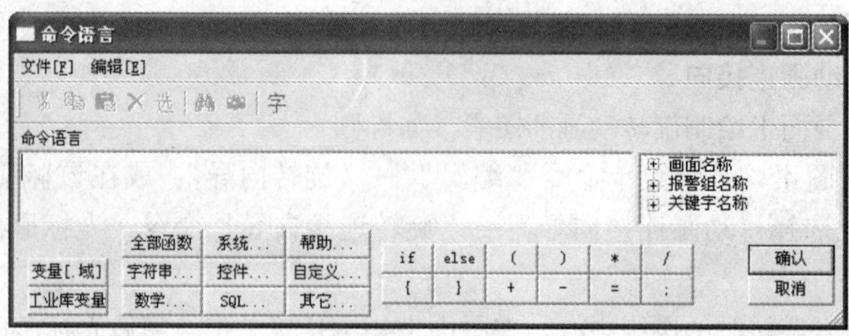

图 4-66 动画连接“命令语言”对话框

在对话框右边有一些能产生提示信息的按钮，可让用户选择已定义的变量名及域、系统预定义函数名、画面窗口名、报警组名、运算符、关键字等，还提供剪切、复制、粘贴、复原等编辑手段，使用户可以从其它命令语言连接中复制已编好的命令语言程序。

4.5 点　位　图

在组态过程中，有可能会引入一些图片作为画面的背景，或者将某些工艺流程的图片用作按钮的背景图等，图片的引入可以增加画面的美观。组态王中可以嵌入 Bmp、Jpg、Jpeg、Png、gif 等格式的图片。图形的颜色只受显示系统的限制。

向组态王点位图中加载图片有以下两种方法：

（1）使用 Windows 的剪贴板进行粘贴点位图。打开图片文件，选择所要加载的图片部分，使用“复制”命令或热键 Ctrl+C 将选择的图片部分复制到 Windows 的剪贴板中。在组态王中进入开发系统画面，单击工具箱中的“点位图”按钮，在画面上绘制图片区域，然后使用“粘贴点位图”命令，将图片粘贴到组态王画面中。

（2）从文件中加载点位图。在组态王的开发系统画面中，单击工具箱中的“点位图”命令在画面上绘制图片区域。然后在该区域上右击弹出快捷菜单，从弹出的菜单中选择“从文件中加载”命令，弹出“文件选择”对话框。用户可以从该对话框中选择一个要加载的图片文件，单击“打开”按钮，将整个图片加载到组态王的点位图对象中。

4.6 动画设计综合实例

综合应用动画连接中的移动、旋转、隐含、缩放等属性，可使得组态画面更加形象、逼真。下面通过几个例子说明动画连接中的移动、隐含、缩放等属性的综合应用。

【例 4-15】 正反运转传送器运送块状物料。

（1）在数据词典中定义“正转”、“反转”和“停止”三个变量，并通过这三个按钮来控制运输设备的“正转”、“反转”和“停止”三个状态。

（2）在组态画面上画出传送器，如图 4-67 所示，传送器的转动轮 E 由 A、B、C、D 四个简单图形组成，其组成分解图如图 4-68 所示，全选图形 E 将其合成组合图素，再复制一个加上两条线段就组成了图 4-67 所示的传送器。然后分别复制出两个完全相同的如图 4-67 所示的图形，作为“正转”、“反转”和“停止”的三个画面。

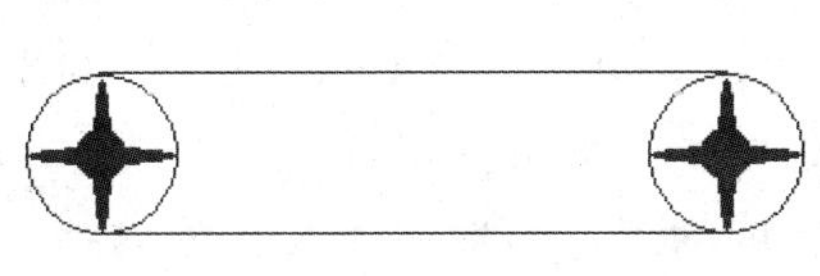

图 4-67　传送器

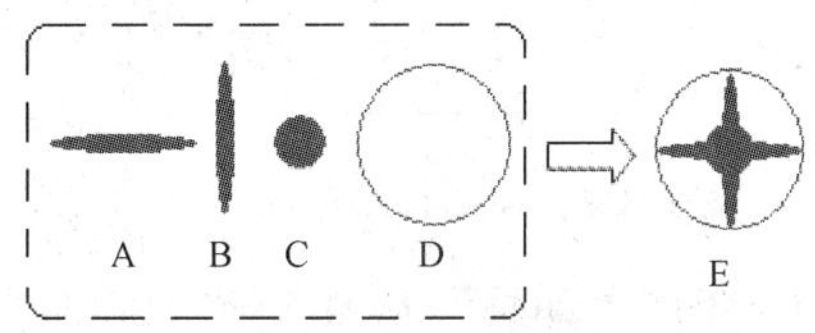

图 4-68　传送器组成分解图

（3）设置旋转动画。为了使动画能够连续运转，先在数据词典中增加一个内存实型的变量“动画”，范围为 0～100，在画面中右击，选择“画面属性”→“命令语言”选项，在“命令语言书写框”中写入以下程序：

```
\\本站点\动画=\\本站点\动画+1;
                                        // 使变量“动画”一直从 0 自动加 1 变到 100 这样循环往复//
if(\\本站点\动画>=100)
\\本站点\动画=0;
else
```

双击图 4-67 传送器中的一个转动轮进行旋转设置，如图 4-69 所示，旋转方向为顺时针，用同样的方法再设置另外一个转动轮。在画面的菜单栏上选择“文件”→“全部存”选项，然后运行，这时就可以看到图 4-67 所示的传送器在运行状态是顺时针方向转动的效果。该图形作为“正转”控制的图形。

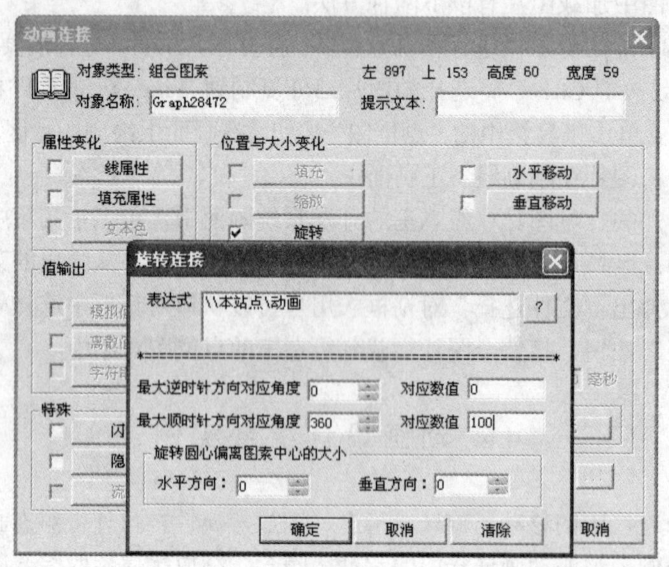

图 4-69　设置传送器的顺时针旋转

用同样的方法将复制出来的没有进行动画设置的图4-67的其中一个图形设置为逆时针方向旋转的动画效果，作为“反转”控制的图形。用一个没有动画连接的如图 4-67 所示的图形作为停止的控制图形。

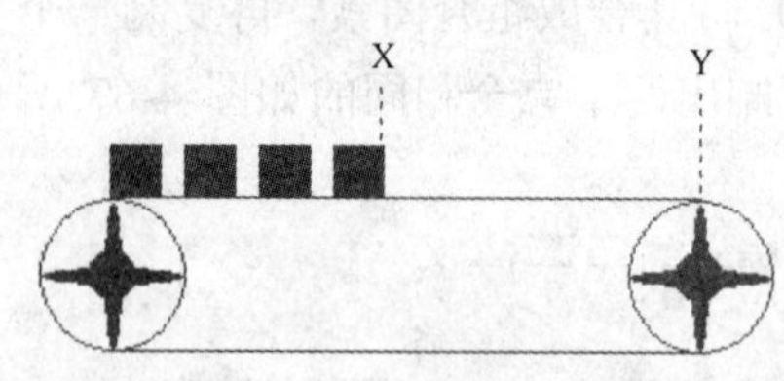

图 4-70　设置向右移动动画

（4）设置移动动画。在图 4-67 上画出 4 个移动的块状物料，如图 4-70 所示。将这四个小方块合成组合图素，作水平向右移动的动画连接使其从 X 点移动到 Y 点。

制作方法：双击 4 个小方块合成的组合图素，弹出“动画连接”对话框，单击“水平移动”按钮，进行水平移动连接设置，如图 4-71 所示，表达式关联的变量为“动画”，当变量“动画”从 0 变到 100 时，4 个小方块合成的组合图素就从 X 点移动到 Y 点。注意，图 4-71 中的向右移动距离 130 是指从 X 点将 4 个小方块合成的组合图素水平移动到 Y 点画面上 X 轴移动的距离，可以将鼠标放在 X 点后记下一个 X 轴的坐标 X1，移动到 Y 点后记下 X 轴的第二个坐标 X2，X2-X1=130。也可以用水平移动连接向导进行设置。

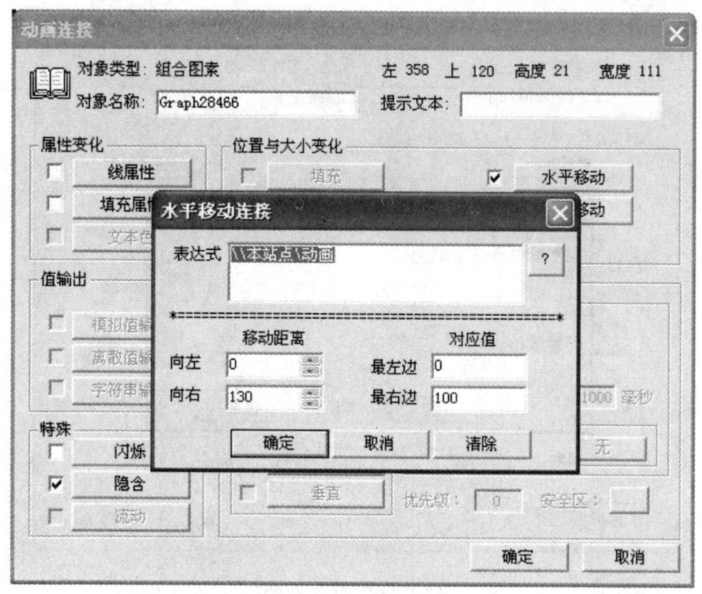

图 7-71　水平移动连接设置

设置完成后选择“保存”→“运行”选项，可以看到传送器顺时针运转，4 个小方块合成的组合图素不断地从 X 点移动到 Y 点。该图形作为“正转”控制的图形。

用同样的方法完成逆时针转动 4 个小方块合成的组合图素向左移动的动画，如图 4-72 所示。该图形作为“反转”控制的图形。

最后将没有作动画连接的传送器与没有作动画连接的 4 个小方块合成的组合图素放在一起，如图 4-73 所示。该图形作为“停止”控制的图形。

图 4-72　设置向左移动动画

图 4-73　设置停止移动动画

（5）用隐含的方法来实现正、反转。在数据词典中定义了“正转”、“反转”和“停止”三个离散型变量，设置旋转动画时设置了顺时针方向转动、逆时针方向转动和没有动画设置的三个画面，在画面上制作“正转”、“反转”和“停止”三个按钮，用这三个按钮来控制上述三个画面。

当“正转”=1 时让“反转”=0、“停止”=0，顺时针转动画面显示，其余两个画面隐含。对图 4-70 进行隐含设置；双击 4 个小方块合成的组合图素，弹出“动画连接”对话框，选中“隐含”单选按钮进行设置，如图 4-74 所示。用同样的方法将图 4-69 中的两个转动轮设置与之相同。

用同样的方法设置：

当“反转”=1 时，使“正转”=0、“停止”=0，此时逆时针转动画面显示，其余两个画面隐含。

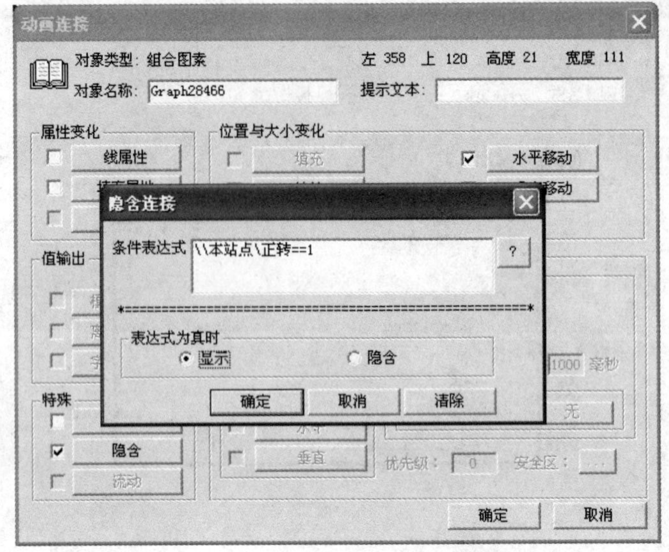

图 4-74　隐含设置

图 4-75　块状物料正反转控制组态画面

当“停转”=1 时，使“正转”=0、“反转”=0，此时没有动画的画面显示，其余两个正转、“反转”画面隐含。

动画设置完成之后，将图 4-70、图 4-72 和图 4-73 完全叠放在一起，画出 3 个控制按钮，如图 4-75 所示。

在“正转”、“反转”和“停止”三个按钮弹起时分别写入如下程序：

```
//"正转"按钮：//
\\本站点\正转=1;
\\本站点\反转=0;
\\本站点\停止=0;
//"反转"按钮：//
\\本站点\正转=0;
\\本站点\反转=1;
\\本站点\停止=0;
//"停止"按钮：//
\\本站点\正转=0;
\\本站点\反转=0;
\\本站点\停止=1;
```

设置完成后选择“保存”→“运行”选项，可以看到开始运行时图 4-75 所示画面的三种状态都被隐含了，只有按下“正转”、“反转”和“停止”按钮中的任意一个时才能正常显示。这是因为初始状态时“正转”=“反转”=“停止”=0，也就是说停止时静止的画面也被隐含了。要解决这个问题，只要在数据词典中将变量“停止”的初始值设置为“开”即可，这样，由于初始时“停止”=1，静止状态的画面就会显示出来。

【例 4-16】 正、反运转传送器运送散状物料。

在画面上利用工具箱中的多边形工具画出一些不规则、大小不一的多边形，并在这些多边形中填充统一的颜色，如图 4-76 所示。然后全选合成组合图素，利用缩放设置动画。

图 4-76 散状物料的形式

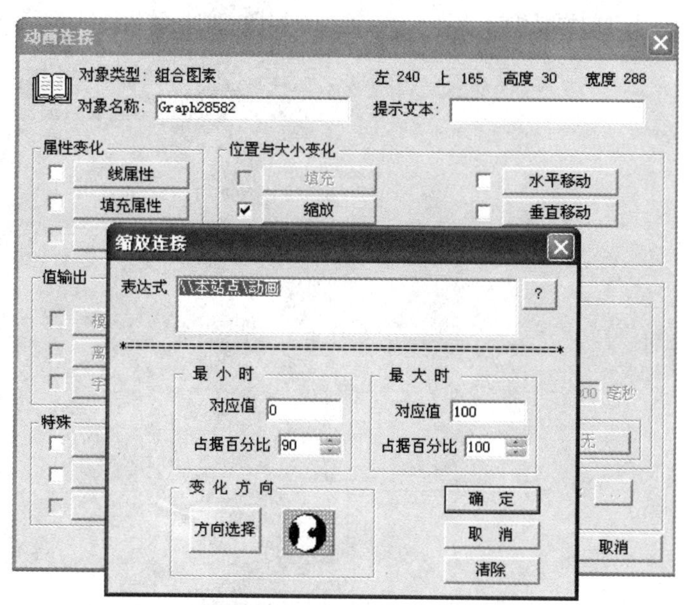

图 4-77 缩放动画连接设置

制作方法：双击图 4-76 合成的组合图素，弹出“动画连接”对话框，单击“缩放”按钮，如图 4-77 所示进行缩放动画设置，缩放动画关联的变量是“动画”，“动画”变量在 0～100 变化，对应值占据百分比为 80%～100%，缩放的快慢可调整对应缩放变化占百分比的变化大小，不断运行调试可得到最佳效果。可将图 4-76 复制一份在水平方向上重叠放置，使其左右偏差 10%--30%。

图 4-76 是水平向右移动的，将上述制作好的顺时针旋转的传送器配合使用，如图 4-78 所示。

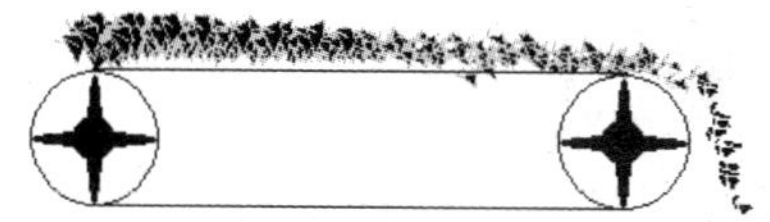

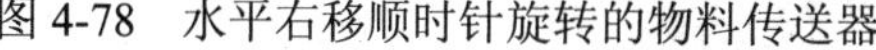

图 4-78 水平右移顺时针旋转的物料传送器

图 4-79 水平左移顺时针旋转的物料传送器

用同样的方法制作一个水平左移逆时针旋转的物料传送器，如图 4-79 所示，再制作一个静止不动的物料传送器，如图 4-80 所示，结合“正转”、“反转”和“停止”利用“隐含”、“显示”的方法设置完成后，将图 4-78、图 4-79、图 4-80 三个图形叠放在一起，加上正转”、“反转”和“停止”三个按钮，如图4-81所示。进行“保存”→“运行”后，一个形象、逼真的散状物料正反转控制组态画面就完成了。

图4-80 静止不动的物料传送器

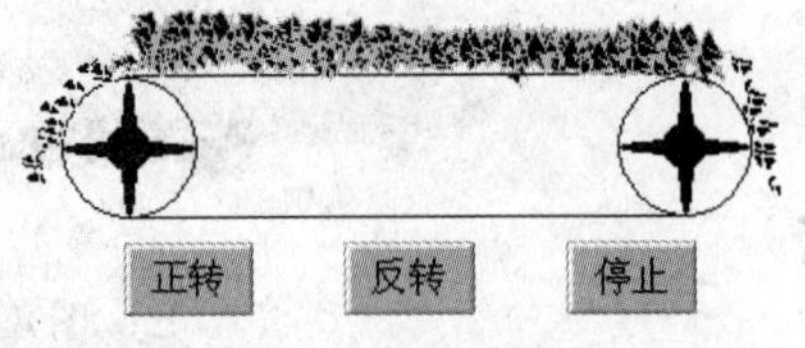

图4-81 散状物料正反转控制组态画面

第5章

报警和事件

为保证工业现场安全生产，报警和事件的产生和记录是必不可少的，组态王提供了强有力的报警和事件系统。组态王中的报警和事件主要包括变量报警事件、操作事件、用户登录事件和工作站事件。通过这些报警和事件，用户可以方便地记录和查看系统的报警和各个工作站的运行情况。当报警和事件发生时，在报警窗中会按照设置的过滤条件实时地显示出来。为了分类显示产生的报警和事件，可以把报警和事件划分到不同的报警组中，在指定的报警窗口中显示报警和事件信息。

报警是指当系统中某些量的值超过所规定的界限时，系统自动产生相应警告信息，表明该变量的值已经超限，提醒操作人员。如储液罐，往罐中输油送液体时，如果没有规定液位的上限，系统就产生不了报警，无法有效提醒操作人员，则有可能会造成冒罐，形成危险。有了报警，就可以提示操作人员注意。报警允许操作人员应答。

事件是指用户对系统的行为、动作，如修改了某个变量的值，用户的登录、注销，站点的启动、退出等。事件不需要操作人员应答。

组态王中报警和事件的处理方法是：当报警和事件发生时，组态王把这些信息存于内存中的缓冲区中，报警和事件在缓冲区中是以先进先出的队列形式存储，所以只有最近的报警和事件存在内存中。当缓冲区达到指定数目或记录定时时间到时，系统自动将报警和事件信息进记录。报警的记录可以是文本文件、开放式数据库或打印机。另外，用户可以从人—机界面提供的报警窗中查看报警和事件信息。

5.1 报警组概述

在监控系统中，为了方便查看、记录和区别，要将变量产生的报警信息归到不同的组中，即使变量的报警信息属于某个规定的报警组。组态王中提供报警组的功能。

报警组是按树状组织的结构，默认只有一个根节点，默认名为 RootNode（可以改成其它名字）。可以通过报警组定义对话框为这个结构加入多个节点和子节点。这类似于树状的目录结构，每个子节点报警组下所属的变量，属于该报警组的同时，也属于其上一级父节点报警组。如在上述默认 RootNode 报警组下添加一个报警组 A，则属于报警组 A 的变量同时属于 RootNode 报警组。报警组树状组织的结构如图 5-1 所示。组态王中最多可以定义 512 个节点的报警组。

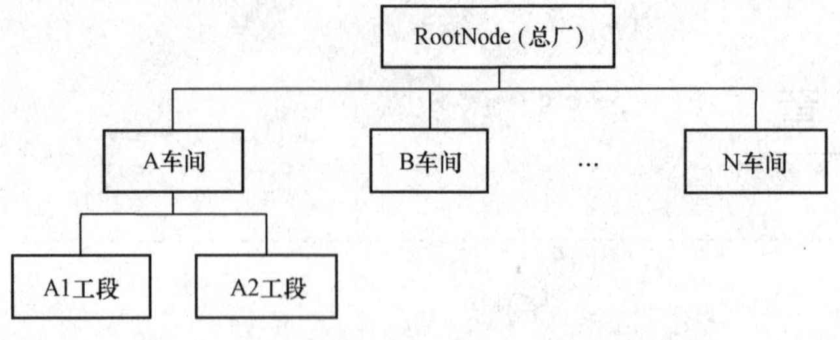

图 5-1　报警组树状组织的结构图

通过报警组名可以按组处理变量的报警事件，如报警窗口可以按组显示报警事件，记录报警事件也可按组进行，还可以按组对报警事件进行报警确认。

5.2 定义报警组

在“工程浏览器”窗口左侧工程目录显示区中选择“数据库”中的“报警组”选项，在右侧目录内容显示区中双击“进入报警组”图标，弹出“报警组定义”对话框，如图 5-2 所示。

单击“修改”按钮，将名称为“RootNode”报警组改名为“总厂”。

选中“总厂”报警组，单击“增加”按钮增加此报警组的子报警组，名称依次为：A 车间、B 车间、C 车间。单击“确认”按钮关闭对话框，结束对报警组的设置，如图 5-3 所示。

图 5-2　报警组定义窗口

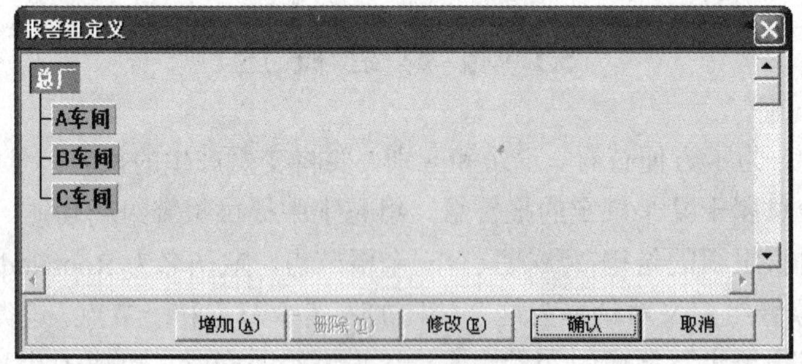

图 5-3　设置完毕的报警组窗口

报警组的划分以及报警组名称的设置由用户根据实际情况指定。此处分为 A 车间、B 车间、C 车间三个报警组。

5.3　设置变量的报警属性

在使用报警功能前，必须先要对变量的报警属性进行定义。组态王的变量中模拟型（包括整型和实型）变量和离散型变量可以定义报警属性。

在组态王工程浏览器中，选择“数据库”→“数据词典”新建一个变量或选择一个原有变量，双击，在弹出的“定义变量”对话框上选择“报警定义”属性页，如图 5-4 所示。

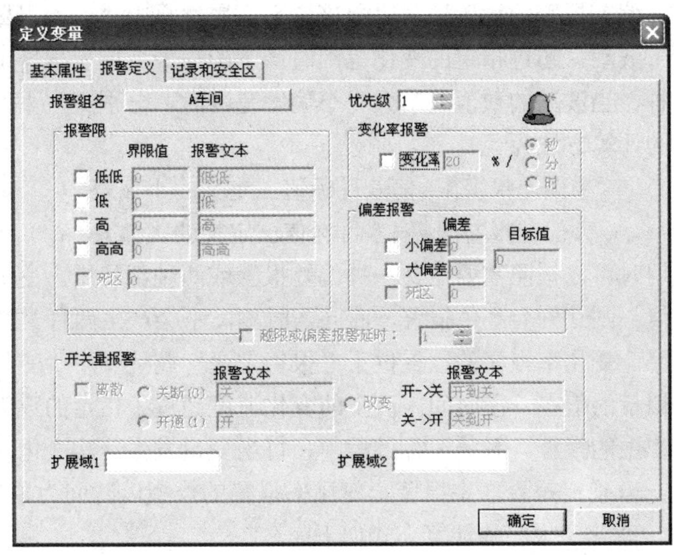

图 5-4　“报警定义”属性页

报警属性页可以分为以下几个部分：

5.3.1　报警组名和优先级选项

单击“报警组名”后的按钮，弹出“选择报警组”对话框，在该对话框中将列出所有已定义的报警组，选择其一，确认后，则该变量的报警信息就属于当前选中的报警组。如图 5-4 中选择“A 车间”，则当前定义的变量就属于“A 车间”报警组，这样在报警记录和查看时直接选择要记录或查看的报警组为“A 车间”，则可以看到所有属于“A 车间”的报警信息。优先级主要是指报警的级别，有利于操作人员区别报警的紧急程度。报警优先级的范围为 1～999，1 为最高，999 最低。在图 5-4 的“优先级”文本框中输入当前变量的报警优先级。

5.3.2　模拟量变量的报警类型

模拟量主要是指整型变量和实型变量，包括内存型和 I/O 型。模拟型变量的报警类型主要有越限报警、偏差报警和变化率报警三种。对于越限报警和偏差报警可以定义报警延时和报警死区。

（1）越限报警。越限报警的设置位于“报警定义”属性页中“报警限”区域。模拟量的值在跨越规定的高低报警限时产生的报警。越限报警的报警限共有低低限、低限、高限、高高限四个。

在变量值发生变化时，如果跨越某一个限值，立即发生越限报警。某个时刻，对于一个变量，只可能越一种限，因此只产生一种越限报警。例如：如果变量的值超过高高限，就会产生高高限报警，而不会产生高限报警。另外，如果两次越限，就得看这两次的越限是否是同一种类型，如果是，就不再产生新报警，也不表示该报警已经恢复；如果不是，则先恢复原来的报警，再产生新报警。

定义界限值的范围是：最小值≤低低限值<低限<高限<高高限≤最大值。在报警文本中输入关于该类型报警的说明文字，报警文本不超过 15 个字符。越限类型的报警可以定义其中一种、任意几种或全部类型。

（2）偏差报警。偏差报警的设置位于“报警定义”属性页中“偏差报警”区域。模拟量的值相对目标值上下波动，超过指定的变化范围时产生的报警。偏差报警可以分为小偏差报警和大偏差报警两种。当波动的数值超出大、小偏差范围时，分别产生大偏差报警和小偏差报警，偏差报警限的计算方法为

$$\text{小偏差报警限}=\text{偏差目标值}\pm\text{定义的小偏差}$$

$$\text{大偏差报警限}=\text{偏差目标值}\pm\text{定义的大偏差}$$

偏差报警在使用时可以按照需要定义一种偏差报警或两种都使用。变量变化的过程中，如果跨越某个界限值，则立刻会产生报警，而同一时刻，不会产生两种类型的偏差报警。

（3）变化率报警。变化率报警的设置位于“报警定义”属性页中“变化率报警”区域。变化率报警是指模拟量的值在一段时间内产生的变化速度超过了指定的数值而产生的报警，即变量变化太快时产生的报警。系统运行过程中，每当变量发生一次变化，系统都会自动计算变量变化的速度，以确定是否产生报警。变化率报警的类型以时间为单位分为三种：%x/秒、%x/分、%x/时。变化率报警的计算公式如下

$$\text{变化率}=\frac{(\text{变量的当前值}-\text{变量上一次变化的值})}{\left(\begin{matrix}\text{变量本次}\\\text{变化的时间}\end{matrix}-\begin{matrix}\text{变量上一次}\\\text{变化的时间}\end{matrix}\right)\times\left(\begin{matrix}\text{变量的}\\\text{最大值}\end{matrix}-\begin{matrix}\text{变量的}\\\text{最小值}\end{matrix}\right)\times\begin{matrix}\text{报警类型单位}\\\text{对应的值}\end{matrix}}\times 100\%$$

其中报警类型单位对应的值定义为：如果报警类型为秒，则该值为 1；如果报警类型为分，则该值为 60；如果报警类型为时，则该值为 3600。

取计算结果的整数部分的绝对值作为结果，若计算结果大于等于报警极限值，则立即产生报警。变化率小于报警极限值时，报警恢复。

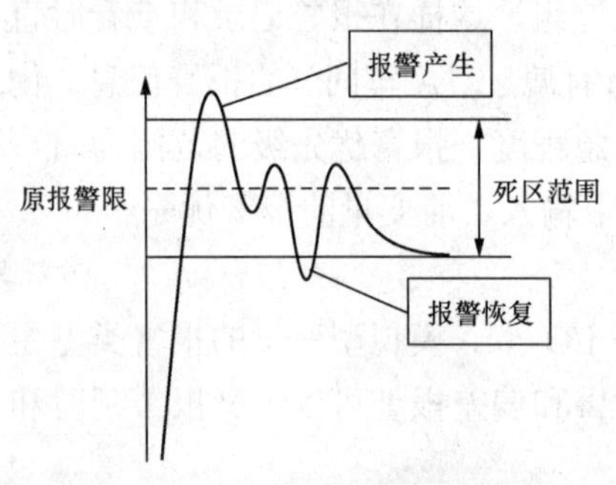

图 5-5　报警死区原理图

（4）报警延时和死区。对于越限报警和偏差报警，可以定义报警死区和报警延时。报警死区原理如图 5-5 所示。报警死区的作用是为了防止变量值在报警限上下频繁波动时，产生许多不真实的报警，在原报警限上下增加一个报警限的阈值，使原报警限界线变为一条报警限带，当变量的值在报警限带范围内变化时，不会产生和恢复报警，而一旦超出该范围时，才产生报警信息。这样对消除波动信号的无效报警有积极的作用。

报警延时对系统当前产生的报警信息并不提供显示和记录，而是进行延时。在延时时间到后，如果该报警不存在了，表明该报警可能是一个误报警，不用理会，系统自动清除；如果延时到后，该报警还存在，表明这是一个真实的报警，系统将其添加到报警缓冲区中，进

行显示和记录。如果定时期间，有新的报警产生，则重新开始定时。

报警延时原理图如图 5-6 所示。图中虚线表示变量刚产生报警时的变量曲线，实线表示延时后的变量曲线。变量数据变化在 t_1 时刻产生报警，在图 5-6（a）中，变量的值经过延时时间Δt 后，依然在报警限之上，这时系统产生报警；在图 5-6（b）中，变量的值经过延时时间Δt 后，已经恢复到了报警限之下（类似于毛刺信号），系统不再产生这个报警。报警延时的时间单位为秒。组态王中，同一个变量的越限和偏差报警使用同一个报警延时时间。

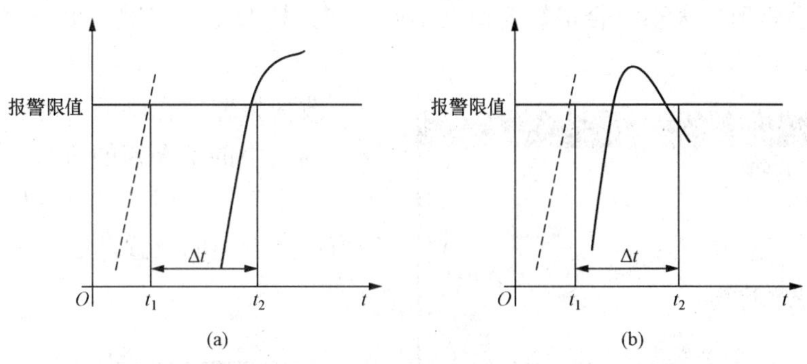

图 5-6　报警延时原理图

（a）产生报警；（b）不产生报警

5.3.3　离散型变量的报警类型

离散型变量报警的设置位于“报警定义”属性页中“开关量报警”区域。离散量有两种状态，即 1、0。离散型变量的报警有三种状态：

（1）1 状态报警：变量的值由 0 变为 1 时产生报警。

（2）0 状态报警：变量的值由 1 变为 0 时产生报警。

（3）状态变化报警：变量的值有 0 变为 1 或由 1 变为 0 为都产生报警。

离散量的报警属性定义如图 5-4 所示中下部的“开关量报警”。在报警属性页中报警组名、优先级和扩展域的定义与模拟量定义相同。在“开关量报警”组内选择“离散”选项，三种类型的选项变为有效。定义时，三种报警类型只能选择一种。选择完成后，在报警文本中输入不多于 15 个字符的类型说明。

5.4　利用报警窗口显示报警输出

组态王运行系统中报警的实时显示是通过报警窗口实现的。报警窗口分为两类，即实时报警窗和历史报警窗。实时报警窗主要显示当前系统中存在的符合报警窗显示配置条件的实时报警信息和报警确认信息，当某一报警恢复后，不再在实时报警窗中显示。实时报警窗不显示系统中的事件。历史报警窗显示当前系统中符合报警窗显示配置条件的所有报警和事件信息。报警窗口中最大显示的报警条数取决于报警缓冲区大小的设置。

5.4.1　报警缓冲区大小的定义

报警缓冲区是系统在内存中开辟的用户暂时存放系统产生的报警信息的空间，其大小是可以设置的。在组态王工程浏览器中选择“系统配置”→“报警配置”双击，弹出“报警配置属性页”对话框，如图 5-7 所示，在对话框的右上角为“报警缓冲区的大小”设置项，报警缓冲区大小设置值按存储的信息条数计算，值的范围为 1～10000。报警缓冲区大小的设置直接影响着报警窗显示的信息条数。

5.4.2　创建报警窗口

在组态王中新建画面，在工具箱中单击报警窗口按钮，或选择菜单“工具”→“报警窗口”选项，光标箭头变为单线“十”字形，在画面上适当位置按下鼠标左键并拖动，绘出一个矩形框，当矩形框大小符合报警窗口大小要求时，松开鼠标左键，报警窗口创建成功，如图 5-8 所示。

改变报警窗在画面上的位置时，将光标移动到选中的报警窗的边缘，当光标箭头变为双“十”字形时，按下鼠标左键，拖动报警窗口到合适的位置，松开鼠标左键即可。

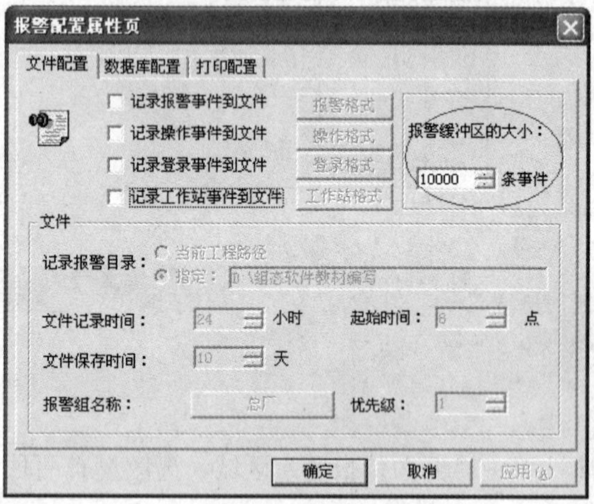

图 5-7　报警缓冲区大小设置

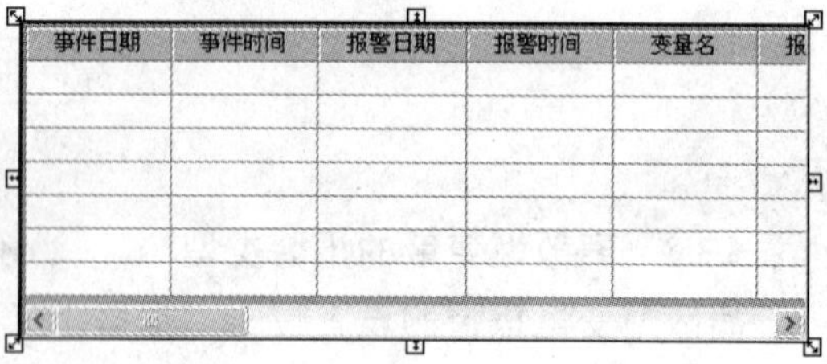

图 5-8　报警窗口

选中的报警窗口周围有 8 个带箭头的小矩形，将光标移动到小矩形的上方，光标箭头变为双向箭头时，按下鼠标左键并拖动，可以修改报警窗的大小。

5.4.3　配置实时和历史报警窗

5.4.3.1　通用属性

报警窗口创建完成后，要对其进行配置。双击报警窗口，弹出“报警窗口配置属性页”对话框，如图 5-9 所示。“通用属性”页。有“实时报警窗”和“历史报警窗”选项，可选择当前报警窗是哪一个类型：如果选择“实时报警窗”，则当前窗口将成为实时报警窗；否则，如果选择“历史报警窗”，则当前窗口将成为历史报警窗。实时和历史报警窗的配置选项大多数相同。

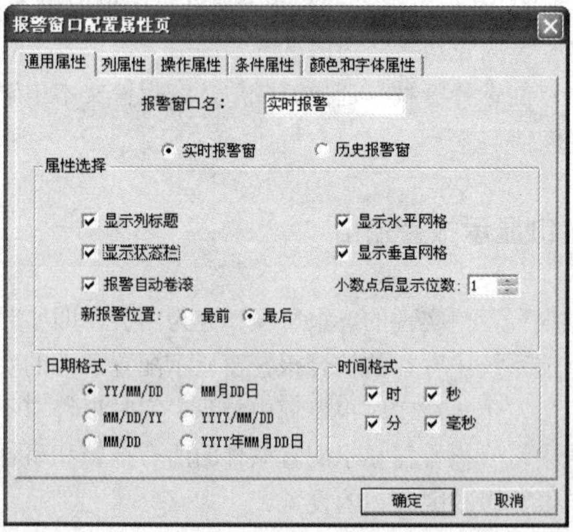

图 5-9　报警窗口配置属性页——通用属性

（1）报警窗口名：定义报警窗口在数据库中的变量登记名。此报警窗口变量名可在为操作报警窗口建立的命令语言连接程序中使用。报警窗口名的定义应该符合组态王变量的命名规则。

（2）属性选择：

1）显示列标题：选中后，开发和运行中在窗口的上部均出现每一列的列标题。如显示报警时间的列的上部，会有标题显示“报警时间”。

2）显示状态栏：选中后，开发和运行中在窗口的下部均出现报警窗的状态信息栏。状态栏中显示当前报警窗中报警条数等。

3）报警自动卷滚：选中后，系统运行时，如果报警窗中的信息显示超过当前窗口一页显示，当出现新的报警时，报警窗会自动滚动，显示新报警。

4）显示水平网格：选中后，开发和运行中在窗口的信息显示部位均出现水平网格线。

5）显示垂直网格：选中后，开发和运行中在窗口的信息显示部位均出现垂直网格线。

6）小数点后显示位数：定义报警窗中数据显示部分各种数据显示时的小数位数。

7）新报警位置：产生一条报警或事件后，显示到报警窗口的位置。“最前”为新报警出现在报警窗口的最上方，先前显示的报警在窗口中依次向下移动一行；“最后”为新报警出现在报警窗的最后一行。

（3）日期格式：选择报警窗中日期的显示格式，只能选择一项。

（4）时间格式：

选择报警窗中时间的显示格式，即显示时间的哪几个部分。如“××分××秒”或“××时××分××秒”。该选择应该符合逻辑，例如只选择时和秒是错误的。时间格式选择错误时，系统会提示“时间格式不对”。

5.4.3.2　“列属性”页配置

单击报警窗口配置属性页中的“列属性”标签，设置报警窗口的列属性，如图 5-10 所示。

列属性主要配置报警窗口究竟显示哪些列，以及这些列的顺序，用户可根据列属性页中的内容及自己的要求有选择地进行配置。

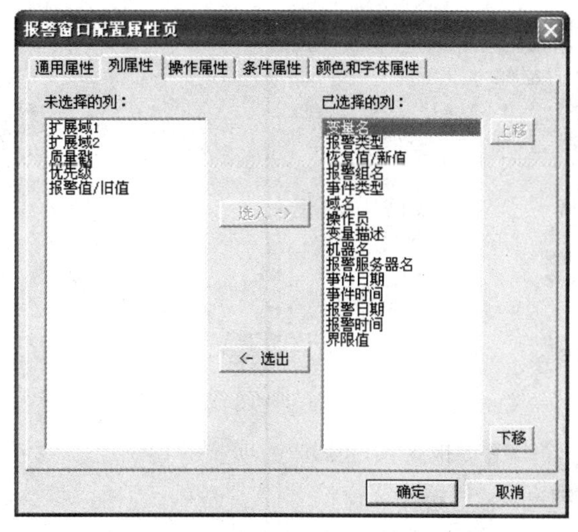

图 5-10　报警窗口配置属性页——列属性

5.4.3.3　“操作属性”页配置

单击报警窗口配置属性页中的“操作属性”标签，设置报警窗口的操作属性，如图 5-11 所示。

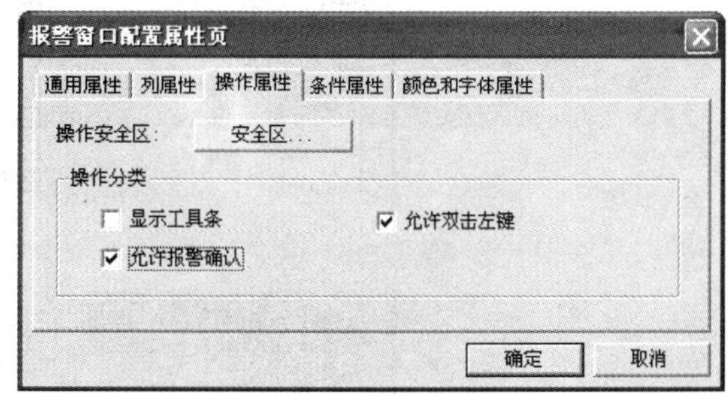

图 5-11　报警窗口配置属性页——操作属性

操作属性各项意义如下：

（1）操作安全区：配置报警窗口在运行系统中的操作权限——允许操作该报警窗的安全区。安全区可以选择多个。

（2）操作分类：配置报警窗口在运行时支持的操作内容和方式：

1）允许报警确认：系统运行时，允许通过图标等操作方式对报警进行确认。

2）显示工具条：选中时，开发和运行中在报警窗顶部显示快捷按钮，并允许用户在系统运行时通过图标操作报警窗。

3）允许双击左键：系统运行时，允许在某一报警条上双击左键执行预置自定义函数功能。

5.4.3.4 “条件属性”页配置

单击报警窗口配置属性页中的“条件属性”标签，设置报警窗口的报警信息显示的过滤条件，如图 5-12 所示。条件属性在运行期间可以在线修改。

条件属性配置各项含义如下：

（1）报警服务器名：如果系统为单机模式，则该选项不用选择；如果为网络模式，网络中各站点的报警信息存在于报警服务器上，配置网络后，指定本机是哪些报警服务器的客户。该列表框中将列出所有本机的报警服务器，可指定将哪个报警服务器上的报警信息显示在该报警窗中。

（2）报警信息源站点：如果系统为单机模式，默认为本地，该选项不用选择；如果为网络模式，因为数据的报警信息最初是来自于 I/O 服务器，网络配置后，指定本机是哪些 I/O 服务器的客户，该列表框中将列出所有本机当前选择的报警服务器下的 I/O 服务器名称，可选择将当前报警服务器下的哪些 I/O 服务器上的报警信息显示在该报警窗中。本项可以多选。

（3）报警组名：选择报警窗中要显示的报警和事件的报警组条件，选择的报警组及其下子报警组的报警和事件允许显示在报警窗中，只能选择一个报警组。

（4）报警类型：选择报警窗口中允许显示何种类型的报警。

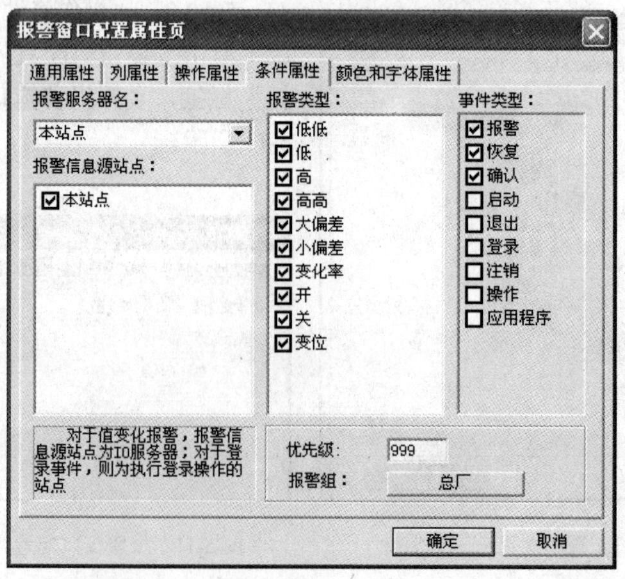

图 5-12 报警窗口配置属性页——条件属性

（5）优先级：选择报警窗中要显示的报警和事件的最高优先级条件，高于设定优先级的报警和事件将显示在报警窗中。如规定优先级条件为 500，则 1～500 间的报警和事件信息将显示在报警窗中，而优先级在 501～999 间的报警和事件将不显示。优先级选择的范围为 1～999 之间的整数。

（6）事件类型：选择报警窗口中允许显示何种类型的事件。注意：对于实时报警窗，事件类型选项不可用，只能在运行系统中进行修改。实时报警窗的事件类型只有报警、确认和恢复三种。

5.4.3.5 “颜色和字体属性”页配置

单击报警窗口配置属性页中的“颜色和字体属性”标签，设置报警窗口的报警和事件信息显示的字体颜色和字体型号、字体大小等，如图 5-13 所示。

单击标签后面的颜色按钮，弹出颜色选择对话框，选择该标签信息要显示的颜色；单击标签后面的“字体”按钮，弹出字体选择对话框，选择标签对应信息显示时的显示字体等。

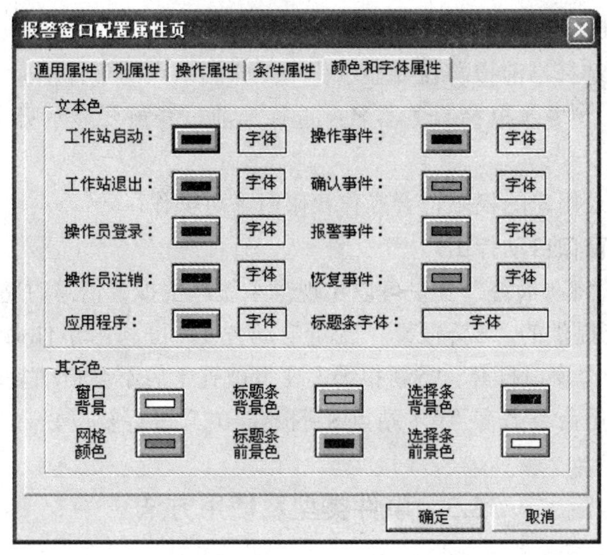

图 5-13　报警窗口配置属性页——颜色和字体属性

5.4.4　运行系统中报警窗的操作

如果报警窗配置中选择了“显示工具条”和“显示状态栏”，则运行时的标准报警窗显示如图 5-14 所示。

图 5-14　运行时的标准报警窗显示

当系统处于运行状态时，用户可以通过报警窗口上方的工具箱对报警信息进行操作，如

图 5-15 所示。

图 5-15　报警信息操作工具箱

工具箱中按钮的作用为：

☑报警确认：确认报警窗中当前选中的未经过确认的报警信息。

☒报警删除：删除报警窗中所有当前选中的报警信息。

更改报警类型：单击该按钮，在弹出的列表框中选择当前报警窗要显示的报警类型。选择完毕后，从当前开始，报警窗只显示符合选中报警类型的报警，但不影响其它类型报警信息的产生。

更改事件类型：选择当前报警窗要显示的事件类型。

更改优先级：选择当前报警窗的报警优先级。

更改报警组：选择当前报警窗要显示的报警组。

更改站点名：选择当前报警窗要显示哪个工作站站点的事件信息。

本站点 更改报警服务器名：选择当前报警窗要显示哪个报警服务器的报警信息。

以上操作只有登录用户的权限符合操作权限时才可操作。

5.4.5　设置报警窗口自动弹出

使用系统提供的“$新报警”变量可以实现当系统产生报警信息时将报警窗口自动弹出。当有新报警时，系统提供的“$新报警”变量自动置 1，可利用事件命令语言，当“$新报警”=1 时，去触发一个窗口打开。“$新报警”变量被置 1 后不会自动复位，因此使用该变量后必须要复位，可使用命令语言“\\本站点\$新报警=0；”进行复位。

5.5　事件类型及使用方法

事件是不需要用户来应答的。组态王中根据操作对象和方式等的不同，将事件分为以下几类：

（1）操作事件：用户对变量的值或变量其它域的值进行修改。

（2）登录事件：用户登录到系统，或从系统中退出登录。

（3）工作站事件：单机或网络站点上组态王运行系统的启动和退出。

（4）应用程序事件：来自 DDE 或 OPC 的变量的数据发生了变化。

事件在组态王运行系统中人机界面的输出显示是通过历史报警窗口实现的。

5.5.1　操作事件

操作事件是指用户修改有“生成事件”定义的变量的值或对其域的值进行修改时，系统产生的事件，如修改重要参数的值或报警限值、变量的优先级等。这里需要注意的是，同报警一样，字符串型变量和字符串型的域的值的修改不能生成事件。操作事件可以进行记录，使用户了解当时的值是多少，修改后的值是多少。

变量要生成操作事件，必须先要定义变量的“生成事件”属性。

（1）在组态王数据词典中新建内存整型变量“操作事件”，选择“定义变量”的“记录和安全区”属性页，如图 5-16 所示，在“安全区”栏中选择“生成事件”选项，单击“确定”按钮，关闭对话框。

（2）新建画面，在画面上创建一个文本，定义文本的动画连接——模拟值输入和模拟值输出连接，选择连接变量为“操作事件”。再创建一个文本，定义文本的动画连接——模拟值输入和模拟值输出连接，选择连接变量为“操作事件”的优先级域“Priority”。

（3）在画面上创建一个报警窗，定义报警窗的名称为“事件”，类型为“历史报警窗”。保存画面，切换到组态王运行系统。

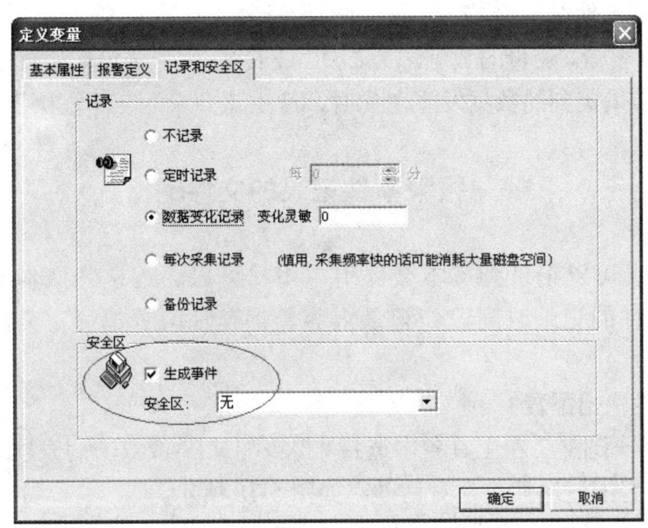

图 5-16　变量“生成事件”

（4）打开该画面，分别修改变量的值和变量优先级的值，系统产生操作事件，在报警窗中显示，如图 5-17 所示。报警窗中第二行为修改变量的值的操作事件，其中事件类型为“操作”，域名为“值”。

事件日期	事件时间	事件类型	变量名	恢复值/新值	报警类型	报警值
11/08/10	10:32:42.968	操作	操作事件	85.0	---	1.
11/08/10	10:32:38.687	操作	操作事件	68.0	---	0.
11/08/10	10:32:35.078	启动	---	---	---	--

报警的数目：3　　新报警出现的位置：前面

图 5-17　生成的“操作事件”

5.5.2　用户登录事件

用户登录事件是指用户在系统登录时产生的事件。系统中的用户，可以在工程浏览器的用户配置中进行配置，如用户名、密码、权限等。

用户登录时，如果登录成功，则产生“登录成功”事件；如果登录失败或取消登录过程，则产生“登录失败”事件；如果用户退出登录状态，则产生“注销”事件。

切换到组态王运行系统，打开画面。选择菜单“特殊”→“登录开”选项，在弹出的用户登录对话框中选择“系统管理员”，输入密码，单击“确定”按钮，产生登录成功事件；如果同样选择该用户，在登录对话框上单击“取消”按钮，产生登录失败事件；选择菜单“特殊”→“登录关”选项，产生注销事件。

5.5.3 工作站事件

工作站事件是指某个工作站站点上的组态王运行系统的启动和退出事件，包括单机和网络。组态王运行系统启动，产生工作站启动事件；运行系统退出，产生退出事件。如图 5-17 所示报警窗中第三条信息为工作站启动事件。

5.5.4 应用程序事件

如果变量是 I/O 变量，变量的数据源为 DDE 或 OPC 服务器等应用程序，对变量定义“生成事件”属性后，当采集到的数据发生变化时，产生该变量的应用程序事件。

5.6 报警事件记录的文件输出

系统的报警信息可以记录到文本文件中，用户可以通过这些文本文件来查看报警记录。记录的文本文件的记录时间段、记录内容、保存期限等都可定义。文件的后缀名为“.al2”。

5.6.1 报警文件输出配置

打开组态王工程管理器，在工具条中选择“报警配置”，或双击列表项“系统配置”→“报警配置”，弹出“报警配置属性页”对话框，如图 5-18 所示。

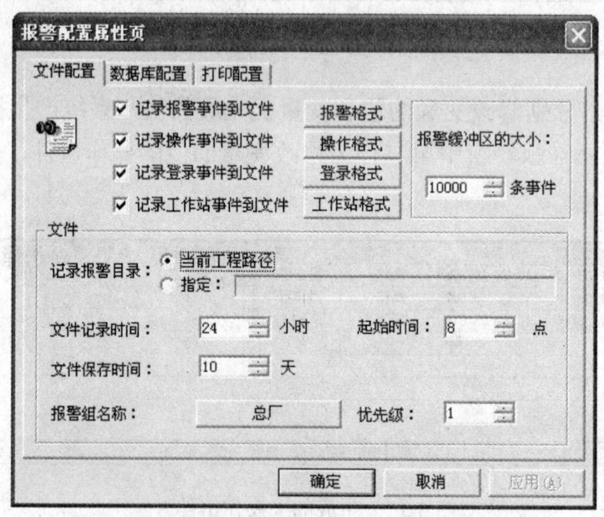

图 5-18 “报警配置属性页”对话框

“文件配置”属性页中各部分的含义是：

（1）记录内容选择：其中包括：“记录报警事件到文件”选项、“记录操作事件到文件”选项、“记录登录事件到文件”选项、“记录工作站事件到文件”选项。只有当选择某一项时，该项才有可能被记录到文件，否则不记录与该项有关的信息。如不选择“记录工作站事件到文件”选项，则系统运行时，就不会记录任何工作站事件的信息。记录内容中除了这些的选项外，在各个选项中，还可以定义具体记录内容、格式等，即各选项后的格式按钮，如“报警格式”、“操作格式”、“登录格式”、“工作站格式”。

（2）记录报警目录：定义报警文件记录的路径。它有两个选项：

1）当前工程路径：记录到当前组态王工程所在的目录下。

2）指定：当选择该项时，其后面的编辑框变为有效，在编辑框中直接输入报警文件将要存储的路径。

（3）文件记录时间：报警记录的文件一般有很多个，该项指定没有记录文件的记录时间长度，单位为小时，指定数值范围为1～24。

（4）起始时间：指报警记录文件命名时的时间（小时数），表明某个报警记录文件开始记录的时间。其值为0～23的一个整数。

（5）文件保存时间：规定记录文件在硬盘上的保存天数（当日之前）。超过天数的记录文件将被自动删除。保存天数为1～999。

（6）报警组名称：选择要记录的报警和事件的报警组名称条件，只有符合定义的报警组及其子报警组的报警和事件才会被记录到文件。

（7）优先级：规定要记录的报警和事件的优先级条件。只有高于规定的优先级的报警和事件才会被记录到文件中。

5.6.2 利用数据库实现报警记录输出

组态王产生的报警和事件信息可以通过ODBC记录到开放式数据库中，如Access、SQL Server等。在使用该功能之前，应该做些准备工作：首先在数据库中建立相关的数据表和数据字段，然后在系统控制面板的ODBC数据源中配置一个数据源（用户DSN或系统DSN），该数据源可以定义用户名和密码等权限。

5.6.2.1 定义报警记录数据库

报警输出数据库中的数据表与配置中选项相对应，有四种类型的数据表格，这四种表格的名称为Alarm（报警事件）、Operate（操作事件）、Enter（登录事件）、Station（工作站事件）。可以按照需要建立相关的表格。各个表中的字段对应记录格式中的选项，在组态王默认的安装目录下（C:\Program Files\kingview），有一个制作好的数据库文件“报警数据库.mdb”，可以直接复制使用，如图5-19所示。

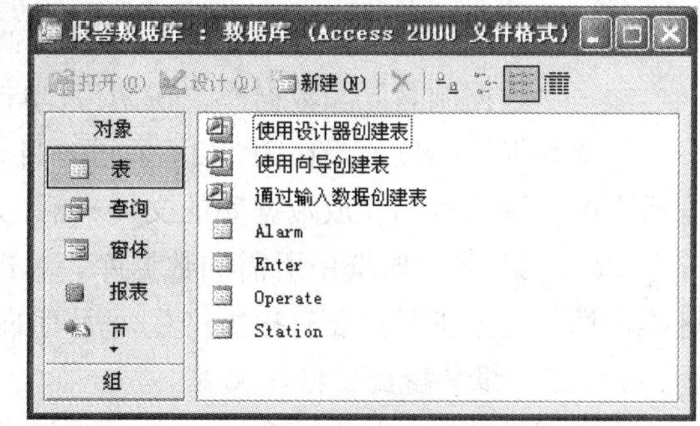

图5-19 报警输出数据库中的数据表

5.6.2.2 定义ODBC数据源

进入Windows“控制面板”中的“管理工具”，用鼠标双击“数据源(ODBC)”选项，弹出“ODBC数据源管理器”对话框，如图5-20所示。

选择“用户DSN”或“系统DSN”创建新数据源，单击“添加”按钮，弹出如图5-21所示画面，此处选择“Microsoft Access Driver(*.mdb)”。

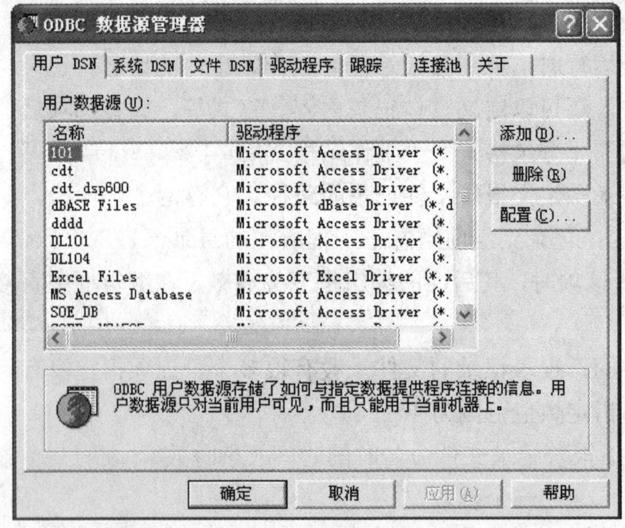

图 5-20 BC 数据管理器配置

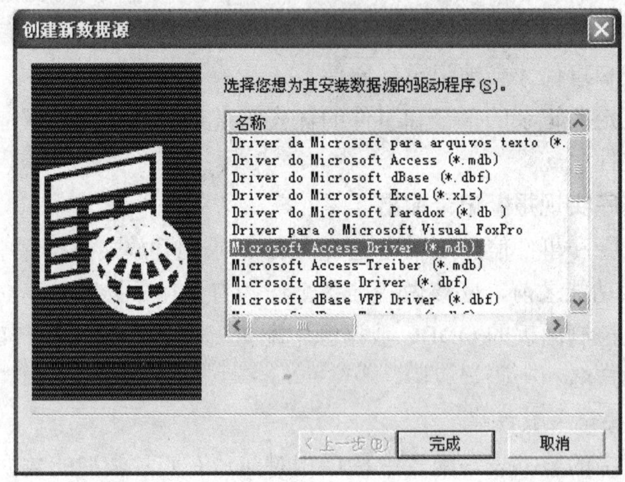

图 5-21 建新数据源

单击“完成”按钮，弹出如图 5-22 所示画面。

填写“数据源名”和数据库“说明”，单击“选择”按钮，弹出如图 5-23 所示画面。

选择数据库的位置，在图 5-23 通过“目录”滚动条、“驱动器”下拉式组合框选择数据库所在的位置，找到存放数据库的文件夹后，数据库的名称就会在左面显示出“数据库的名称”、文件类型，此时选中所需的数据库，单击“确定”按钮后 ODBC 数据源定义连接完毕。这样，运行组态王时只要有报警产生，所有的报警信息都会记录在数据库中。

5.6.2.3 报警输出数据库配置

定义好报警记录数据库和 ODBC 数据源后，就可以在组态王中定义数据库输出配置。打开组态王工程管理器，在工具条中选择“报警配置”，选择列表项中的“系统配置”再双击“报警配置”，弹出“报警配置属性页”对话框，单击“数据库配置”标签，弹出如图 5-24 所示对话框，根据需要选择将 Alarm（报警事件）、Operate（操作事件）、Enter（登录事件）、

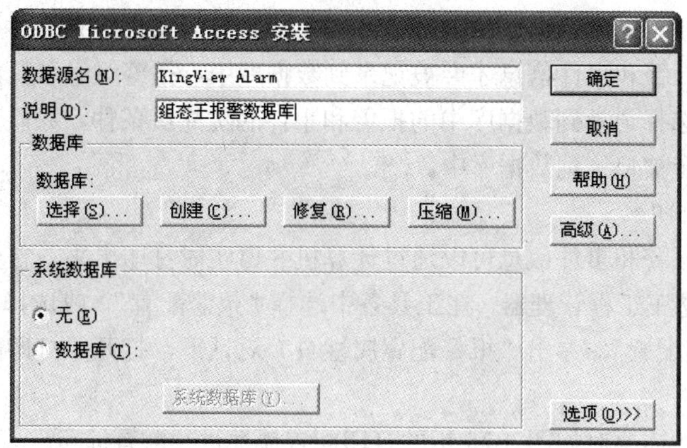

图 5-22　DBC Microsoft Access 安装

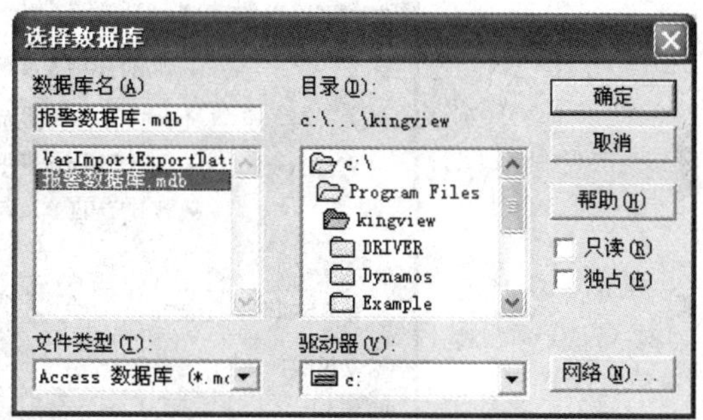

图 5-23　选择数据库

Station（工作站事件）记录到数据库，并进行配置，对话框中其它各项含义为：

（1）使用默认数据源：在“报警配置属性页”，使“数据库配置”中默认事件保存不选中，图 5-24 中“使用默认数据源”是否有效，是由上面的四个记录事件确定的。

（2）用户名、密码：输入在定义 ODBC 数据源时定义的用户名和密码，如果没有，置为空即可。

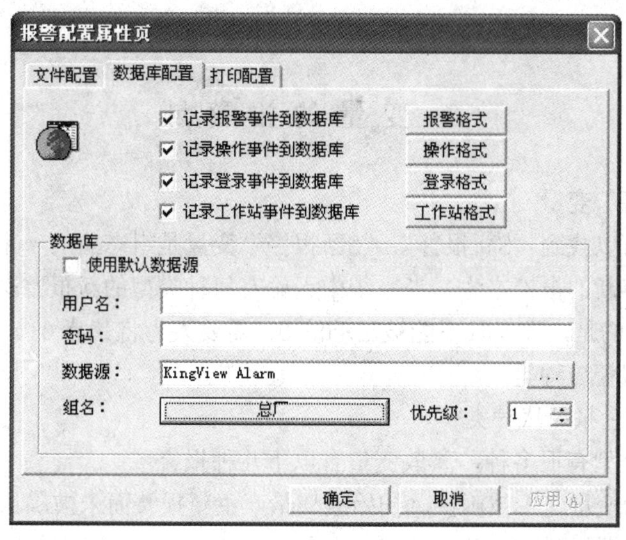

图 5-24　报警数据库配置

（3）数据源：输入定义的与报警数据库连接的 ODBC 数据源名称。也可通过单击 ... 按钮，在弹出的 ODBC 数据源对话框中选择。该对话框包含“系统 DSN”和“用户 DSN”两项，分别列出当前系统中已有的数据源名称。

（4）组名：选择记录到数据库中的报警和事件的报警组条件，只有符合当前选中的报警组及其子报警组的报警和事件信息才会被记录到数据库中，报警组组名只能选择一个。

（5）优先级：选择记录到数据库中的报警和事件的优先级条件，只有比当前优先级高的报警和事件信息才会被记录到数据库中。

5.6.2.4 报警打印配置

组态王产生的报警和事件信息可以通过计算机并口实时打印出来。首先应该对实时打印进行配置。打开组态王工程管理器，在工具条中选择“报警配置”，或选择列表项的“系统配置”，再双击“报警配置”，弹出“报警配置属性页”对话框，打开“打印配置”属性页如图5-25所示。

用户根据自己的需要对如图5-25示的打印配置属性进行配置即可。

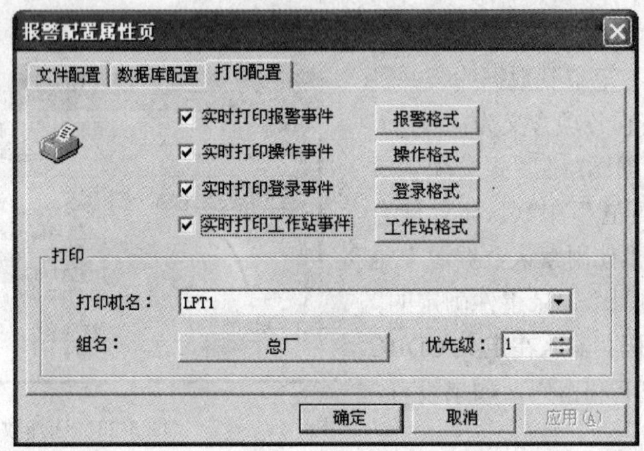

图5-25 打印配置对话框

5.7 变 量 的 报 警 域

5.7.1 “$新报警”变量

在数据词典中可以找到“$新报警”，“$新报警”变量是组态王的一个系统变量，主要表示当前系统中是否有新的报警产生。当系统中无论有何种类型的新报警产生时，该变量被自动置为1。需要注意的是，该变量不能被自动清0，需要人为将其清0。

5.7.2 变量的报警域种类

5.7.2.1 离散变量报警域种类

变量的报警域类型有很多种，离散变量有以下几种报警域：

（1）.Ack：表示变量是否被确认。初始或变量产生新报警而未被确认时，该域的值为0，当变量的报警被确认后，域的值为1。

（2）.Alarm：表示变量当前是否处于报警状态。变量处于正常状态时，域的值为0；变量处于报警状态时，无论是否被确认，域的值为1。

（3）.AlarmEnable：表示变量的报警使能状态，可读写。当.AlarmEnable置0时，变量即使满足报警条件也不会产生报警，只有将.AlarmEnable置1，变量才会产生报警。.AlarmEnable

默认值为 1。

（4）.Group：变量的报警组 ID 号。

（5）.Priority：变量的优先级。

5.7.2.2　模拟变量报警域种类

模拟变量除了具有以上五种报警域外，按照变量的报警类型的不同，有不同的报警域。

（1）越限报警：

1）报警界限值域：高高限值（.HiHiLimit）、高限值（.HiLimit）、低限值（.LoLoLimit）、低低限值（.LoLoLimit）。这些界限值域是可读写的，可以在线修改。

2）报警状态值：对应越限报警类型，都有相应的报警状态域，这些域的值的类型是离散型的，有高高限状态（.HiHiStatus）、高限状态（.HiStatus）、低限状态（.LoStatus）、低低限状态（.LoLoStatus）。如变量处于高限报警时，变量的.HiStatus 域的值被自动置为 1，当高限报警恢复后，该域的值被自动置为 0。

（2）偏差报警：

1）报警界限值域：大偏差限值（. MajorDevPct）、小偏差限值（. MinorDevPct）、偏差目标值（. DevTarget）。这些界限值域是可读写的，可以在线修改。

2）报警状态值：对应偏差报警类型，都有相应的报警状态域，即大偏差状态（.MajorDevStatus）、小偏差状态（. MinorDevStatus）。这些域的值的类型是离散型的。如变量处于大偏差报警时，变量的. MajorDevStatus 域的值被自动置为 1，当大偏差报警恢复后，该域的值被自动置为 0。

（3）变化率报警：

1）报警界限值域：变化率限值（. ROCPct）。该域是可读写的，可以在线修改，但变化率报警的时间单位（秒、分、时）不能在线修改。

2）报警状态值：变化率报警的报警状态域为“. ROCStatus”，该域的值的类型是离散型的。

第6章

趋 势 曲 线

6.1 概 述

组态王的实时数据和历史数据除了在画面中以值输出的方式和以报表形式显示外，还可以用曲线的形式显示。组态王的曲线有趋势曲线、温控曲线和超级 X-Y 曲线。

趋势分析是控制软件必不可少的功能，组态王对该功能提供了强有力的支持和简单的控制方法。趋势曲线有实时趋势曲线和历史趋势曲线两种。曲线外形类似于坐标纸，X 轴代表时间，Y 轴代表变量值。对于实时趋势曲线最多可显示四条曲线，而历史趋势曲线最多可显示十六条曲线。一个画面中可定义数量不限的趋势曲线（实时趋势曲线或历史趋势曲线）。在趋势曲线中，工程人员可以规定时间间距、数据的数值范围、网格分辨率、时间坐标数目、数值坐标数目及绘制曲线的“笔”的颜色属性。画面程序运行时，实时趋势曲线可以自动卷动，以快速反应变量随时间的变化；历史趋势曲线不能自动卷动，它一般与功能按钮一起工作，共同完成历史数据的查看工作。这些按钮可以完成翻页、设定时间参数、启动/停止记录、打印曲线图等复杂功能。

温控曲线反映出实际测量值按设定曲线变化的情况。在温控曲线中，纵轴代表温度值，横轴对应时间的变化，同时将每一个温度采样点显示在曲线中，主要适用于温度控制、流量控制等。

超级 X-Y 曲线主要是用曲线来显示两个变量之间的运行关系，例如电流—转速曲线等，且支持多 Y 轴曲线。

趋势曲线用来反映变量随时间的变化情况。趋势曲线有两种：实时趋势曲线和历史趋势曲线。

6.2 实 时 趋 势 曲 线

组态王提供两种形式的实时趋势曲线：工具箱中的组态王内置实时趋势曲线和实时趋势曲线 Active X 控件。

6.2.1 组态王内置实时趋势曲线

组态王内置实时趋势曲线绘制命令位于组态王工具箱中，最多支持四条曲线。

6.2.1.1 实时趋势曲线的创建

在组态王开发系统中制作画面时，选择菜单“工具”→“实时趋势曲线”选项或单击工具箱中的“画实时趋势曲线”按钮，或者在“工具箱”中单击“ ”按钮，此时光标在画面中变为“十”字形，在画面中用鼠标画出一个矩形，实时趋势曲线就在这个矩形中绘出，如图 6-1 所示。

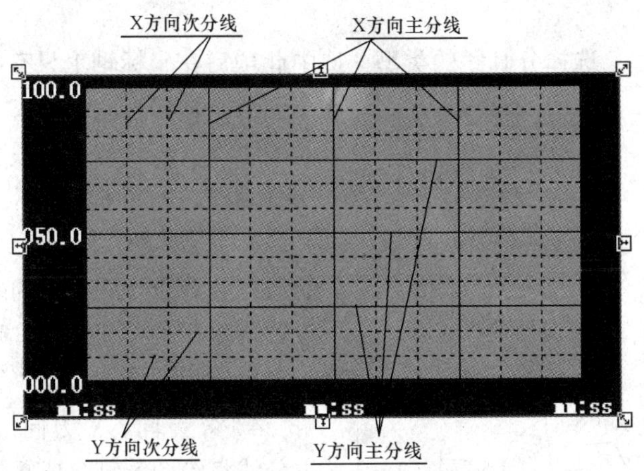

图 6-1　实时趋势曲线

实时趋势曲线对象的中间有一个带有网格的绘图区域，表示曲线将在这个区域中绘出。网格左方和下方分别是 X 轴（时间轴）和 Y 轴（数值轴）的坐标标注。可以通过选中实时趋势曲线对象（周围出现 8 个小矩形）来移动位置或改变大小。在画面运行时实时趋势曲线对象由系统自动更新。

6.2.1.2　实时趋势曲线的属性

用鼠标双击创建的实时趋势曲线，弹出“实时趋势曲线”对话框，如图 6-2 所示。

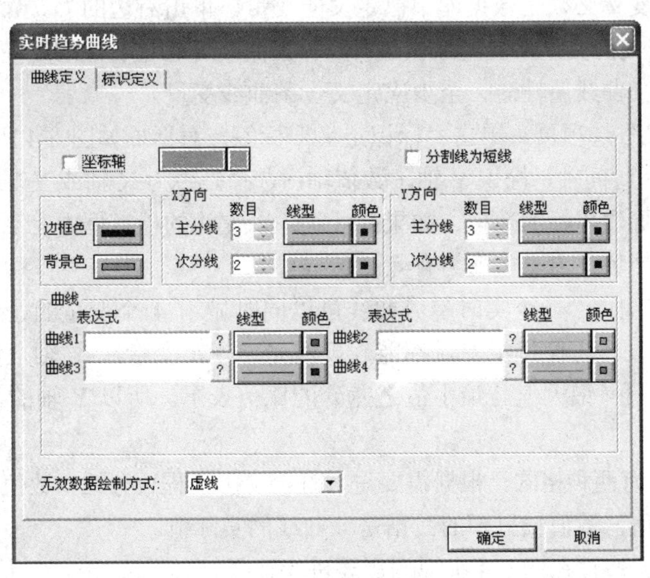

图 6-2 “实时趋势曲线”对话框

“实时趋势曲线”对话框有“曲线定义”和“标识定义”两个选项页，各选项含义如下：

（1）“曲线定义”选项页。

1）坐标轴：选择曲线图表坐标轴的线型和颜色。选择“坐标轴”复选框后，坐标轴的线型和颜色选择按钮变为有效，通过单击线型按钮或颜色按钮，在弹出的列表中选择坐标轴的线型或颜色。

2）分割线为短线：选择分割线的类型。选中此项后在坐标轴上只有很短的主分割线，整个图纸区域接近空白状态，没有网格，同时下面的“次分割线”选择项变灰，图表上不显示次分割线，如图 6-3 所示。

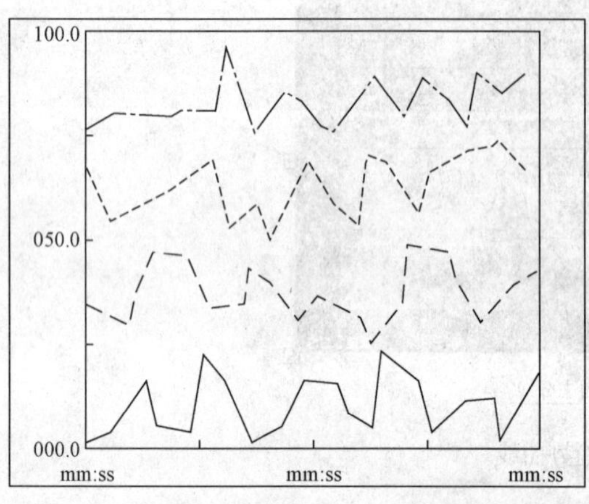

图 6-3　分割线为短线时的实时趋势曲线

3）边框色、背景色：分别规定绘图区域的边框和背景（底色）的颜色。这两个按钮的设置与坐标轴按钮类似，弹出的浮动对话框也与之大致相同。

4）X 方向、Y 方向：X 方向和 Y 方向的主分线将绘图区划分成矩形网格，次分线将再次划分主分线划分出来的小矩形。这两种线都可改变线型和颜色。主分线和次分线的数目可以通过小方框右边“数目”栏的加减按钮进行增加或减小，也可通过编辑区直接输入。工程人员可以根据实时趋势曲线的大小决定分割线的数目，分割线最好与标识定义（标注）相对应。

5）曲线：定义所绘的 1～4 条曲线 Y 坐标对应的表达式，实时趋势曲线可以实时计算表达式的值，所以它可以使用表达式。实时趋势曲线名的编辑框中可输入有效的变量名或表达式，表达式中所用变量必须是数据库中已定义的变量。单击右边的“？”按钮可列出数据库（数据词典）中已定义的变量或变量域供选择。每条曲线可通过右边的线型和颜色按钮来改变线型和颜色。在定义曲线属性时，至少应定义一条曲线变量。

（2）“标识定义”选项页。单击“标识定义”标签，对话框如图 6-4 所示。

1）标识 X 轴—时间轴、标识 Y 轴—数值轴：选择是否为 X 轴或 Y 轴加标识，即在绘图区域的外面用文字标注坐标的数值。如果此项选中，左边的检查框中有小叉标记，同时下面定义相应标识的选择项也由无效变为有效。

2）数值轴（Y 轴）：一个实时趋势曲线可以同时显示 4 个变量的变化，而各变量的数值范围可能相差很大，为使每个变量都能表现清楚，规定变量在 Y 轴上以百分数表示，即以变量值与变量范围（最大值与最小值之差）的比值表示。所以 Y 轴的范围是 0（0%）～1（100%）。

3）数值格式：有两种格式，根据需要进行选择。①工程百分比，数值轴显示的数据是百分比形式；②实际值，数值轴显示的数据是该曲线的实际值。

其他的标识定义属性在图 6-4 中根据需要进行选择。

6.2.1.3　实时趋势曲线的运行

定义完实时趋势曲线的所有属性后，在曲线图的上方标出曲线名称，标注出变量及曲线的颜色。由于实时趋势曲线只能定义 4 条曲线，如果需要做出曲线的点数较多，可重复使用实时趋势曲线来定义，直至满足要求，保存后的运行画面如图 6-5 所示。

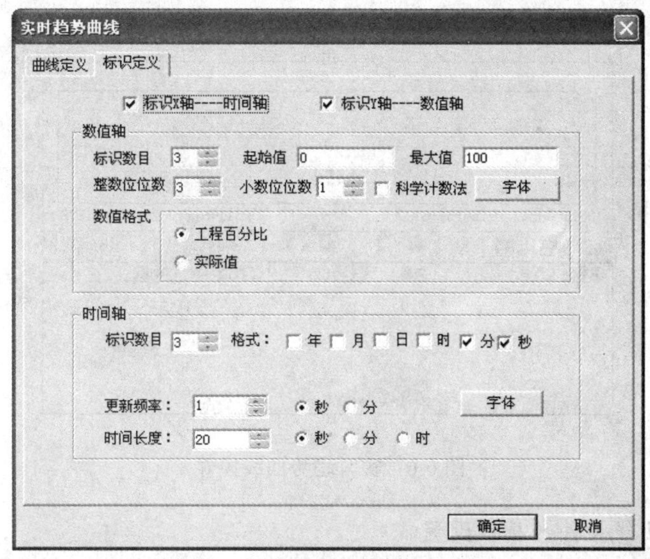

图 6-4　实时趋势曲线的属性——标识定义

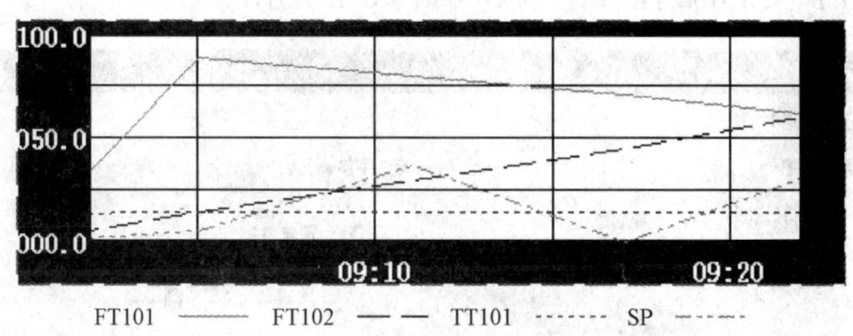

图 6-5　实时趋势曲线的运行

6.2.2　实时趋势曲线控件

组态王的实时趋势曲线控件具有以下特点：

（1）通过 TCP/IP 获得实时数据，数据服务器可以是任何一台运行组态王的机器，而不需进行组态工网络配置。

（2）可以显示 16 条曲线。可以设置每条曲线的绘制方式，可以为每条曲线设定对照曲线。

（3）可以移动曲线，显示一个采集周期内任意时间段的曲线。

（4）可以保存曲线，加载曲线。

（5）可以打印曲线。

6.2.2.1　创建实时趋势曲线控件

打开组态王画面，在工具箱中选择“插入通用控件”或选择菜单“编辑”下的“插入通用控件”命令，弹出“插入控件”对话框，在列表中选择“CkvrealTimeCurves Control”选项，单击“确定”按钮，对话框自动消失，光标箭头变为小“十”字形，在画面上选择控件的左上角，按下鼠标左键并拖动，画面上显示出一个虚线的矩形框，该矩形框为创建后的曲线的外框。当达到所需大小时，松开鼠标左键，则实时曲线控件创建成功，画面上显示出该曲线，可以通过选中实时趋势曲线控件（周围出现 8 个小矩形）来移动位置或改变大小，如图 6-6 所示。

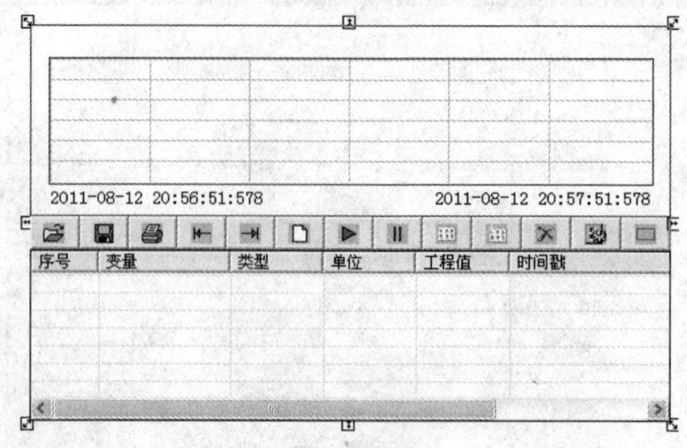

图 6-6　实时趋势曲线控件

6.2.2.2　实时曲线控件的属性设置

实时曲线控件创建完成后，在控件上右击，在弹出的快捷菜单中选择“控件属性”命令，弹出实时曲线控件的“Ctrl0 属性”对话框，如图 6-7 所示。

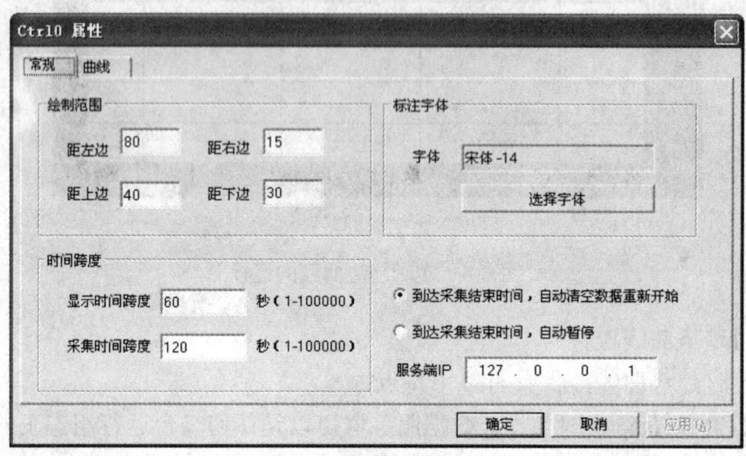

图 6-7　“Ctrl0 属性”对话框

实时曲线控件包括“常规”和“曲线”两个属性页。

6.2.2.2.1　“常规”属性页

（1）绘制范围：设置实时曲线绘图区距离控件上、下、左、右边界的距离。

（2）标注字体：单击“选择字体”按钮，设置标注字体。

（3）时间跨度：显示时间跨度即曲线图表时间轴长度。设置范围是 1～100000，单位秒；采集时间跨度即每次绘制一屏曲线总的时间长度。设置范围是 1～100000，单位秒。

（4）采集结束时，曲线的处理方式：两个选项，自动清空数据重新开始，曲线重新开始绘制；自动暂停，到达采集结束时间，系统暂停曲线数据采集，绘图区显示停止时刻的曲线。

（5）服务端 IP：要绘制曲线的变量所在的数据服务器的 IP 地址，如果是本机变量，则输入本机 IP 地址。该控件的使用在组态王单机模式下即可。

6.2.2.2.2　“曲线”属性页

单击图 6-7 中的“曲线”标签，弹出如图 6-8 所示的“曲线”属性页。

在“曲线”属性页中进行曲线添加、编辑和删除的操作。

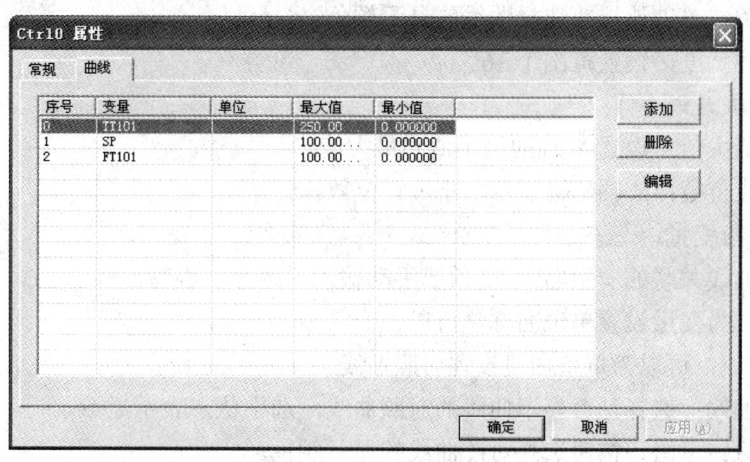

图 6-8　“曲线”属性页

（1）添加曲线。单击“添加”按钮，显示“新增加曲线”对话框，如图 6-9 所示。

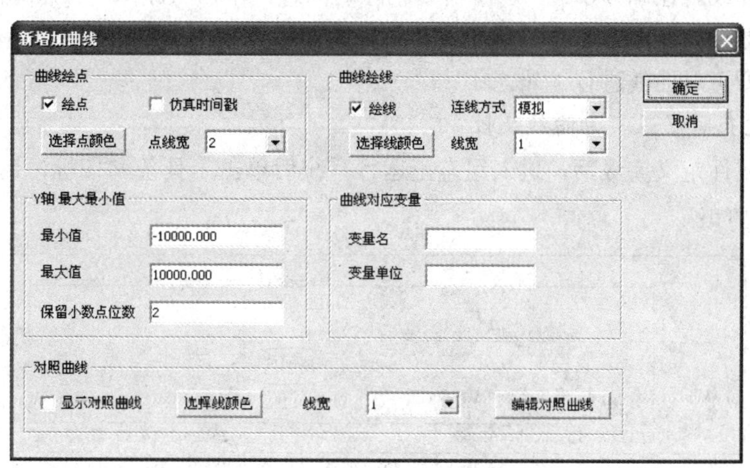

图 6-9　“新增加曲线”对话框

1）曲线绘点：

绘点：选择曲线是否以绘点方式绘制，选中状态表示绘制数据点。绘点是指控件在绘制曲线时，在曲线上对每个数据点根据选择的点的颜色和线宽作标记点。

仿真时间戳：选择该项则曲线上增加描绘的数据点，仿真数据在曲线上的描点频率为本地运行系统基准频率（即仿真时间戳的变化频率）。该选项主要适用于数据长时间不变的变量曲线。

2）选择点颜色：单击该按钮选择标记数据点的显示颜色。

3）点线宽：标记数据点的大小，设置范围为1～6。

4）曲线绘线：

绘线：选择曲线是否以绘点方式绘制，选中状态表示绘线。

连线方式：选择曲线的连线方式，包括模拟方式和阶梯方式。

选择线颜色：单击该按钮选择曲线的显示颜色。

线宽：曲线宽度，设置范围1～6。

5）Y轴最大、最小值：

最小值，最大值：设置Y轴的最小值和最大值。

保留小数点位数：Y轴坐标显示的小数点位数。

6）曲线对应变量：

变量名：曲线关联的变量名。 必须要手动输入，区分大小写。

变量单位：为变量设置单位名称，可以为空。

7）对照曲线：可以为每条曲线设置对照曲线。

显示对照曲线：选择是否显示曲线的对照曲线，选中状态表示显示。

选择线颜色：单击该按钮选择对照曲线的显示颜色。

线宽：对照曲线的宽度，设置范围1～6。

编辑对照曲线：单击该按钮，设置对照曲线。

（2）删除曲线。在图6-8中，选中所要删除的曲线，单击“删除”按钮即可删除曲线。

（3）编辑曲线。在图6-8中，选中所要编辑的曲线，单击“编辑”按钮弹出如图6-9所示的对话框，即可对曲线进行编辑。

6.2.2.3 运行时修改实时曲线属性

实时曲线属性定义完成后，进入组态王运行系统后单击工具条▶图标，运行系统的实时曲线如图6-10所示。

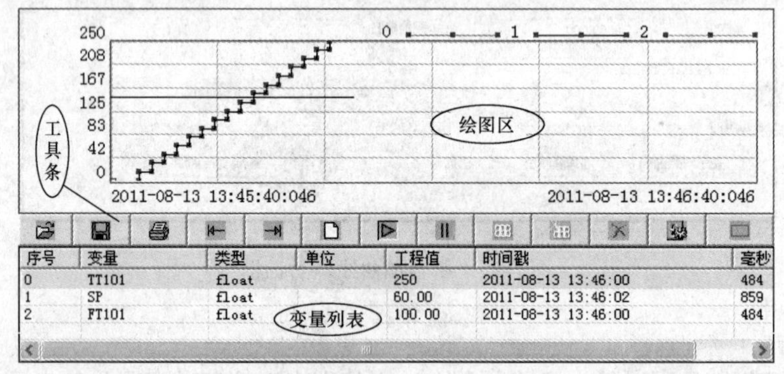

图6-10 控件实时趋势曲线的运行

绘图区显示实时趋势曲线及其对照曲线。在绘图区最多可以显示16条实时曲线。在绘图区左右拖动鼠标，可以使曲线左右平移。变量列表区显示绘图区每条曲线关联的组态王变量信息。工具条由具有不同功能的按钮组成，工具条的具体功能可以通过将鼠标放到按钮上时弹出的提示文本中看到。

与工具箱中的组态王内置实时趋势曲线不同的是，在由控件制作的实时趋势曲线运行过程中，可以通过工具条上的功能按钮增减曲线、设置曲线参数等，非常方便。

6.3 历史趋势曲线

组态王提供三种形式的历史趋势曲线：

（1）从图库中调用已经定义好各功能按钮的历史趋势曲线。对于这种历史趋势曲线，用户只需要定义几个相关变量，适当调整曲线外观即可完成历史趋势曲线的复杂功能，这种形式使用简单方便。该曲线控件最多可以绘制 8 条曲线,但该曲线无法实现曲线打印功能。

（2）调用历史趋势曲线控件，对于这种历史趋势曲线，功能很强大，使用比较简单。通过该控件，不但可以实现组态王历史数据的曲线绘制，还可以实现工业库中历史数据的曲线绘制和 ODBC 数据库中记录数据的曲线绘制。在运行状态下，可以实现在线动态增加/删除曲线、曲线图表的无级缩放、曲线的动态比较、曲线的打印等。

（3）从工具箱中调用历史趋势曲线，对于这种历史趋势曲线，用户需要对曲线的各个操作按钮进行定义，即建立命令语言连接才能操作历史曲线。对于这种形式，用户使用时自主性较强，能做出个性化的历史趋势曲线。该曲线控件最多可以绘制 8 条曲线，但无法实现曲线打印功能。

无论使用哪一种历史趋势曲线，都要进行相关配置，主要包括变量属性配置和历史数据文件存放位置配置。

6.3.1　与历史趋势曲线有关的其他必配置项

历史趋势曲线数值轴显示的数据以百分比显示，因此对于要以曲线形式来显示的变量需要特别注意变量的范围。如果变量定义的范围很大，例如–999999～+999999，而实际变化范围很小，例如–0.0001～+0.0001，这样，曲线数据的百分比数值就会很小，在曲线图表上就会出现看不到该变量曲线的情况。

6.3.2　对某变量作历史记录

对于要以历史趋势曲线形式显示的变量，都需要对变量作记录。在组态王工程浏览器中单击“数据库”选项，再选择“数据词典”项，选中要进行历史记录的变量双击，则弹出“变量属性”对话框，单击“记录与安全区”弹出如图 6-11 所示的“定义变量”对话框。选择变量记录的方式，一般选取“数据变化记录”即可。如果选取“每次采集记录”会占用大量的磁盘空间，务必谨慎使用。

6.3.3　定义历史库数据文件的存储目录

在组态王工程浏览器的菜单条上选择“系统配置”菜单，再从弹出的菜单命令中选择“历史数据记录”命令项，弹出的对话框如图 6-12 所示。

选中“运行时启动历史数据记录”复选框，并且单击“组态王历史库”右边的“配置”按钮，弹出对话框如图 6-13 所示。在此对话框中输入记录历史数据文件在磁盘上的存储路径和数据保存天数，也可进行分布式历史数据配置，使本机节点中的组态王能够访问远程计算机的历史数据。

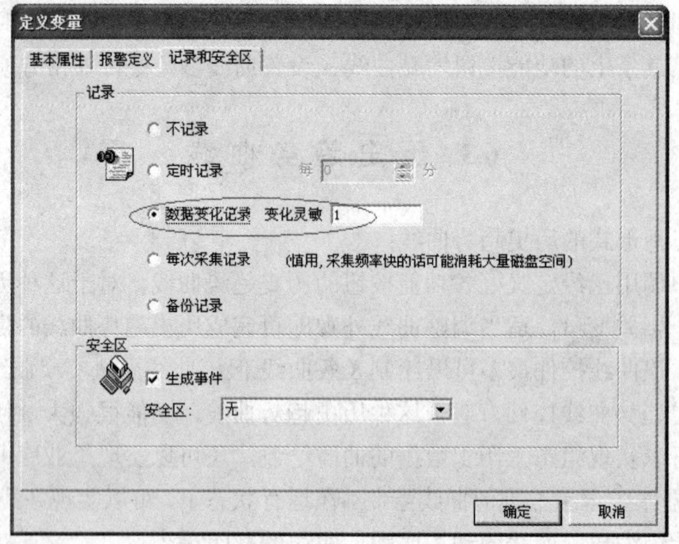

图 6-11　定义变量的记录属性

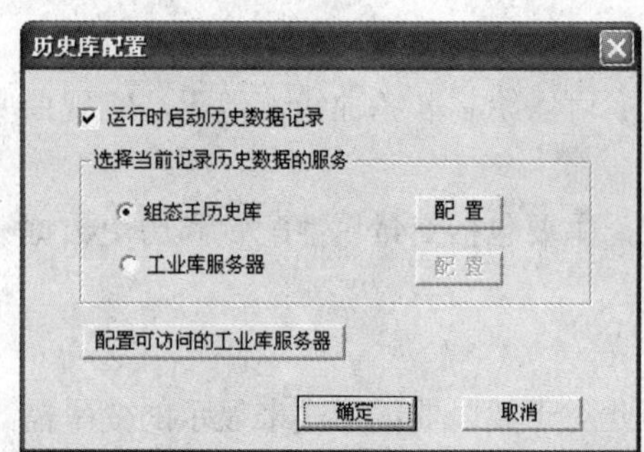

图 6-12 “历史库配置”对话框

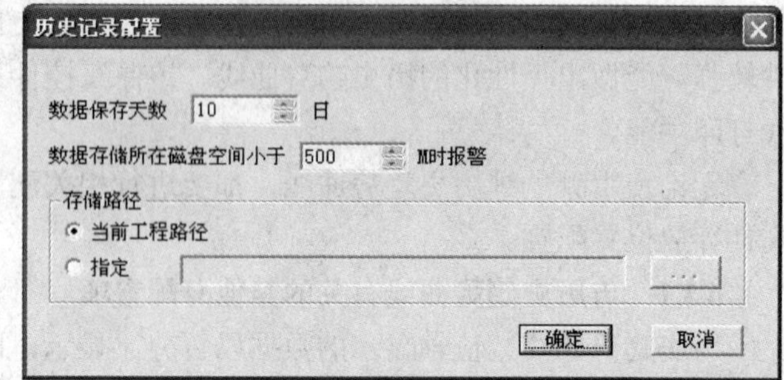

图 6-13 “历史记录配置”对话框

6.3.4　图库中的通用历史趋势曲线

6.3.4.1　图库中历史趋势曲线的绘制

在组态王开发系统中制作画面时，选择菜单“图库”→“打开图库”选项，弹出“图库管理器”，单击“图库管理器”中的“历史曲线”，在图库窗口内双击历史曲线，然后图库窗口消失，光标箭头在画面中变为直角符号“ ┌”，将光标移动到画面上适当位置，单击，历史曲线就复制到画面上了，如图 6-14 所示。拖动曲线图素四周的矩形柄，可以任意移动、缩放历史曲线。

历史趋势曲线对象的上方有一个带有网格的绘图区域，表示曲线将在这个区域中绘出，网格左方和下方分别是 X 轴（时间轴）和 Y 轴（数值轴）的坐标标注。

曲线的下方是指示器和两排功能按钮。可以通过选中历史趋势曲线对象（周围出现 8 个小矩形）来移动位置或改变大小。通过定义历史趋势曲线的属性可以定义曲线、功能按钮的参数、改变趋势曲线的笔属性和填充属性等，笔属性是趋势曲线边框的颜色和线型，填充属性是边框和内部网格之间的背景颜色和填充模式。

6.3.4.2　图库历史趋势曲线属性设置

生成历史趋势曲线对象后，在对象上双击鼠标，弹出“历史曲线向导”对话框。该对话框由“曲线定义”、“坐标系”和“操作面板和安全属性”三个属性页组成，如图 6-15 所示。

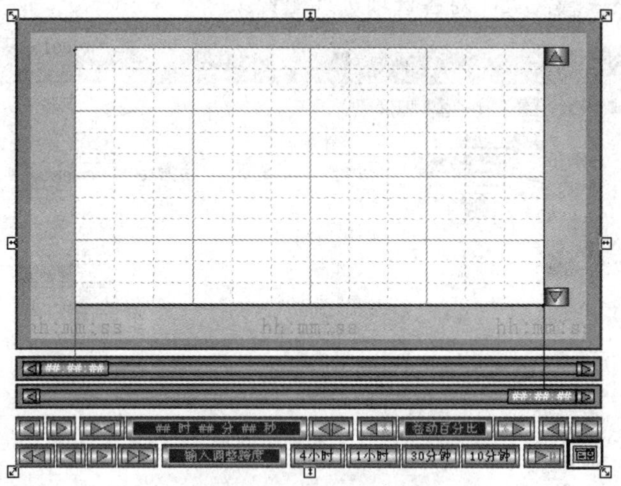

图 6-14　图库中的历史趋势曲线

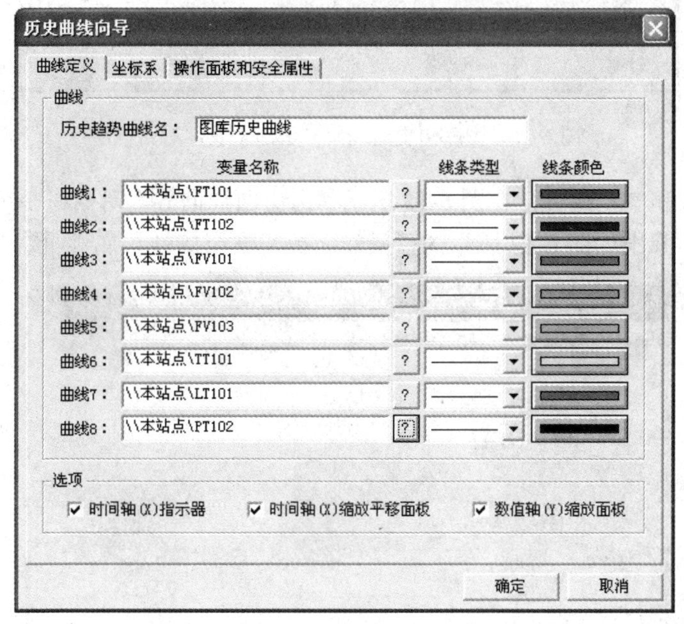

图 6-15　“历史曲线向导”对话框

（1）曲线定义：

1）历史趋势曲线名：定义历史趋势曲线在数据库中的变量名（区分大小写）。

2）曲线 1～曲线 8：定义历史趋势曲线绘制的 8 条曲线对应的数据变量名。数据变量名必须是在数据库中已定义的变量，不能使用表达式和域，并且定义变量时在“变量属性”对话框中选中了“是否记录”选择框，因为组态王只对这些变量进行历史记录。单击右边的“？”按钮可列出数据库中已定义的变量供选择。每条曲线可由右边的“线条类型”和“线条颜色”

选择按钮分别选择线型和线条颜色。

（2）坐标系：在图 6-15 所示“历史曲线向导”对话框中单击“坐标系”标签，弹出如图 6-16 所示的“坐标系”属性页，对各选项进行配置。

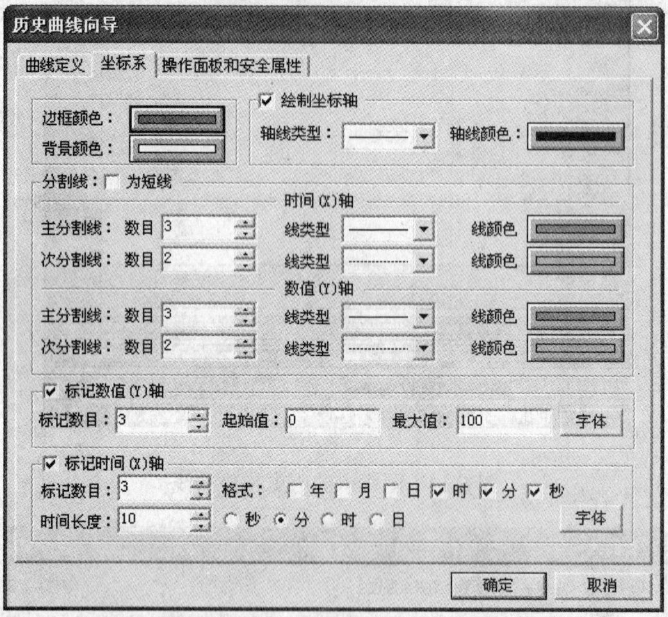

图 6-16　图库历史曲线向导坐标系属性对话框

（3）操作面板和安全属性：在图 6-15 所示“历史曲线向导”对话框中单击“操作面板和安全属性”标签，弹出如图 6-17 所示的“操作面板和安全属性”属性页。

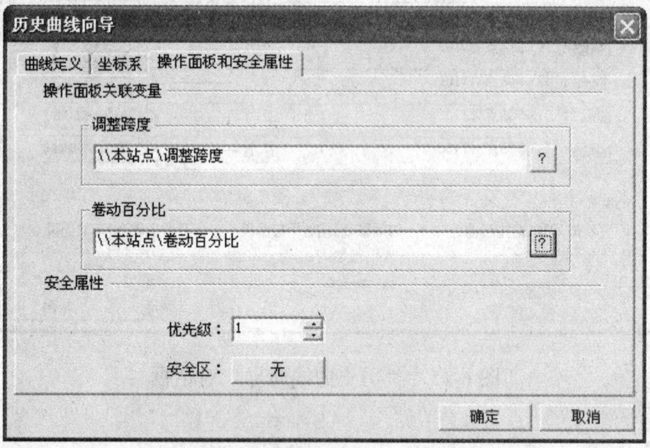

图 6-17　图库历史曲线操作面板和安全属性对话框

操作面板关联变量：定义 X 轴（时间轴）缩放平移的参数，即操作按钮对应的参数。包括调整跨度和卷动百分比。

调整跨度：历史趋势曲线可以向左或向右平移一个时间段，利用该变量来改变平移时间段的大小。该变量是一个整型变量，需要预先在数据词典中定义。

卷动百分比：历史趋势曲线的时间轴可以左移或右移一个时间百分比，百分比是指移动量与趋势曲线当前时间轴长度的比值，利用该变量来改变该百分比的值大小。该变量是一个整型变量，需要预先在数据词典中定义。

对于调整跨度和卷动百分比这两个变量，用户只需要在数据词典中定义好，在历史曲线的操作按钮上已经建立好命令语言连接，单击“?”按钮，弹出“选择变量名”对话框，找到在数据词典中定义过的“调整跨度”和“卷动百分比”这两个变量并选择即可。

6.3.4.3　*图库历史趋势曲线的操作运行*

因为画面运行时不自动更新历史趋势曲线图表，所以需要为历史趋势曲线建立操作按钮，时间轴缩放平移面板就是提供一系列建立好命令语言连接的操作按钮，如图 6-18 所示，完成查看功能。

图 6-18　历史趋势曲线操作按钮

6.3.5　历史趋势曲线控件

6.3.5.1　*历史趋势曲线控件的绘制*

在组态王开发系统中新建画面，在工具箱中单击“插入通用控件”或选择菜单“编辑”的“插入通用控件”命令，弹出“插入控件”对话框，在列表中选择“历史趋势曲线”，单击“确定”按钮，对话框自动消失，光标箭头变为小“十”字形，在画面上选择控件的左上角，按下鼠标左键并拖动，画面上显示出一个虚线的矩形框，该矩形框为创建后的曲线的外框。当达到所需大小时，松开鼠标左键，则历史曲线控件创建成功，画面上显示出该曲线，如图 6-19 所示。拖动历史趋势曲线控件图素四周的矩形柄，可以任意移动、缩放历史趋势曲线控件。

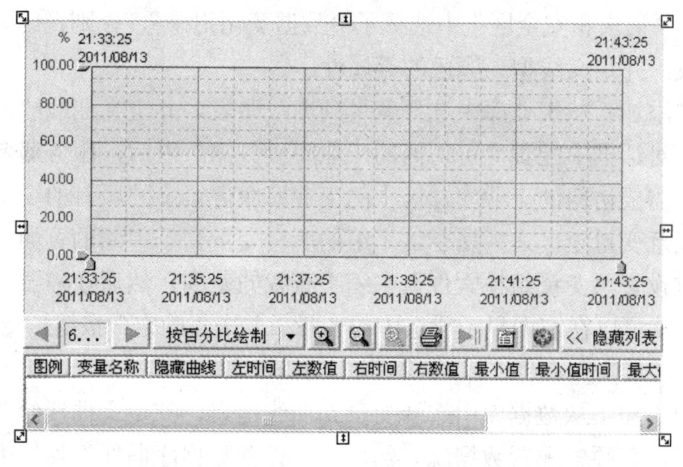

图 6-19　历史曲线控件

6.3.5.2　*设置历史趋势曲线控件的属性*

历史曲线控件创建完成后，在控件上右击，在弹出的快捷菜单中选择“控件属性”命令，弹出历史曲线控件的固有属性对话框，如图 6-20 所示。

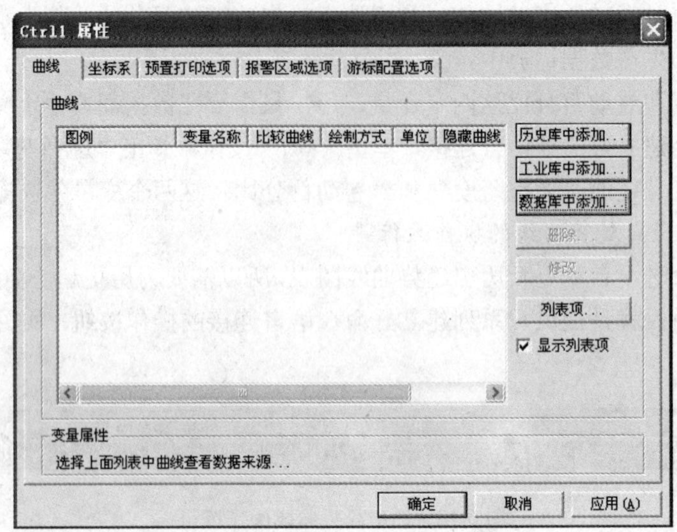

图 6-20　历史趋势曲线控件的固有属性

控件固有属性含有以下几个属性页：曲线、坐标系、预置打印选项、报警区域选项、游标配置选项。

历史趋势曲线控件的固有属性如图 6-20 所示，曲线属性页的下半部分为说明定义在绘制曲线时历史数据的来源。曲线中数据的来源，可以是组态王历史库、工业库或其它通过 ODBC 连接的数据源。曲线属性页上半部分是“曲线”列表，包括定义曲线图表初始状态的曲线变量、绘制曲线的方式、是否进行曲线比较等。

（1）历史库中添加：从历史库中选择变量到曲线图表，并定义曲线绘制方式。单击“历史库中添加...”按钮后弹出如图 6-21 所示对话框，左面“本站点”的变量都是在“数据词典”中“定义变量”下“记录和安全区”中选择了“数据变化记录”，否则在此处不可见。选中变量作历史记录曲线，并定义线型、颜色的等属性。

（2）工业库中添加：从工业库中选择变量到曲线图表，并定义曲线绘制方式。在“设置工业库曲线属性”对话框中配置“可访问的工业库服务器”以后，服务器名称一栏列出可访问的工业库，选择需要访问的工业库，选中的工业库服务器中的所有的变量组名称显示在左列，用户可选定任意变量组，之后属于这个组的所有变量列于中间的页面。在变量过多的时候，用户可以通过设置“变量组检索件”来缩小查找的范围，然后在需要的变量名前面的小方框中打上对勾，就可以在右面显示所选中的变量。单击“确定”按钮，“变量名称”列出所选变量。

（3）数据库中添加：从数据库中选择变量到曲线图表，并定义曲线绘制方式。若选择从数据库中添加变量，必须先配置数据源。然后在“设置数据库曲线”属性中配置其它属性及变量的曲线定义。

其它的坐标系属性、预置打印选项属性、报警区域选项属性、游标配置选项属性比较简单，用户可根据自己的需要进行简单配置即可。

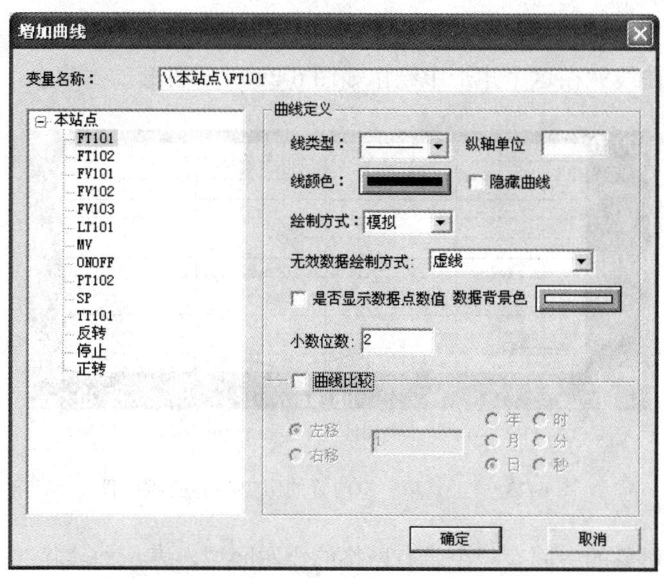

图 6-21　从历史库中添加曲线的属性设置

6.3.5.3　历史趋势曲线控件的运行

配置完成所有的历史趋势曲线控件属性后，切换到运行状态，如图 6-22 所示。

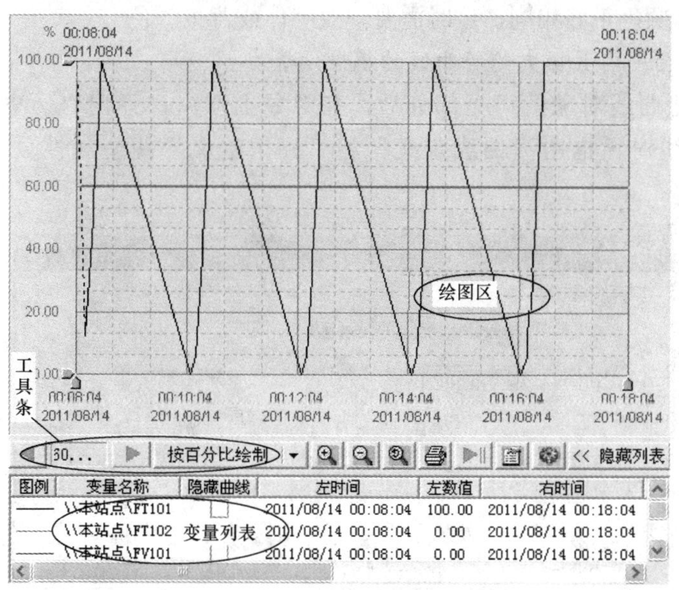

图 6-22　历史趋势曲线控件的运行

与工具箱中的组态王内置历史趋势曲线不同的是，在由控件制作的历史趋势曲线运行过程中，可以通过工具条上的功能按钮增减曲线、设置曲线参数等，非常方便。

6.3.6　工具箱中内置的历史趋势曲线

6.3.6.1　工具箱中内置历史趋势曲线的绘制

在组态王开发系统中制作画面时，选择菜单“工具”→“历史趋势曲线”项或单击工具箱中的“画历史趋势曲线”按钮，光标在画面中变为“十”字形。在画面中用鼠标画出一个矩形，历史趋势曲线就在这个矩形中绘出如图 6-23 所示图形。

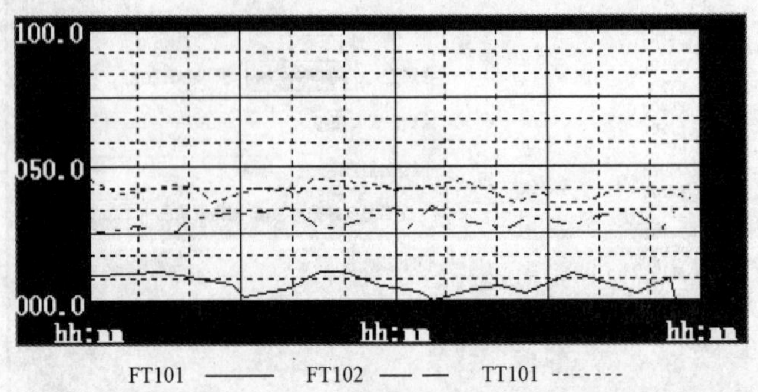

图 6-23 “工具箱”中内置的历史趋势曲线控件

历史趋势曲线对象的中间有一个带有网格的绘图区域，表示曲线将在这个区域中绘出，网格左方和下方分别是 X 轴（时间轴）和 Y 轴（数值轴）的坐标标注。可以通过选中历史趋势曲线对象（周围出现 8 个小矩形）来移动位置或改变大小。通过调色板工具或相应的菜单命令可以改变趋势曲线的笔属性和填充属性，笔属性是趋势曲线边框的颜色和线型，填充属性是边框和内部网格之间的背景颜色和填充模式。工程人员有时见不到坐标的标注数字是因为背景颜色和字体颜色正好相同，这时需要修改字体或背景颜色。

6.3.6.2 工具箱中内置历史趋势曲线的属性设置

生成历史趋势曲线对象的可见部分后，在对象上双击，弹出“历史趋势曲线”对话框。历史趋势曲线对话框由“曲线定义”和“标识定义”两个属性页组成，如图 6-24 所示。

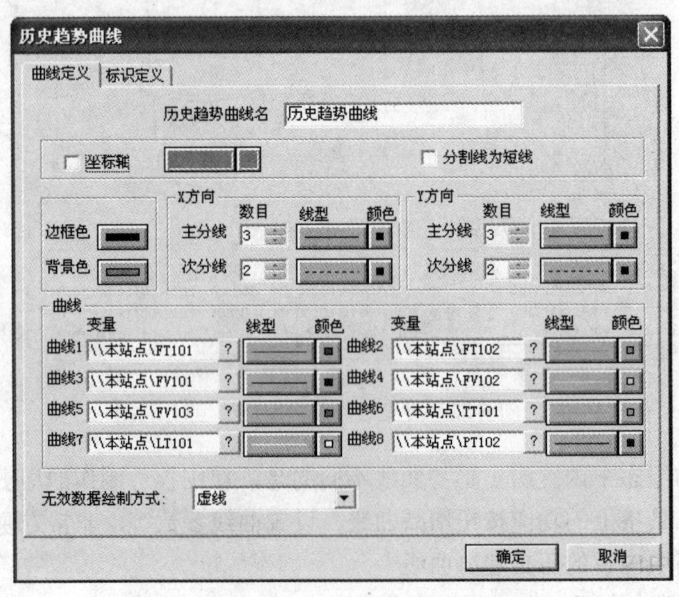

图 6-24 工具箱中内置历史趋势曲线的属性设置

工具箱中内置历史趋势曲线的属性设置方法与工具箱中内置实时趋势曲线的属性设置方法基本相同。

6.3.6.3　工具箱中内置历史趋势曲线的运行

因为画面运行时不自动更新历史趋势曲线画面，如果需要对曲线进行操作，则应为历史趋势曲线建立操作按钮，通过命令语言或使用函数改变历史趋势曲线变量的域，才能完成查看、打印、换笔等功能。这里只能按“标识定义”中的设置进行历史趋势曲线的绘制。

运行效果如图 6-25 所示。

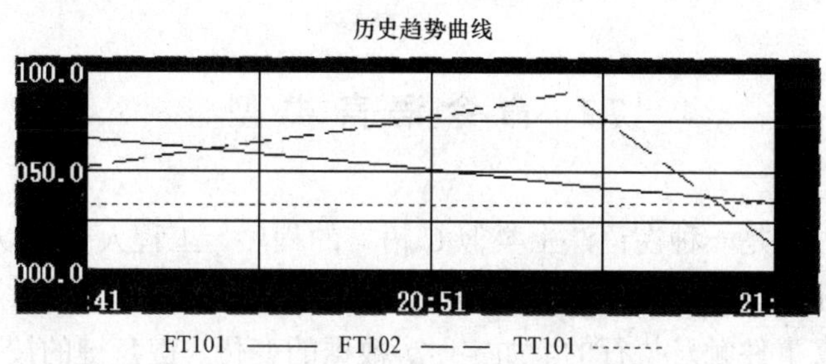

图 6-25　工具箱中内置历史趋势曲线的运行

第7章

命 令 语 言

7.1 命令语言类型

组态王中命令语言是一种在语法上类似C语言的程序，工程人员可以利用这些程序来增强应用程序的灵活性，进行处理算法和操作等。

命令语言都是靠事件触发执行的，如定时、数据的变化、键盘键的按下、鼠标的单击等。根据事件和功能的不同，命令语言包括应用程序命令语言、热键命令语言、事件命令语言、数据改变命令语言、自定义函数命令语言、动画连接命令语言和画面命令语言等，具有完备的词法语法查错功能和丰富的运算符、数学函数、字符串函数、控件函数、SQL函数和系统函数。各种命令语言通过命令语言编辑器编辑输入，在组态王运行系统中被编译执行。

应用程序命令语言、热键命令语言、事件命令语言、数据改变命令语言可以称为后台命令语言，它们的执行不受画面是否打开的限制，只要符合条件就可以执行。另外，可以使用运行系统中的菜单“特殊”→“开始执行后台任务”和“特殊”→“停止执行后台任务”来控制所有这些命令语言是否执行，而画面和动画连接命令语言的执行不受影响。同时，也可以通过修改系统变量“$启动后台命令语言”的值来实现上述控制，该变量值置0时停止执行，置1时开始执行。

7.1.1 应用程序命令语言

在工程浏览器的目录显示区，选择“文件”→“命令语言”→“应用程序命令语言”选项，则在右边的内容显示区出现“请双击这儿进入<应用程序命令语言>对话框…”图标，双击该图标弹出如图7-1所示的应用程序命令语言编辑器。

命令语言编辑器是组态王提供的用于输入、编辑命令语言程序的地方。所有命令语言编辑器的大致界面和主要部分及功能都相同，唯一不同的是，按照触发条件的不同，在界面上触发条件部分会有所不同。

应用程序命令语言是指在组态王运行系统应用程序启动时、运行期间和程序退出时执行的命令语言程序。如果是在运行系统运行期间，该程序按照指定时间间隔定时执行。

当选择“运行时”标签时，会有输入执行周期的编辑框“每…毫秒”，输入执行周期，则组态王运行系统运行时，无论是否打开画面，都将按照该时间周期性地执行这段命令语言程序；选择“启动时”标签，在该编辑器中输入命令语言程序，该段程序只在运行系统程序启动时执行一次；选择“停止时”标签，在该编辑器中输入命令语言程序，该段程序只在运行系统程序退出时执行一次。

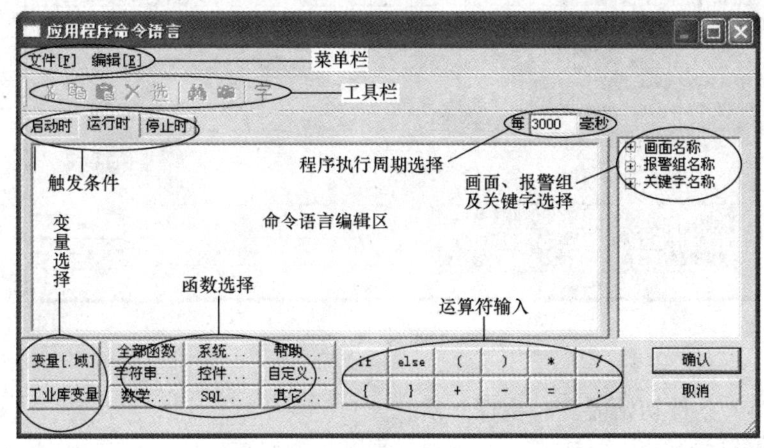

图 7-1　应用程序命令语言编辑器

7.1.2　数据改变命令语言

在工程浏览器中选择命令语言——数据改变命令语言，在浏览器右侧双击“新建…”，弹出数据改变命令语言编辑器，如图 7-2 所示。数据改变命令语言触发的条件为连接的变量或变量的域的值发生了变化。

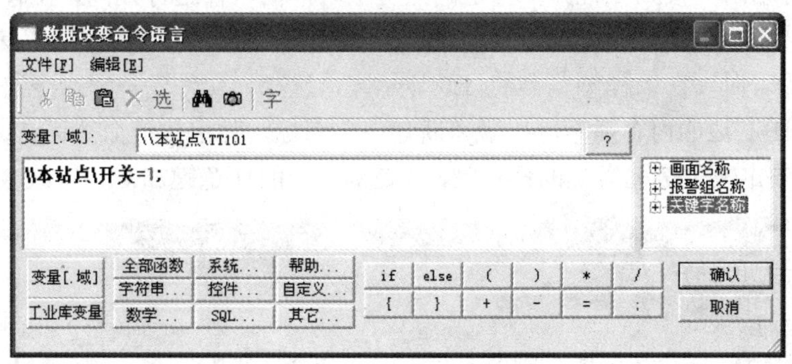

图 7-2　数据改变命令语言编辑器

在命令语言编辑器的“变量[.域]”编辑框中输入变量名称或变量的域或通过单击“？”按钮来选择变量名称（如“混合液体温度”）或变量的域（如“混合液体温度.Alarm”）。这里可以连接任何类型的变量和变量的域，如离散型、整型、实型、字符串型等。当连接的变量的值发生变化时，系统会自动执行该命令语言程序。

图 7-2 中的数据改变命令语言的功能是：只要变量 TT101 的值发生变化时（不论是变大还是变小），变量“开关”就被置“1”，即打开“开关”。

7.1.3　事件命令语言

事件命令语言是指当规定的表达式的条件成立时执行的命令语言，如某个变量等于定值，某个表达式描述的条件成立。在工程浏览器中选择命令语言——事件命令语言，在浏览器右侧双击“新建…”，弹出事件命令语言编辑器，如图 7-3 所示。

事件命令语言有以下三种类型：

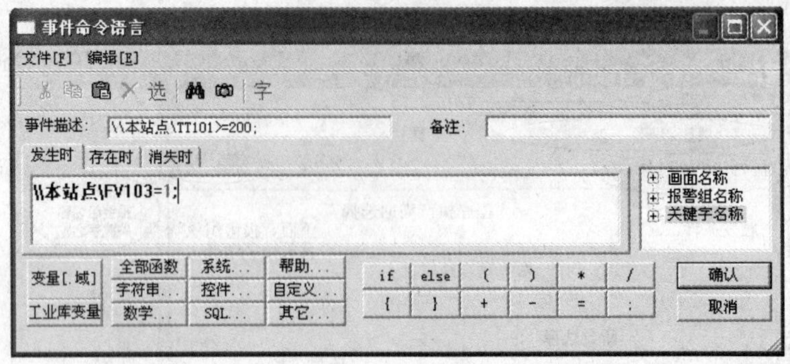

图 7-3　事件命令语言编辑器

发生时：事件条件初始成立时执行一次。

存在时：事件存在时定时执行，在“每…毫秒”编辑框中输入执行周期，则当事件条件成立存在期间周期性执行命令语言。

消失时：事件条件由成立变为不成立时执行一次。

图 7-3 中的事件命令语言的功能是：只要变量 TT101 的值大于或等于 200，变量 FV103 就被置“1”，即打开阀门 FV103。

7.1.4　热键命令语言

当热键命令语言链接到工程人员指定的热键上时，在软件运行期间，工程人员随时按下键盘上相应的热键都可以启动命令语言程序。热键命令语言可以指定使用权限和操作安全区。输入热键命令语言时，在工程浏览器的目录显示区，选择“文件”→“命令语言”→“热键命令语言”，双击右边的内容显示区出现“新建…”图标，弹出热键命令语言编辑器，如图 7-4 所示。热键的定义可是键盘上的任意键，或是键盘上的任意键加 Ctrl 键或 Shift 键的组合。

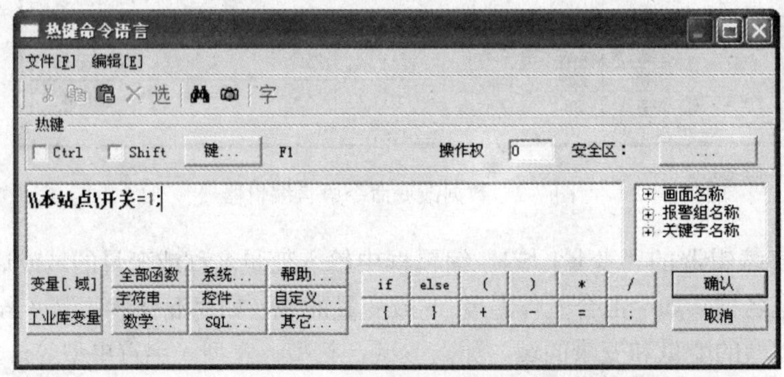

图 7-4　热键命令语言编辑器

图 7-4 中的热键命令语言的功能是：按下 F1 键，变量“开关”就被置“1”，即打开“开关”。

7.1.5　用户自定义函数

如果组态王提供的各种函数不能满足工程的特殊需要，组态王还提供用户自定义函数功能。用户可以自己定义各种类型的函数，通过这些函数能够实现工程特殊的需要，如特殊算法、模块化的公用程序等，都可通过自定义函数来实现。

自定义函数是利用类似 C 语言来编写的一段程序，其自身不能直接被组态王触发调用，必须通过其他命令语言来调用执行。

编辑自定义函数时，在工程浏览器的目录显示区，选择“文件”→“命令语言”→“自定义函数命令语言”选项，在右边的内容显示区出现“新建”图标，用鼠标双击此图标，将出现“自定义函数命令语言”对话框，如图 7-5 所示。

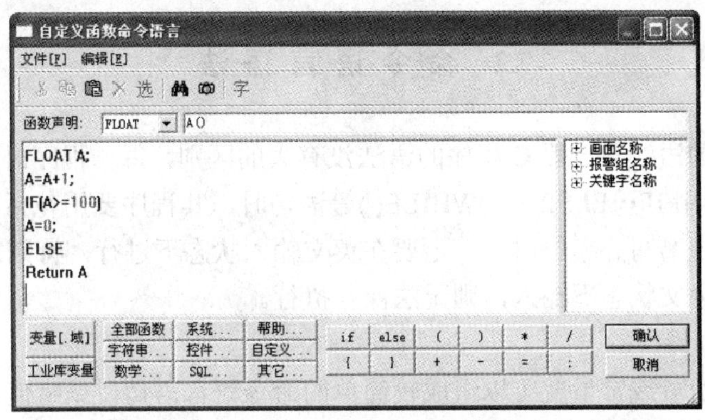

图 7-5　用户自定义函数命令语言编辑器

自定义函数里有六个关键字，分别是 LONG、FLOAT、STRING、BOOL、VOID、RETURN，大小写均可，语法含义和 C 语言类似：

LONG：表示数据/变量类型为整型；

FLOAT：表示数据/变量类型为实型；

STRING：表示数据/变量类型为字符型；

BOOL：表示数据/变量类型为布尔型；

VOID：表示函数无返回值或返回值类型为空（NULL）类型；

RETURN：表示函数的返回值，并且返回到主调函数中。

自定义函数的语法与 C 语言中定义子函数的格式类似。自定义函数命令语言是由变量定义部分和可执行语言组成的单独实体。

自定义函数定义的内容为：①自定义函数类型（函数返回值类型）；②函数名和参数类型及名称；③函数体内容。

在“函数声明”后的列表框中选择函数返回值的数据类型，包括 VOID、LONG、FLOAT、STRING、BOOL，按照需要选择一种。如果函数没有返回值，则直接选择“VOID”。

在“函数声明”数据类型后的文本框中输入该函数的名称，不能为空。函数名称的命名应该符合组态王的命名规则，不能为组态王中已有的关键字或变量名。函数名后应该加小括号“()”，如果函数带有参数，则应该在括号内声明参数的类型和参数名称。参数可以设置多个。

在函数体（执行代码）编辑框中输入要定义的函数体程序内容。在函数内容编辑区内，可以使用自定义变量。函数体内容是指自定义函数所要执行的功能。函数体中的最后部分是返回语句。如果该函数有返回值，则使用 Return Value（Value 为某个变量的名称）。对于无返回值的函数也可以使用 Return，但只能单独使用 Return，表示当前命令语言或函数执行结束。

自定义函数中的函数名称和在函数中定义的变量不能与组态王中定义的变量、组态王的关键字、函数名等相同。

图 7-5 中的自定义函数的功能：实现自己（A）自动加 1，当 A 大于或等于 100 时，自动置 0。A 值是一个 0～100 不停变化的无限循环的数。在做动画连接时经常要用到这样的数，如果自定义了这样一个函数，就可以随时调用。

7.2 命令语言语法

命令语言程序的语法与一般 C 程序的语法没有大的区别，每一程序语句的末尾应该用分号（;）结束，在使用 IF…ELSE…、WHILE()等语句时，其程序要用花括号（{}）括起来。在命令语言编辑器中书写、编辑时，一定要在英文输入状态下进行，特别是一些运算符号、标点符号，如果在中文状态下输入，则无法保存执行。

7.2.1 运算符

用运算符连接变量或常量就可以组成较简单的命令语言语句，如赋值、比较、数学运算等。命令语言中可使用的运算符以及运算符优先级与连接表达式相同。运算符有以下几种：

～ 取补码，将整型变量变成“2”的补码

* 乘法

/ 除法

% 模运算

＋ 加法

－ 减法（双目）

& 整型量按位与

| 整型量按位或

^ 整型量异或

&& 逻辑与

|| 逻辑或

! 逻辑非

< 小于

> 大于

<= 小于或等于

>= 大于或等于

= = 等于（判断）

!= 不等于

= 等于（赋值）

( ) 括号，保证运算按所需次序进行。

表达式运算时，应按运算符的优先级由高到低执行、首先计算最高优先级的算符，再依次计算较低优先级的算符。

运算符的优先级如下（同一行的算符有相同的优先级）：

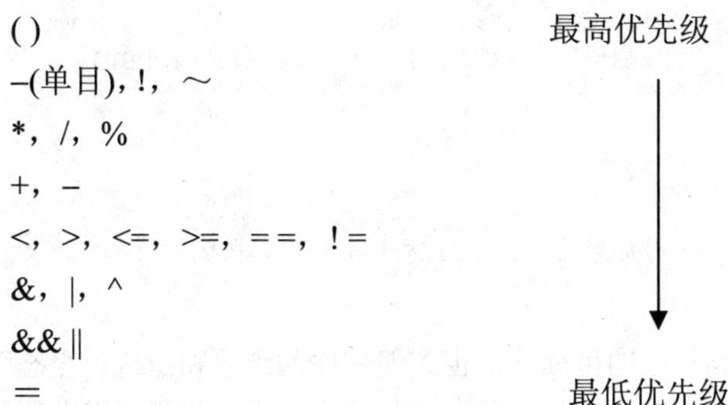

7.2.2　赋值语句

赋值语句用得最多，语法如下：

```
变量(变量的可读写域)=表达式;
```

可以给一个变量赋值，也可以给可读写变量的域赋值，如：

```
\\本站点\开关=1;                    //表示将自动开关置为开(1 表示开,0 表示关)
\\本站点\FT101.priority=3;          //表示将变量 FT101 的报警优先级设为 3
```

7.2.3　IF…ELSE 语句

IF…ELSE 语句用于按表达式的状态有条件地执行不同的程序，可以嵌套使用。语法为：

```
IF(表达式)
{
一条或多条语句;
}
ELSE
{
一条或多条语句;
}
```

IF…ELSE 语句里如果是单条语句，可省略花括号（{ }），多条语句必须在一对花括号中，ELSE 分支可以省略。

【例 7-1】 将离散型变量设为相反状态。

```
IF(\\本站点\FV103==1)
\\本站点\FV103=0;                   //将离散变量"出料阀"设为 0 状态
ELSE
\\本站点\FV103=1;
```

上述语句表示将内存离散变量“FV103”设为相反状态。此处 IF…ELSE 是单条语句，可以省略“{ }”。

【例 7-2】 利用 IF…ELSE 语句实现液位位式控制。控制要求 10 <=LT101<=90。组态流程图如图 7-6 所示。

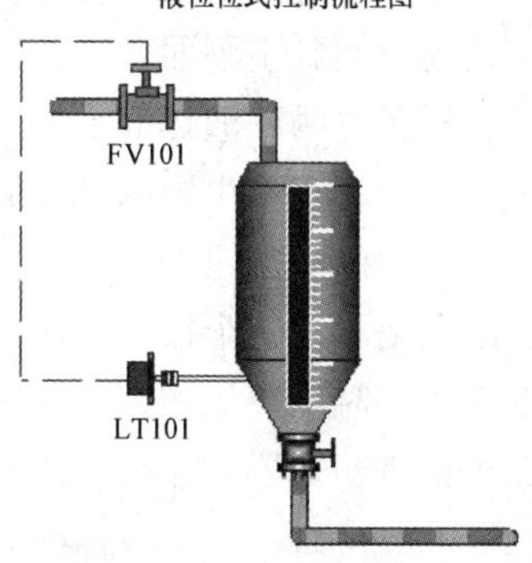

图 7-6　液位位式控制流程图

命令语言如下：

```
//液位位式控制//
IF(\\本站点\LT101<=10)
{
\\本站点\FV101=1;
```

```
}
ELSE                                //如果液位 LT101 小于等于 10,打开阀门 FV101;//
IF(\\本站点\LT101>=90)
{
\\本站点\FV101=0;
}
ELSE                                //如果液位 LT101 大于等于 90，关闭阀门 FV101;
```

7.2.4 命令语言程序的注释方法

对命令语言程序添加注释，可提高程序的可读性，也方便程序的维护和修改。组态王的所有命令语言中都支持注释，注释的方法分为单行注释和多行注释两种。注释可以在程序的任何地方进行。

单行注释在注释语句的开头加注释符“//”；多行注释是在注释语句前加“/*”，在注释语句后加“*/ “。多行注释也可以用在单行注释上。

7.3 一些常用命令语言的介绍

7.3.1 ShowPicture

此函数用于显示画面。调用格式

```
ShowPicture("PictureName");
```

PictureName：画面名称。

7.3.2 ClosePicture

此函数用于将已调入内存的画面关闭，并从内存中删除。

语法格式：`ClosePicture("PictureName");`

PictureName：画面名称。

ShowPicture("PictureName")和 ClosePicture("PictureName")这两条命令是专门用来进行画面切换的。

【例 7-3】 在演示工程“两种液体混合加热”中进行画面之间的切换。

一个组态工程完成之后，可能有很多画面，要实现画面之间的切换，有很多方法，这里介绍一种用按钮来实现的方法。

思路：首先要以一幅换面为主，在主画面上能分别切换到其它画面，在其它画面上设置按钮能返回到主画面。

对于“两种液体混合加热”的演示工程，以“工艺流程图”为主画面，在主画面上设置多个按钮（有多少画面就设置多少按钮），如图 7-7 所示。

主画面中按钮“实时报警”的制作设置：在主画面上，鼠标单击工具箱上的按钮▢，在主画面上画出一个按钮，在按钮上右击选择“字符串替换”，将按钮名称改写为“实时报警”，双击“实时报警”按钮，弹出“动画连接”对话框，单击命令语言连接按钮“弹起时”弹出命令语言编辑器，在命令语言编辑区中写入：

```
ShowPicture("实时报警");          /* 打开"实时报警窗口"*/
ClosePicture("工艺流程图");       /* 关闭"工艺流程图窗口" */
```

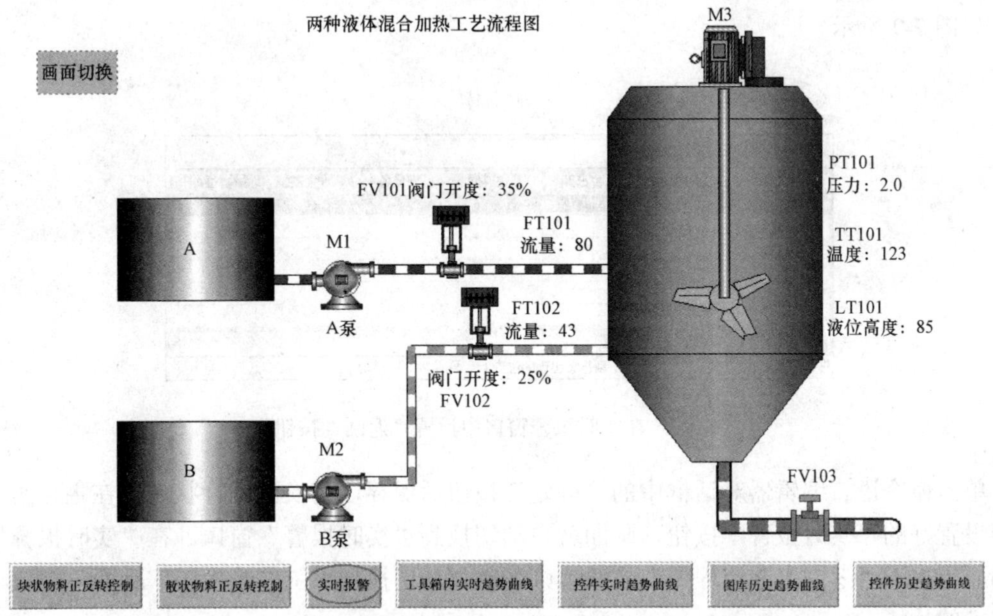

图 7-7　利用按钮实现画面的切换

如图 7-8 所示。

在打开另一个窗口的同时，必须关闭当时的窗口。

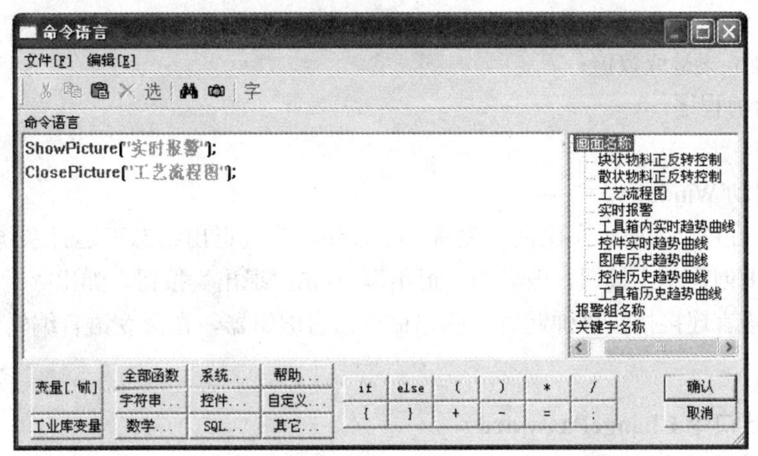

图 7-8　编辑按钮的命令语言

单击命令语言编辑器对话框中的“确定”按钮后保存，切换到运行状态，在主画面上单击刚才设置好的“实时报警”按钮，画面就自动切换到“实时报警”窗口。

同样的方法，在“实时报警”窗口中，创建一个按钮，名称为“返回工艺流程图”，双击“返回工艺流程图”按钮，弹出“动画连接”对话框，单击命令语言连接按钮“弹起时”弹出命令语言编辑器，在命令语言编辑区中写入：

```
ShowPicture("工艺流程图");          /* 打开"工艺流程图口窗口" */
ClosePicture("实时报警");           /* 关闭"实时报警窗窗口" */
```

如图 7-9 所示。

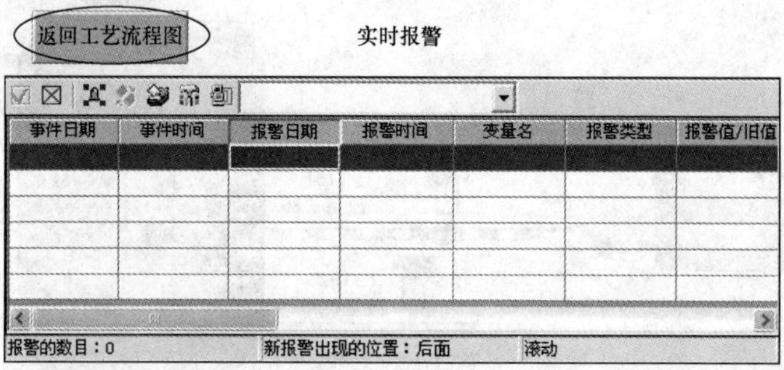

图 7-9 在实时报警窗口中设置“返回”按钮

单击命令语言编辑器对话框中的“确定”按钮后保存，切换到运行状态，在主画面上单击刚设置好的“实时报警”按钮，画面就自动切换到“实时报警”窗口。在“实时报警”窗口画面上按下“返回工艺流程图”按钮，画面就自动切换到“工艺流程图”画面，完成了画面切换的功能。

7.3.3 Exit

此函数使组态王运行环境退出。调用形式：

```
Exit(Option);
```

参数如下：

Option：整型变量或数值；

0：退出当前程序；

1：关机；

2：重新启动 Windows。

【例 7-4】 在图 7-7 所示主画面上设置一个按钮，实现退出组态王运行系统。

在主画面上创建一个按钮，改名为“退出”，双击“退出”按钮，弹出“动画连接”对话框，单击命令语言连接按钮“弹起时”弹出命令语言编辑器，在命令语言编辑区中写入：

```
Exit(0)
```

7.3.4 更改口令 ChangePassword

此函数显示“更改口令”对话框，允许登录工程人员更改其登录口令。

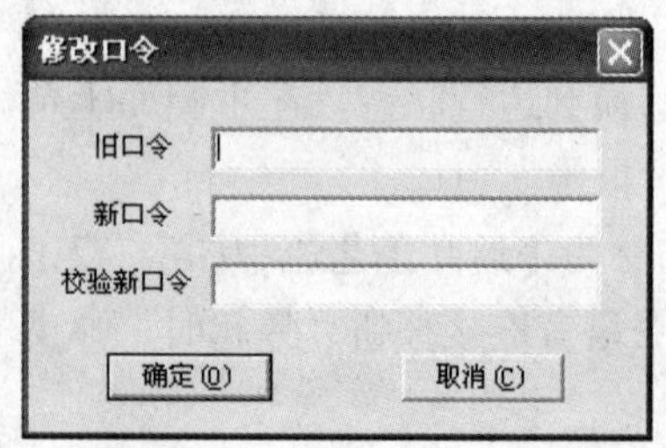

图 7-10 “修改口令”对话框

使用格式：

```
ChangePassword();
```

在组态王运行状态下，以某一用户登录后用户要修改口令时，用此命令配合按钮实现。

为画面上的“更改口令”按钮设置命令语言连接：

```
ChangePassword();
```

运行时单击此按钮，弹出如图 7-10 所示对话框。

提示工程人员输入当前的口令和新口令以及验证新口令。完全正确后，工程人员的口令设置为新值。

7.3.5　配置用户 EditUsers

此函数常用于按钮的命令语言连接，功能是在画面程序运行中配置工程人员。调用形式：

```
EditUsers();
```

在组态王运行状态下，以某一用户登录后用户要配置用户（增减用户或修改用户权限等）时，用此命令配合按钮实现。

为画面上的“配置用户”按钮设置命令语言连接：

```
EditUsers();
```

运行时单击所定义按钮，弹出如图 7-11 所示的对话框。

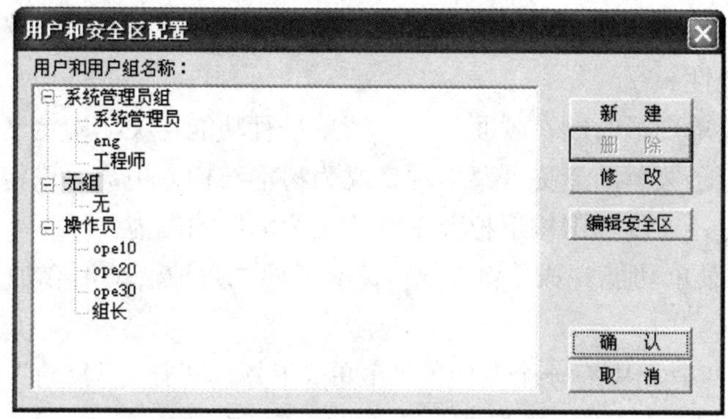

图 7-11　“用户和安全区配置”对话框

为便于配置其他工程人员，当前工程人员的权限必须不小于 900。为了安全起见，可用“隐含”、“显示”的方法来设置该按钮，当权限大于 900 时才能显示该按钮。

7.3.6　退出登录 LogOff

此函数用于在 TOUCHVIEW 中退出登录，无参数。调用格式：

```
LogOff();
```

一般此函数配合按钮使用，为画面上的“退出登录”按钮设置命令语言连接：

```
LogOff();
```

在运行状态下单击此按钮，可实现在 TOUCHVIEW 中退出登录。

7.3.7 登录 LogOn

此函数用于在 TouchView 中登录，无参数。调用格式：

```
LogOn();
```

一般此函数配合按钮使用，为画面上的“登录”按钮设置命令语言连接：

```
LogOn();
```

在运行状态下单击该按钮，可实现在 TOUCHVIEW 中登录，弹出“登录”对话框如图 7-12 所示。

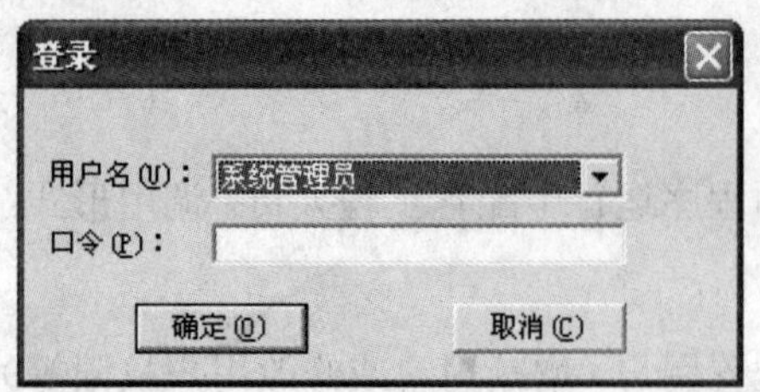

图 7-12 “登录”对话框

工程人员在此对话框中输入用户名和口令，以获得操作权限。

7.3.8 菜单制作命令语言

菜单制作命令语言有：

menuindex：第一级菜单项的索引号；

childmenuindex：第二级菜单项的索引号。当没有第二级菜单项时，在命令语言中条件应为 childmenuindex ==−1 或不写。

在命令语言编辑区中，按照工程需要对 menuindex 和 childmenuindex 的不同值定义不同的功能。menuindex 和 childmenuindex 都是从等于 0 开始，menuindex==0 表示一级菜单中的第一个菜单；childmenuindex==0 表示所属一级菜单中的第一个二级菜单。

用户将经常要调用的功能做成菜单形式，方便用户管理，并且对该菜单可以设置权限，提高系统操作的安全性。

在工具箱中将菜单图形绘制在画面上，对菜单进行功能定义，即定义菜单下的各功能项及其功能，定义各个子菜单的名称。菜单项定义为树形结构，用户可以将各个功能做成下拉菜单的形式，运行时，通过单击该下拉菜单完成用户需要的功能。

【例 7-5】 利用菜单功能完成［例 7-3］演示工程“两种液体混合加热”中画面之间的切换。

（1）创建菜单。工具箱中有一个专门的“菜单”工具，单击“工具箱”→“菜单”按钮，或单击“工具”→“菜单”，光标变为“十”字形，首先将光标置于一个起始位置，此位置就是矩形菜单按钮的左上角。按下并拖曳鼠标，牵拉出菜单按钮的另一个对角顶点即可。在牵拉矩形菜单按钮的过程中其大小是以虚线矩形框表示的。松开鼠标左键则菜单出现并固定，如图 7-13 所示。

（2）菜单定义。绘制出菜单后，更重要的是对菜单进行功能定义，即定义菜单下的各功能项及其功能。双击绘制出的菜单按钮或者在菜单按钮上右击，选择“动画连接”，将弹出“菜单定义”对话框，如图 7-14 所示。

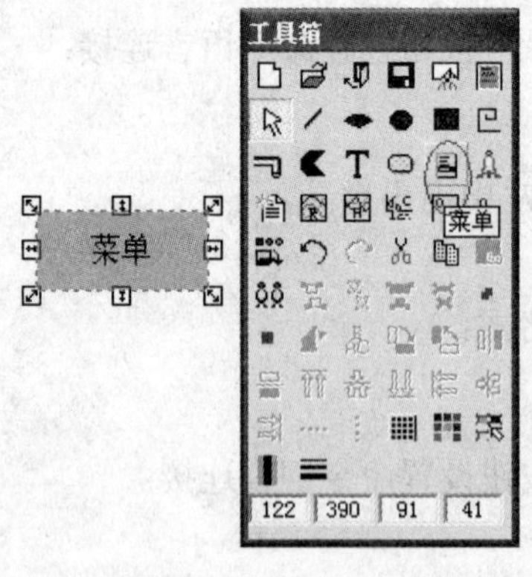

图 7-13 利用工具箱在画面上创建菜单

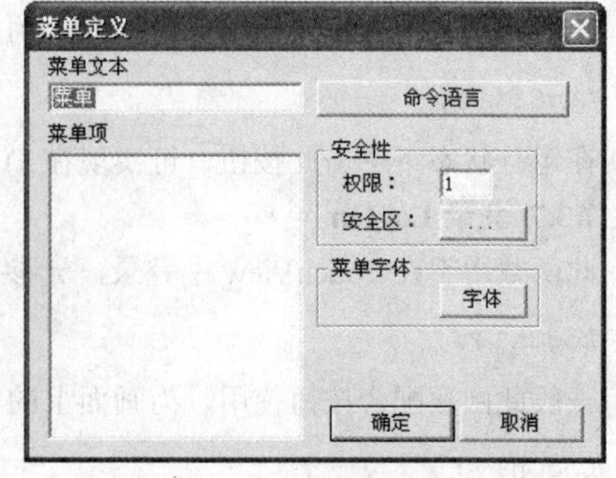

图 7-14 “菜单定义”对话框

菜单文本：定义主菜单的名称，用户可以输入任何文本，包括空格，字符长度不能超过

31 个字符。

菜单项：定义各个子菜单的名称。菜单项定义为树形结构，用户可以将各个功能做成下拉菜单的形式，运行时，通过单击该下拉菜单完成用户需要的功能。自定义菜单支持到二级菜单。每级菜单最多可定义 255 个项或子项，两级菜单名都可输入任何文本，包括空格，字符长度不能超过 31 个字符。两级菜单定义方法如下：

一级菜单：单击“菜单项”下的编辑框，出现快捷菜单命令，如图 7-15 所示。 选择“新建项”命令，菜单项内出现输入子菜单名称状态，即可新建第一级子菜单。当输入完一项时，按回车键或是单击鼠标即可完成新建项输入。或是直接使用快捷键 Ctrl+N，也可出现输入第一级子菜单名称。

二级菜单：用光标选中想要新建子菜单的一级菜单，右击，出现快捷菜单命令，选择“新建子项”。

演示工程“两种液体混合加热”共有 11 个画面，利用菜单实现画面的切换。建立菜单、子菜单如图 7-16 所示。

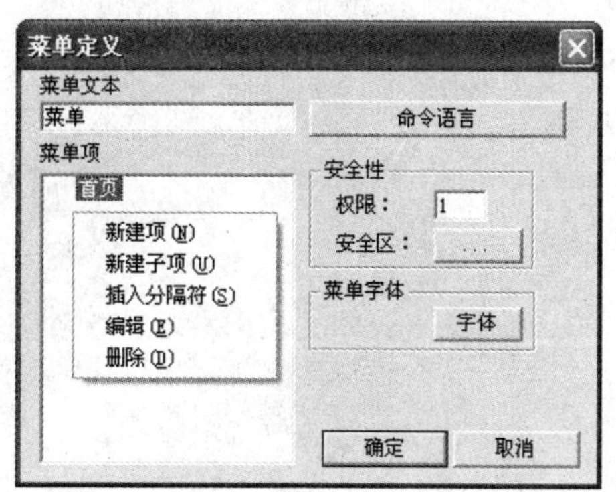

图 7-15　定义一级菜单

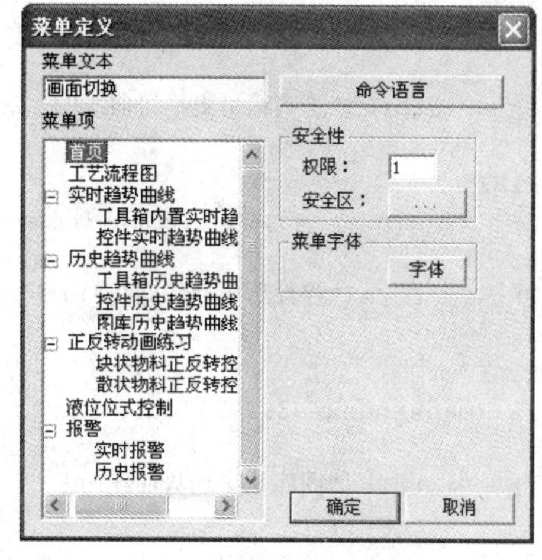

图 7-16　定义二级菜单项

（3）命令语言。自定义菜单就是允许用户在运行时单击菜单各项执行已定义的功能。单击“命令语言”按钮可以调出“命令语言”界面，在编辑区书写命令语言来完成菜单各项要执行的功能。

menuindex：第一级菜单项的索引号；

ChildMenuInde：第二级菜单项的索引号。当没有第二级菜单项时，在命令语言中条件应为 ChildMenuIndex==−1。

在命令语言编辑区中按照工程需要对 menuindex 和 ChildMenuIndex 的不同值定义不同的功能。menuindex 和 ChildMenuIndex 都是从等于 0 开始，menuindex==0 表示一级菜单中的第一个菜单，ChildMenuIndex==0 表示所属一级菜单中的第一个二级菜单。

在“命令语言”界编辑区内写入下列命令语言：

```
IF(menuindex==0)
{
ShowPicture("首页");
```

```
}
ELSE
IF(menuindex==1)
{
ShowPicture("工艺流程图");
}
ELSE
IF(menuindex==2&&ChildMenuIndex==0)
{
ShowPicture("工具箱内实时趋势曲线");
}
ELSE
IF(menuindex==2&&ChildMenuIndex==1)
{
ShowPicture("控件实时趋势曲线");
}
ELSE
IF (menuindex==3&&ChildMenuIndex==0)
{
ShowPicture("工具箱历史趋势曲线");
}
ELSE
IF (menuindex==3&&ChildMenuIndex==1)
{
ShowPicture("控件历史趋势曲线");
}
ELSE
IF (menuindex==3&&ChildMenuIndex==2)
{
ShowPicture("图库历史趋势曲线");
}
ELSE
IF (menuindex==4&&ChildMenuIndex==0)
{
ShowPicture("块状物料正反转控制");
}
ELSE
IF (menuindex==4&&ChildMenuIndex==1)
{
ShowPicture("散状物料正反转控制");
}
ELSE
IF (menuindex==5)
{
ShowPicture("液位位式控制");
}
ELSE
IF (menuindex==6&&ChildMenuIndex==0)
{
ShowPicture("实时报警");
}
```

```
ELSE
IF (menuindex==6&&ChildMenuIndex==1)
{
ShowPicture("历史报警");
}
ELSE
```

在上述语句中，由于 IF 后都是单条语句，因此可省略花括号（{ }），ELSE 也可以省略。

至此，菜单“画面切换”全部定义完成，将菜单“画面切换”分别复制到每个画面，全部保存后运行，就可以利用菜单完成画面之间的切换。

利用菜单按钮与利用命令语言“ShowPicture("xxx");ClosePicture("xxx");”制作的画面切换功能相比较，用“菜单”制作的要简洁很多，一个“菜单”按钮就可以实现所有画面的任意切换。

【例 7-6】 十字路口交通灯的控制，控制要求：

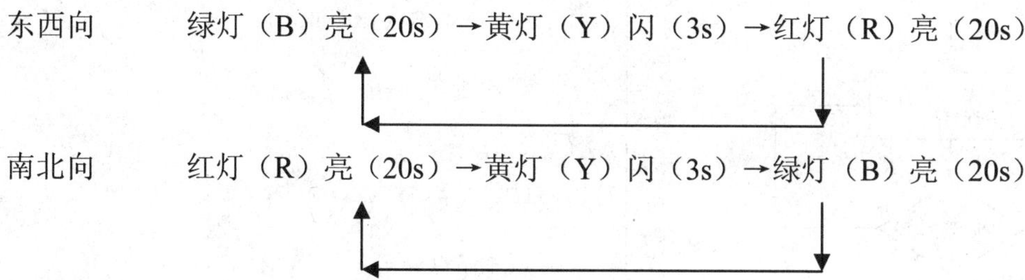

设计思路：根据题目的控制要求，东西向的红灯亮的时间和南北向的绿灯亮的时间相同，东西向的黄灯闪的时间和南北向的黄灯闪的时间也相同，东西向的 R、Y、B 灯可分别并联，南北向的 R、Y、B 灯也可分别并联，东西向的 B=南北向的 R，东西向的 Y=南北向的 Y，所以共需要三个变量。摆放位置及接线位置如图 7-17 所示。

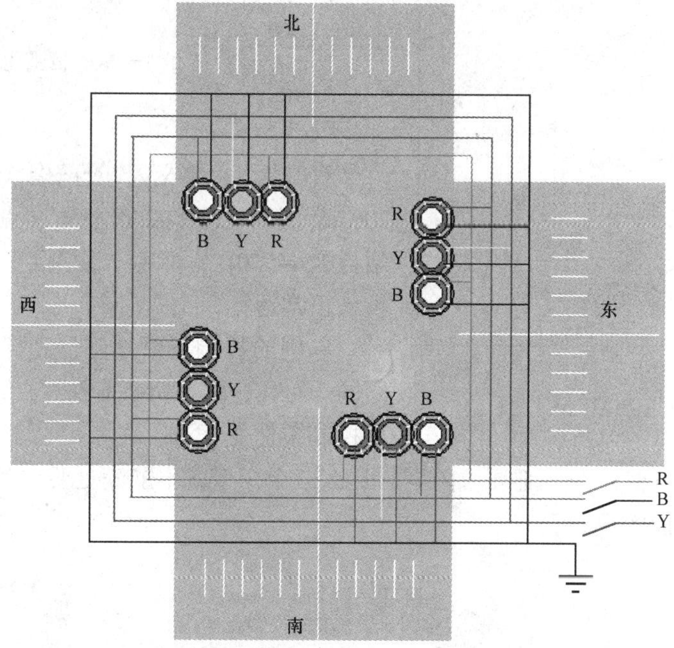

图 7-17　十字路口交通灯及接线图

在数据词典中定义 R、Y、B 三个内存离散型变量。

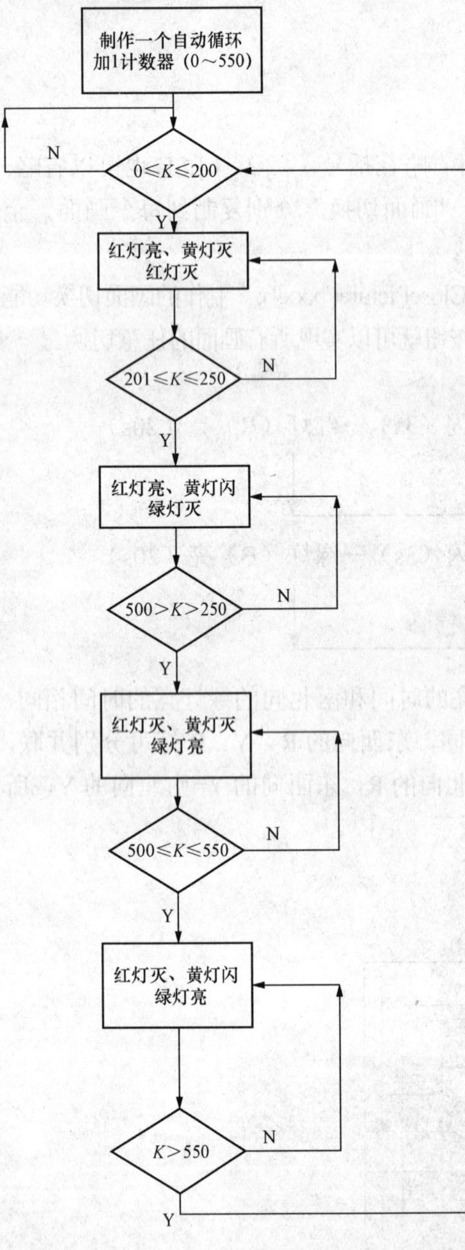

图 7-18　画出程序控制流程图

根据题目的控制要求，画出程序控制流程图如图 7-18 所示。

由于组态王中没有专门的定时器，所以设计了一个自动加 1 计数器来进行计时，时间可根据计数的个数来进行调整。根据控制条件，黄灯仅仅是在满足条件时闪烁，所以黄灯的闪烁可以用“隐含”、“闪烁”来实现。

控制程序命令语言为：

```
//交通灯控制//
\\本站点\K=\\本站点\K+1;
IF(\\本站点\K>=550)
{
\\本站点\K=0;
}
ELSE
IF(\\本站点\K<=250)
{
\\本站点\R=1;
\\本站点\B=0;
\\本站点\Y=0;
}    /*计数在 0～250 范围内红灯亮*/
IF(\\本站点\K>250&&\\本站点\K<500)
{
\\本站点\B=1;
\\本站点\R=0;
\\本站点\Y=0;
}    /*计数在 251～500 范围内红灯亮*/
ELSE
ELSE
```

双击黄灯，定义闪烁的条件为“((\\本站点\K>=200&&\\本站点\K<=250)||(\\本站点\K>=500&& \\本站点\K<=550))”。保存、切换到运行状态后，即可投入正常运行。

本例的控制条件是红灯和绿灯亮的时间是相同的，而且在状态切换前红灯、绿灯都不闪烁，如果控制条件变化为：红灯和绿灯亮的时间不相同，而且在状态切换前红灯、绿等都要求闪烁，那么三个变量就不能满足要求了，运行程序和闪烁条件都要改变才能实现。

第8章

报 表 系 统

8.1 数据报表的用途

数据报表是反映生产过程中的过程数据、运行状态等并对数据进行记录、统计的一种重要工具，是生产过程中必不可少的一个重要环节。它既能反映系统实时的生产情况，又能对长期的生产过程数据进行统计、分析，使管理人员能够掌握和分析生产过程情况。

组态王提供内嵌式报表系统，工程人员可以任意设置报表格式，对报表进行组态。组态王为工程人员提供了丰富的报表函数，实现各种运算、数据转换、统计分析、报表打印等。报表系统既可以制作实时报表，又可以制作历史报表。另外，工程人员还可以制作各种报表模板，实现多次使用，以免重复工作。

8.2 创 建 报 表

8.2.1 创建报表

进入组态王开发系统，创建一个新的画面，在组态王工具箱按钮中，单击报表窗口按钮，或者选择“菜单”→“工具”→“报表窗口”选项，此时，光标箭头变为小“+”字形，在画面上需要加入报表的位置按住鼠标左键，并拖动，画出一个矩形，松开鼠标，报表窗口创建成功，如图 8-1 所示。光标箭头移动到报表区域周边，当光标形状变为双“+”字形箭头时，按住左键可以拖动表格窗口，改变其在画面上的位置。将光标挪到报表窗口边缘带箭头的小矩形上，这时光标箭头形状变为与小矩形内箭头方向相同，按住光标左键并拖动，可以改变报表窗口的大小。

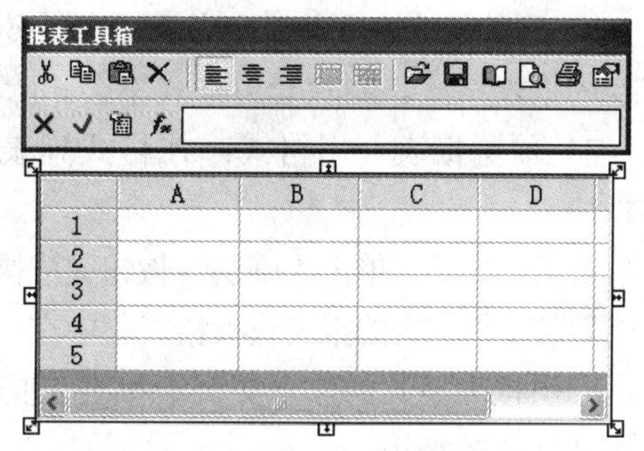

图 8-1 创建后的报表窗口

当在画面中选中报表窗口时，会自动弹出报表工具箱，不选择时，报表工具箱自动消失。

8.2.2 配置报表窗口的名称及格式套用

组态王中每个报表窗口都要定义一个唯一的标识名，该标识名的定义应该符合组态王的命名规则，标识名字符串的最大长度为 31。

双击报表窗口的灰色部分（表格单元格区域外没有单元格的部分），弹出“报表设计”对话框，如图 8-2 所示。该对话框主要设置报表的名称、报表表格的行、列数目以及选择套用表格的样式。

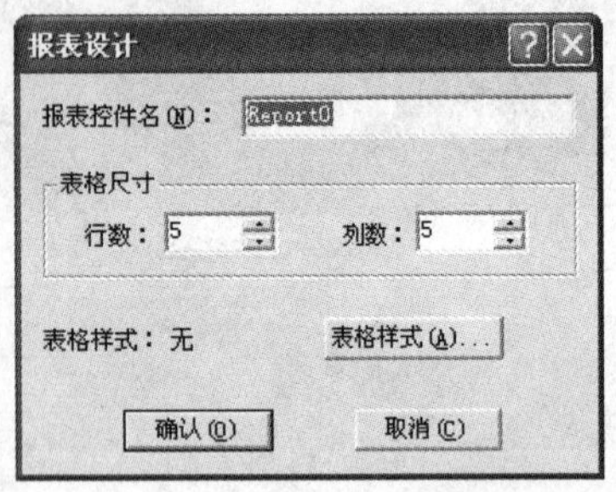

图 8-2　报表设计对话框

（1）报表名称：在“报表控件名”文本框中输入报表的名称，如“实时数据报表”。报表名称不能与组态王的任何名称、函数、变量名、关键字相同。

（2）表格尺寸：在行数、列数文本框中输入所要制作的报表的大致行列数（在报表组态期间均可以修改）。默认为 5 行、5 列，行数最大值为 20000 行，列数最大值为 52 列。行用数字 1、2、3 等表示，列用英文字母 A、B、C、D 等表示。单元格的名称定义为“列标+行号”，如“A1”，表示第一行第一列的单元格。列标使用时不区分大小写，如“A1”和“a1”都可以表示第一行第一列的单元格。

（3）报表格式：用户可以直接使用已经定义的报表模板，而不必再重新定义相同的表格格式。单击“表格样式”按钮，弹出“报表自动调用格式”对话框，如图 8-3 所示。如果用户已经定义过报表格式，则可以在左侧的列表框中直接选择报表格式，而在右侧的表格中可以预览当前选中的报表的格式。套用后的格式用户可按照自己的需要进行修改。在这里，用户可以对报表的套用格式列表进行添加或删除。

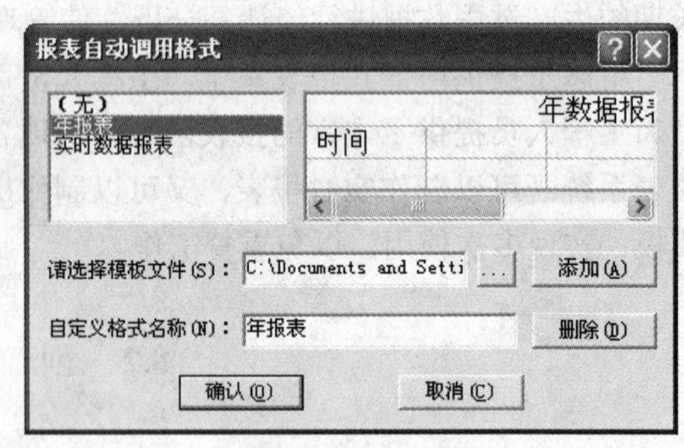

图 8-3　报表自动套用格式对话框

1）添加报表套用格式：单击“请选择模板文件:”后的“…”按钮，弹出文件选择对话框，用户选择一个自制的报表模板（*.rtl 文件），单击“打开”按钮，报表模板文件的名称及路径显示在“请选择模板文件:”的文本框中。在“自定义格式名称:”文本框中输入当前报表模板被定义为表格格式的名称，如“年报表”，单击“添加”按钮将其加入到格式列表框中，供用户调用。

2）删除报表套用格式：从列表框中选择某个报表格式，单击“删除”按钮，即可删除不需要的报表格式。删除套用格式不会删除报表模板文件。

3）预览报表套用格式：在格式列表框中选择一个格式项，则其格式显示在右边的表格框中。

定义完成后，单击“确认”按钮完成操作，单击“取消”按钮取消当前的操作。“套用报表格式”可以将常用的报表模板格式集中在一起，供随时调用，而不必在使用时再去查找模板。

套用报表格式的作用类似于报表工具箱中的“打开”报表模板功能。两者都可以在报表组态期间进行调用。

8.3　报　表　组　态

8.3.1　报表工具箱与快捷菜单

报表创建完成后，呈现出的是一张空表或有套用格式的报表，还要对其进行加工，即报表组态。报表的组态包括设置报表格式、编辑表格中显示内容等。这些操作可通过报表工具箱中的工具或右击鼠标快捷菜单来实现。

报表工具箱如图 8-4 所示，工具箱中的按钮的含义如下：

剪切选中的一个或多个单元格中的内容，不包括单元格格式。剪切后，源单元格中的内容会被清除。

复制选中的一个或多个单元格中的内容，不包括单元格格式。

将复制或剪切的单元格内容依次粘贴到当前单元格向右向下方向的单元格中。

删除选中的一个或多个单元格中的内容，单元格格式不变。

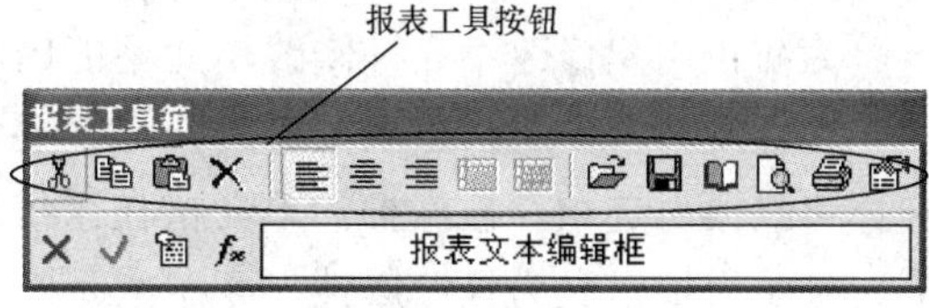

图 8-4　报表工具箱

单元格显示内容的对齐方式：靠左、居中、靠右。

选中两个以上的单元格时合并单元格，将所选择的单元格围成的矩形区域内的所有单元格合并为一个单元格，合并后的单元格的内容及格式为所选择区域的左上角单元格的内容及格式。

将选中的一个合并过的单元格撤消合并，分解为基本单元格，撤消合并后的各个单元格的内容及格式与合并单元格的内容及格式相同。

打开一个报表模板到当前报表窗口中。单击该按钮后，弹出“文件选择”对话框，选择一个报表模板文件（*.rtl），单击打开，报表模板将加载到当前的报表中。

将当前设计的报表存储为一个报表模板，单击该按钮，弹出“文件存储”对话框，选择存储路径，并输入要存储的报表模板的文件名，单击“保存”按钮，模板文件存储为“*.rtl”文件。

报表的页面设置，单击该按钮，弹出“页面设置”对话框，用户可以设置默认打印机、纸张大小、纸张来源、纸张方向、边距等。还可以设置报表的页眉、页脚的内容。单击“页眉”、“页脚”的下列列表框，从列表项中选择页眉、页脚要显示的内容。

报表打印预览：在开发系统中对设计好的报表进行打印预览，查看打印后的效果。进行打印预览时，系统会自动隐藏组态王的开发系统和运行系统。在打印预览中，也可以进行页面设置。执行打印预览时，有打印预览工具条。

打印报表，单击该按钮，弹出“打印”对话框，打印当前设计的报表。

设置选中的单元格格式，包括单元格格式（如数字型、日期型等）、字体、对齐方式、单元格边框样式、单元格图案等。单击该按钮，弹出“单元格格式设置”对话框。

取消上次对报表单元格的输入操作。

将报表工具箱中文本编辑框的内容输入到当前单元格中，当把要输入到某个单元格中的内容写到报表工具箱中的编辑框时，必须单击该按钮才能将文本输入到当前单元格中。当用户选中一个已经有内容的单元格时，单元格的内容会自动出现在报表工具箱的编辑框中。在单元格中输入组态王变量、引用函数或公式时必须在其前加“=”。

插入组态王变量，单击该按钮，弹出“组态王变量选择”对话框。例如要在报表单元格中显示“$时间”变量的值，首先在报表工具箱的编辑栏中输入“=”，然后单击该按钮，在弹出的变量选择器中选择该变量，单击“确定”按钮关闭“变量选择”对话框，这时报表工具箱编辑栏中的内容为“=$时间”，单击工具箱上的输入按钮，则该表达式被输入到当前单元格中，运行时，该单元格显示的值能够随变量的变化随时自动刷新。

fx：插入报表函数，单击该按钮弹出报表内部函数选择对话框。

报表工具箱和快捷菜单的命令只适用于报表中。

8.3.2 定义报表单元格的保护属性

组态王报表在系统运行过程中，用户可以直接在报表单元格中输入数据或修改单元格内容。为防止用户修改不允许修改单元格的内容，报表提供了一个保护属性——只读。

在开发环境中进行报表组态时，选择要保护的单元格区域，右击，在弹出的快捷菜单中选择“只读”选项，被保护的单元格在系统运行时不允许用户修改单元格内容。要查看某个单元格是否被定义为只读属性，可在单元格上右击，如果快捷菜单上的“只读”项前有“√”符号，则表明该单元格被定义了只读属性。再次选择该菜单项时取消保护属性。

8.3.3 报表的其他快捷编辑方法

报表的其他编辑方法有：

（1）单击某个单元格后拖动则为选择多个单元格。区域的左上角为当前单元格。

（2）单击固定行或固定列（报表中标识行号列标的灰色单元格）为选择整行或整列。单击报表左上角的灰色固定单元格为全选报表单元格。

（3）单击报表左上角的固定单元格为选择整个报表。

（4）允许在获得焦点的单元格直接输入文本。用鼠标单击单元格或双击单元格使输入光标位于该单元格内，输入字符。按回车键或左键单击其他单元格为确认输入，按Esc键取消本次输入。

（5）允许通过鼠标拖动改变行高、列宽。将鼠标移动到固定行或固定列之间的分割线上，鼠标形状变为双向黑色尖头时，按下鼠标左键拖动，修改行高、列宽。

（6）单元格文本的第一个字符若为“=”，则其他的字符为组态王的表达式，该表达式允许由已定义的组态王的变量、函数、报表单元格名称等组成；否则为字符串。

8.3.4 设置报表格式

在报表工具箱中单击“设置单元格格式”按钮或在菜单中选择“设置单元格格式”选项，弹出“设置单元格格式”对话框，如图8-5所示。

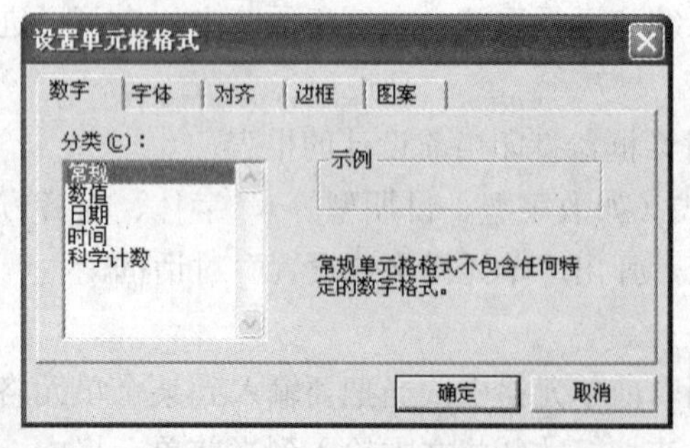

图8-5 设置单元格格式

“设置单元格格式”对话框包括数字、字体、对齐、边框、图案五个属性页。

（1）“数字”属性页：设置选中的单元格中的数值的类型，从“分类”列表框中选择，运行时有效。

（2）“字体”属性页：设置选中的单元格的字体，如图8-6所示。可以任选字体、字形、字号。单击颜色标签下的带颜色按钮，从弹出的调色板中选择字体颜色。选择字体的特殊效果有删除线、下划线。可以在“预览”框中看到设置的字体的效果。

（3）“对齐”属性页： 设置选中的单元格中的内容的对齐方式，分为水平对齐、垂直对齐两项，如图8-7所示。水平对齐有常规（左对齐）、靠左、居中、靠右、两端对齐等选项，垂直对齐有常规（靠上）、靠上、居中、靠下、两端对齐等选项。

（4）“边框”属性页：设置选中的单元格的边框样式、线型、边框颜色等，如图8-8所示。

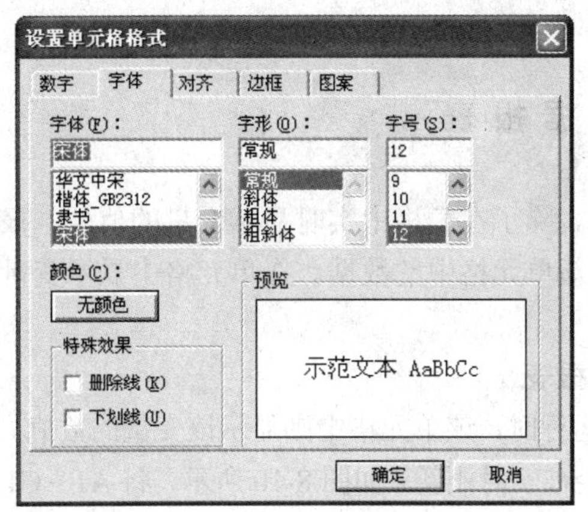

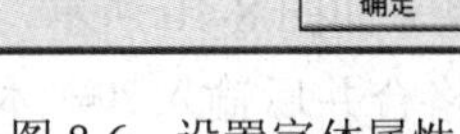

图 8-6　设置字体属性

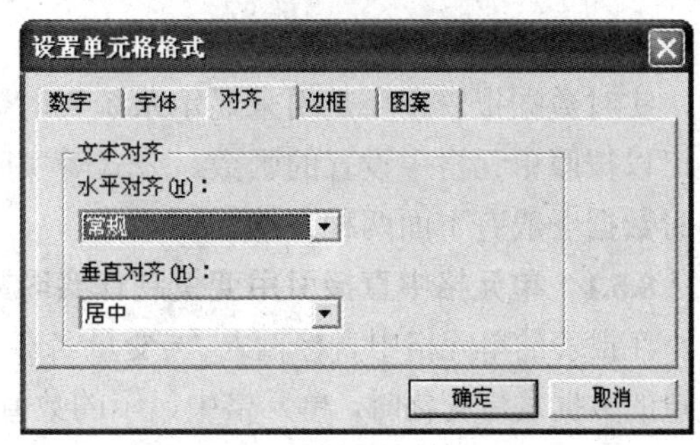

图 8-7　设置对齐属性

（5）“图案”属性页：设置单元格底部颜色和单元格填充样式，如图 8-9 所示。单击“单元格底纹”项的“颜色”按钮（在没有选择颜色时，该按钮上显示“无颜色”字样；当选择了颜色时，该按钮上显示选择的颜色），从弹出的调色板中选择单元格的背景填充颜色。通过“单元格图案”中的“图案”按钮选择单元格填充样式：依次为全填充、不填充、左斜线、水平垂直网状线、斜网状线、右斜线、水平线、垂直线填充等。单击“单元格图案”项的“颜色”按钮（在没有选择颜色时，该按钮上显示“无颜色”字样；当选择了颜色时，该按钮上显示选择的颜色），弹出调色板，选择填充的颜色。所选择的单元格图案填充效果可从右边的“示例”中进行预览。

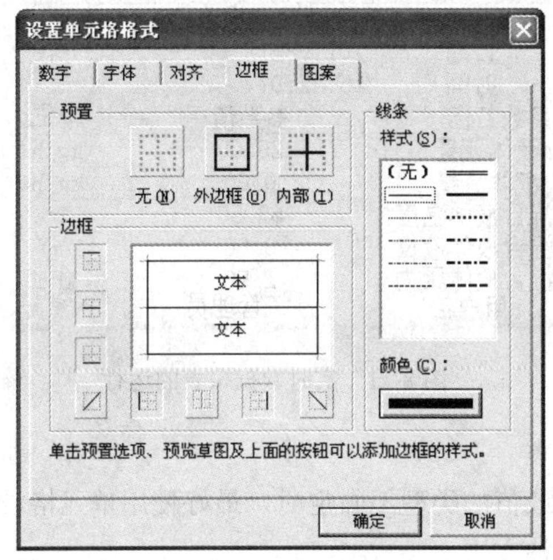

图 8-8　设置边框属性

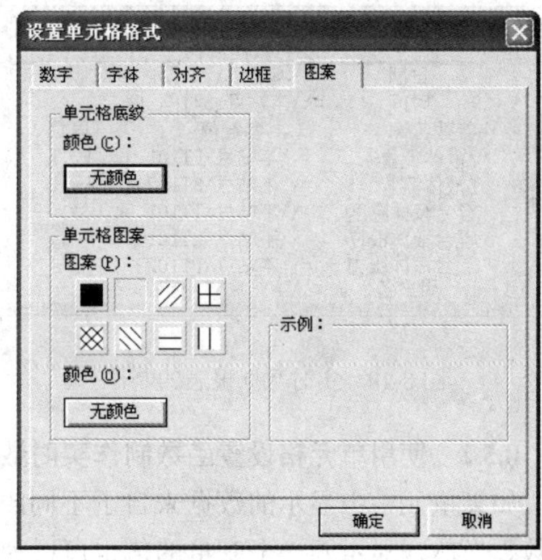

图 8-9　设置图案属性

8.4　报　表　函　数

在运行系统中，单元格中数据的计算、报表的操作等都是通过组态王提供的一整套报表函数实现的。报表函数分为报表内部函数、报表单元格操作函数、报表存取函数、报表历史数据查询函数、统计函数、报表打印函数等。

8.5 实 时 数 据 报 表

实时数据报表主要是用来显示系统实时数据。除了在表格中实时显示变量的值外，报表还可以按照单元格中设置的函数、公式等实时刷新单元格中的数据。在单元格中显示变量的实时数据一般有下面两种方法。

8.5.1 单元格中直接引用变量制作实时数据报表

在报表的单元格中直接输入“=变量名”，在运行时，该单元格中则显示该变量的数值，当变量的数据发生变化时，单元格中显示的数值也会被实时刷新。如图 8-10 所示，将 A1～C1 单元格合并后输入“实时数据报表”作为表头，将 B2-C2 单元格合并后输入“=\\本站点\$日期”，将 B3-C3 单元格合并后输入“=\\本站点\$时间”。如果要在单元格“B10”中实时显示当前的登录“用户名”，则在“B10”单元格中直接输入“=\\本站点\$用户名”，切换到运行系统后，该单元格中便会实时显示登录的用户的名称，如“系统管理员”登录，则会显示“系统管理员”。

这种方式适用于表格单元格中的显示固定变量的数据。如果单元格中要显示不同变量的数据或值的类型不固定，则最好选择单元格设置函数。

注意：只有当报表画面被打开时，其中的数据才会被刷新。实时数据报表的运行如图 8-11 所示。

实时数据报表

	A	B	C
1	实时数据报表		
2	日期	=\\本站点\$日期	
3	时间	=\\本站点\$时间	
4	参数名称	参数值	单位
5	A液体流量	=\\本站点\FT101	kg/h
6	B液体流量	=\\本站点\FT102	kg/h
7	混合液体温度	=\\本站点\TT101	℃
8	混合液体液位	=\\本站点\LT101	m
9	混合液体压力	=\\本站点\PT102	kPa
10	用户名	=\\本站点\$用户名	

图 8-10 实时数据报表的制作

实时数据报表

实时数据报表		
日期	2011-8-18	
时间	15:42:07	
参数名称	参数值	单位
A液体流量	25.00	kg/h
B液体流量	0.00	kg/h
混合液体温度	62.50	℃
混合液体液位	0.00	m
混合液体压力	2.50	kPa
用户名	系统管理员	

图 8-11 实时数据报表的运行

8.5.2 使用单元格设置函数制作实时数据报表

如果单元格中显示的数据来自于不同的变量或值的类型不固定时，最好使用单元格设置函数。当然，显示同一个变量的值也可以使用这种方法。

单元格设置函数有：

```
ReportSetCellValue()
ReportSetCellString()
ReportSetCellValue2()
ReportSetCellString2()
```

例如重新创建一个和图 8-10 一样的报表，控件名称为“Report1”，在数据改变命令语言中使用 ReportSetCellString()函数、ReportSetCellValue()函数进行设置数据，如图 8-12 所示。

这样当系统运行时，当系统时间“\\本站点\$时间”变化时，所有变量就会被自动填充指定单元格中，用户登录后，用户名也会在表格的第 10 行第 2 列显示出来。当时间改变时，数据改变命令语言如下：

```
ReportSetCellString("Report1", 2, 2,\\本站点\$日期);
ReportSetCellString("Report1", 3, 2,\\本站点\$时间);
ReportSetCellValue("Report1", 5, 2, \\本站点\FT101);
ReportSetCellValue("Report1",6, 2,\\本站点\FT102);
ReportSetCellValue("Report1", 7, 2, \\本站点\TT101);
ReportSetCellValue("Report1",8, 2, \\本站点\LT102);
ReportSetCellValue("Report1", 9, 2, \\本站点\PT102);
ReportSetCellString("Report1", 10, 2, \\本站点\$用户名);
```

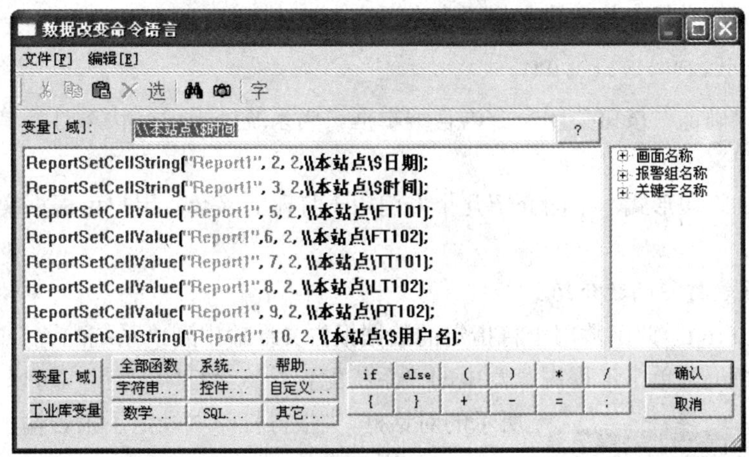

图 8-12　数据命令语言中设置报表数据

常用报表函数有以下几种：

（1）ReportSetCellString：此函数为报表专用函数。将指定报表的指定单元格设置为给定字符串。

1）语法格式使用如下：

```
ReportSetCellString(ReportName, Row, Col, Value)
```

2）返回值为整型量：0，成功；–1，行列数小于等于零；–2，报表名称错误；–3，设置文本失败。

3）参数说明：

ReportName：字符串型，报表名称；

Row：整型，要设置数值的报表的行号（可用变量代替）。

Col：整型，要设置数值的报表的列号（这里的列号使用数值，可用变量代替）。

Value：字符串型，要设置的文本。

（2）ReportSetCellValue：此函数为报表专用函数，将指定报表的指定单元格设置为给定值。

1）语法格式使用如下：

```
ReportSetCellValue(ReportName, Row, Col,Value)
```

2）返回值为整型量：0，成功；–1，行列数小于等于零；–2，报表名称错误；–3，设置值失败。

3）参数说明：

ReportName：报表名称。

Row：要设置数值的报表的行号（可用变量代替）。

Col：要设置数值的报表的列号（这里的列号使用数值，可用变量代替）。

Value：实型、整型、离散型 要设置的数值。

8.5.3 实时数据报表打印

8.5.3.1 实时数据报表自动打印设置过程

（1）在“实时数据报表画面”中添加一个按钮，按钮文本为“实时数据报表自动打印”。

（2）在按钮的弹起事件中输入如下命令语言：

```
ReportPrint2("Report0,0");
```

（3）单击“确认”按钮关闭命令语言编辑框。当系统处于运行状态时，单击此按钮数据报表将被打印出来。

关于报表的打印形式，下面介绍几个专门用于打印的函数，用户可根据实际情况进行选择使用。

8.5.3.2 报表打印函数介绍

（1）ReportPrint。此函数用于将指定的数据报告文件输出到“系统配置”→“打印配置”中规定的打印机上，单击工程浏览器中的“系统配置”→“打印配置”，可以出现如图 8-13 所示的对话框，“报告打印”规定了报告输出的打印机。

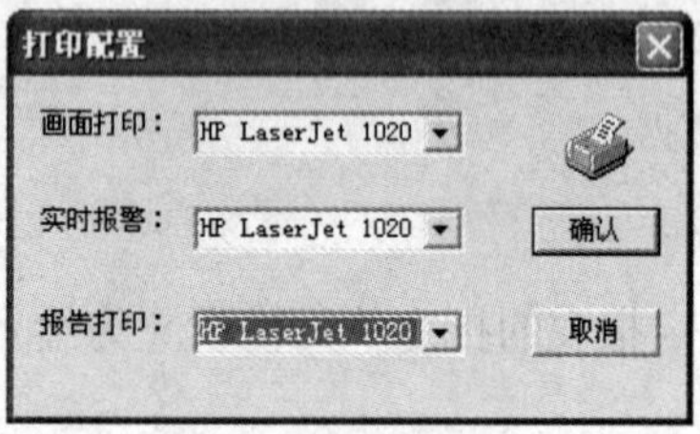

图 8-13 打印配置

1）使用格式：

```
ReportPrint( "OutputFile" );
```

2）参数说明：

OutputFile：指定要打印的数据报告文件。

例如：

```
ReportPrint("Report1.rtf");
```

调用此函数后将打印实时数据文件“Report1.rtf”。

（2）ReportPrint2。报表打印函数根据用户的需要有两种使用方法，①执行函数时自动弹出“打印属性”对话框，供用户选择确定后，再打印；②执行函数后，按照默认的设置直接输出打印，不弹出“打印属性”对话框，适用于报表的自动打印。报表打印函数原型为：“ReportPrint2(String szRptName)”或者“ReportPrint2(String szRptName，EV_LONG|EV_ANALOG|EV_DISC);”。

1）函数功能：将指定的报表输出到打印配置中指定的打印机上打印。

2）参数说明：

szRptName：要打印的报表名称，字符型。

EV_LONG|EV_ANALOG|EV_DISC：整型或实型或离散型的一个参数。当该参数不为 0 时，自动打印，不弹出“打印属性”对话框。如果该参数为 0，则弹出“打印属性”对话框。

例如，自动打印“Report1”的命令语言为“ReportPrint2(“Report1”)”；或“ReportPrint2(“Report1”，1)”；

手动打印时，弹出“打印属性”对话框的命令语言为“ReportPrint2(“Report1”，0)”。

(3) 报表页面设置函数 ReportPageSetup。开发系统中可以通过报表工具箱对报表进行页面设置，运行系统中则需要通过调用页面设置函数来对报表进行设置。页面设置函数的原型为“ReportPageSetup(ReportName);”。

1）函数功能：设置报表页面属性，如纸张大小，打印方向，页眉、页脚设置等。执行该函数后，会弹出“页面设置”对话框。

2）参数说明：

ReportName：要打印的报表名称，字符型。

(4) 报表打印预览函数 ReportPrintSetup。运行中当页面设置好以后，可以使用打印预览查看打印后的效果。打印预览函数原型为“ReportPrintSetup(ReportName);”。

1）函数功能：对指定的报表进行打印预览。

2）参数说明：

ReportName：要打印的报表名称，字符型。

执行打印预览时，系统会自动隐藏组态王的开发系统，运行系统窗口结束预览后恢复。

用户可根据自己的需要，利用以上几个报表打印函数来进行设置。

8.5.4 实时报表的存储

实时报表反映了生产实时过程的数据，应将报表的实时数据进行保存。

8.5.4.1 设置过程

【例 8-1】以图 8-11 所示的实时数据报表为例，实现以当前的时间作为文件名将实时数据报表存储到当前路径的文件夹实时数据下。

在报表画面上增加一个按钮，按钮文本为“保存报表”。在按钮的弹起事件中输入如下命令语言：

```
//报表保存为:工程当前路径\实时数据\YYMMDDHHMMSS.rtl//
string FileName;
FileName=InfoAppDir()+"\实时数据\"+
                    StrFromReal( \\本站点\$年, 0, "f" )+
                    StrFromReal( \\本站点\$月, 0, "f" )+
                    StrFromReal( \\本站点\$日, 0, "f" )+
                    StrFromReal( \\本站点\$时, 0, "f" )+
                    StrFromReal( \\本站点\$分, 0, "f" )+
                    StrFromReal( \\本站点\$秒, 0, "f" )+".rtl";
ReportSaveAs("Report1",FileName);/* Report1为报表名称(即控件名)*/
```

这样就将图 8-11 所示实时数据报表保存为“YYMMDDHHMMSS.rtl”，路径为“工程当前路径\实时数据\YYMMDDHHMMSS.rtl”，即在工程当前路径下创建了一个“实时数据”的文件夹，将保存的数据文件 YYMMDDHHMMSS.rtl 存放在里面。

如果要将文件保存为 Microsoft Office Excel 形式，只要将文件的后缀改为.xls 即可。程序如图 8-14 所示。

在组态王运行状态下，只要单击刚定义好的“保存报表”按钮，在工程当前路径\实时数据下就可以找到 YYMMDDHHMMSS.Rtl 和 YYMMDDHHMMSS.xls 两个文件。

8.5.4.2 函数介绍

(1) StrFromReal。此函数将实数值转换成字符串形式，该字符串以浮点数计数制表示或以指数计数制表示。

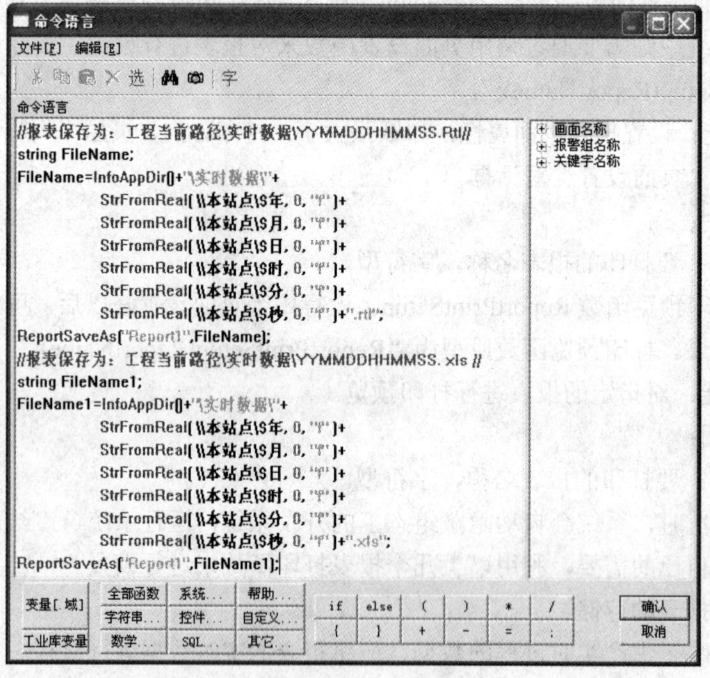

图 8-14 保存报表按钮命令语言

1）调用格式：

```
MessageResult=StrFromReal(Real,Precision,Type);
```

2）参数描述：

Real：根据指定 Precision 和 Type 进行转换，其结果保存在 MessageResult 中。

Precision：指定要显示多少个小数位。

Type：确定显示方式，可为"f"（按浮点数显示）、"e"（按小写“e”的指数制显示）或"E"（按大写“E”的指数制显示）。

例如：

```
StrFromReal(263.355, 2,"f");//返回 "263.36"
```

（2）InfoAppDir。此函数返回当前组态王的工程路径。

调用格式：

```
MessageResult=InfoAppDir();
```

如当前组态王工程路径返回给 MessageResult.

例如，

“DemoPath=InfoAppDir( );”将返回““C:\Program Files\Kingview\Example\Kingdemo1"”。

（3）ReportSaveAs。此函数为报表专用函数，将指定报表按照所给的文件名存储到指定目录下。ReportSaveAs 支持将报表文件保存为 rtl、xls、csv 格式。保存的格式取决于所保存的文件的后缀名。

1）语法格式：

```
ReportSaveAs(ReportName,FileName);
```

2）返回值：整型，返回存储是否成功标志，0 表示成功。

3）参数说明：

ReportName：报表名称。

FileName：存储路径和文件名称。

8.5.5 实时报表的查询

实时数据报表文件保存为 Microsoft Office Excel 的形式，可直接打开进行编辑、统计和处理，如果保存为“.rtl”的形式，就必须用专门的打开方式打开。

对已经保存在文件夹中的实时数据报表进行查询，必须是已经保存在文件夹中的实时数据报表才能进行查询。

8.5.5.1 实现过程

进行报表查询时，首先查到文件名，然后查该文件的内容。利用组态王提供的下拉式组合框与一个报表窗口控件可以实现上述功能。下拉式组合框用于显示报表文件名，新建报表窗口控件用于显示数据报表的内容。

（1）在数据词典中定义一个内存字符串变量。变量名：报表查询；初始值：空。

（2）绘制一个实时数据报表窗口“Report2”，用于显示实时数据。

（3）在画面窗口中插入控件“下拉式组合框 Ctrl1”，用于显示实时数据文件名。控件名称为“Ctrl1”，变量名称为“报表查询”，如图 8-15 所示。

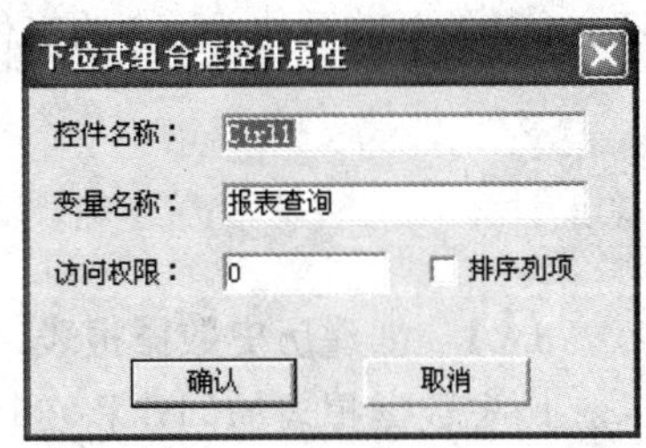

图 8-15 下拉式组合框属性定义

（4）在插入控件“下拉式组合框 Ctrl1”上右击，在画面属性命令语言中输入下列命令语言：

```
string filename;
filename=InfoAppDir()+"\实时数据\*.rtl";
listClear("Ctrl1");
ListLoadFileName( "Ctrl1",filename);
```

上述命令语言的作用是将已经保存到当前组态王工程路径下实时数据文件夹中的实时报表文件名称在下拉式组合框中显示出来。

在画面中添加一个按钮，按钮文本为“实时数据报表查询”。在按钮的弹起事件中输入如下命令语言：

```
//将下拉式组合框中选中的报表文件的数据显示在 Report2 报表窗口中//
string filename1;
string filename2;
filename1=InfoAppDir()+"\实时数据\"+\\本站点\报表查询;
ReportLoad("Report2",filename1);
filename2=InfoAppDir()+"\实时数据\*.rtl";
listClear("Ctrl1");
ListLoadFileName( "Ctrl1", filename2);
```

上述命令语言的作用是将下拉式组合框中选中的报表文件的数据显示在 Report2 报表窗口中，其中，“\\本站点\报表查询”变量保存了下拉式组合框中选中的报表文件名。

（5）设置完毕后单击“文件”菜单中的“全部存”命令，保存设置。单击“文件”菜单中的“切换到 VIEW”命令，运行此画面。当单击下拉式组合框控件时，保存在指定路径下的报表文件全部显示出来，选择任一个报表文件名，单击“实时数据报表查询”按钮后，此报表文件中的数据会在报表窗口中显示出来，从而达到了实时数据报表查询的目的。

8.5.5.2 报表函数介绍

（1）listClear。此函数将清除指定列表框控件 ControlName 中的所有列表成员项。

1）语法格式：

```
listClear("ControlName");
```

2）参数说明：

ControlName：列表框控件名称，可以为中文名或英文名。

（2）ListLoadFileName。此函数将字符串*.ext 指示的文件名显示在列表框中。

1）语法格式：

```
ListLoadFileName("CtrlName","*.ext");
```

2）参数说明：

CtrlName：列表框控件名称，可以为中文名或英文名。

*.ext：字符串常量，要查询的文件，支持通配符。

例如，“ListLoadFileName（“报警文件列表”，“c:\appdir\alarm*.al2”）；”语句将 C:\appdir\alarm 目录下的后缀为.al2 的文件名显示在列表框中。

8.6 历史数据报表

8.6.1 创建历史数据报表

历史数据报表的创建和实时数据报表的创建一样。进入组态王开发系统，创建一个新的画面，在组态王工具箱中，单击报表窗口按钮或者选择“菜单”→“工具”→“报表窗口”选项，此时，光标箭头变为小“+”字形，在画面上需要加入报表的位置按住鼠标并拖动，画出一个矩形，松开鼠标，报表窗口创建成功。光标箭头移动到报表区域周边，当光标形状变为双“+”字形箭头时，按住鼠标，拖动表格窗口，改变其在画面上的位置。将光标挪到报表窗口边缘带箭头的小矩形上，这时光标箭头形状变为与小矩形内箭头方向相同，按住鼠标并拖动，可以改变报表窗口的大小。合并第一行并改写为“历史数据报表”，如图 8-16 所示。

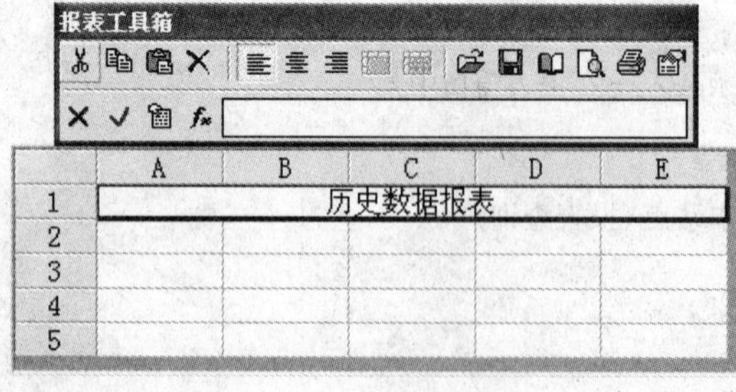

图 8-16 创建历史数据报表

8.6.2 历史数据报表查询

8.6.2.1 设置过程

利用组态王提供的 ReportSetHistData2 函数可从组态王记录的历史库中按指定的起始时间和时间间隔查询指定变量的数据，设置过程如下：

（1）在画面中添加一个按钮，按钮文本为“历史数据报表查询”。在按钮的弹起事件中输入如下命令语言：

```
ReportSetHistData2(2,1);/*第一行用作表头，从第二行第一列开始显示数据*/
```

（2）设置完毕后单击“文件”菜单中的“全部存”命令，保存设置。

（3）单击“文件”菜单中的“切换到 VIEW”命令，运行此画面。单击“历史数据报表查询”按钮，弹出“报表历史查询”对话框，如图 8-17 所示。

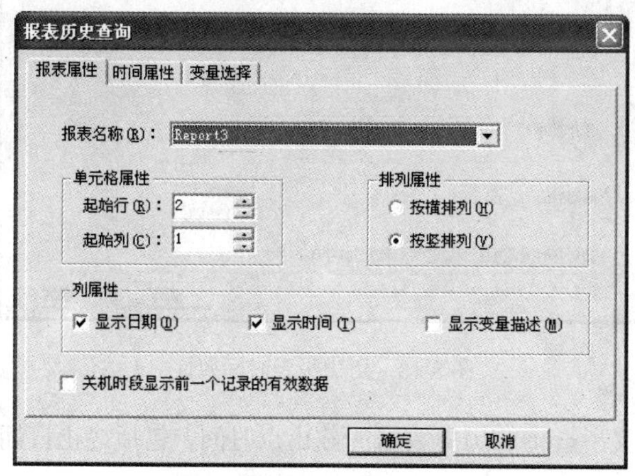

图 8-17　历史数据报表属性

8.6.2.2 “报表历史查询”对话框选项

该对话框共有“报表属性”、“时间属性”、“变量选择”三个属性页，用于定义历史数据查询的参数。

（1）“报表属性”属性页如图 8-17 所示。

1）报表名称：报表名称列表框中列出当前画面中所有报表的名称，用户通过单击列表框下拉箭头后弹出的下拉列表，选择执行查询后的数据填充的报表名称。如果在同一画面上有多个报表，表框中会弹出所有报表的名称。

2）单元格属性：选择查询后的数据在报表中填充开始的位置，输入起始行数、列数。

3）排列属性：确定数据在报表中的填充方向，横向填充或竖向填充。

4）列属性：有“显示日期”、“显示时间”两个选项。当用户需要在查询数据的数据报表中同时显示数据被采集的日期和时间时，可以选择该项，或按实际需要任选一项。

5）显示变量描述：是否在变量名下显示变量描述。

6）关机时段显示前一个记录的有效数据：可以控制变量关联的设备通信失败，变量的质量戳为坏，运行系统退出时期的数据在报表中的显示方式。如果不选中此项，在报表中显示“---”，如果选中此项，则显示最后记录的数据。

当查询的数据行数大于报表设计的行数时，系统将自动添加行数，满足数据填充的需要，最大行数可到 20000 行。

（2）“时间属性”属性页如图 8-18 所示。

1）起始时间：定义所查询的历史数据的起始点时间，包括起始日期和起始时间。修改起始日期的方法有两种：①单击日期编辑框中需要修改的部分，该部分被加亮选中，然后直接用键盘输入日期数值；②单击日期编辑框右侧下拉箭头，弹出日历控件，单击日历中顶部向左或向右的箭头按钮，选择月份，直接单击选择某一天即可。

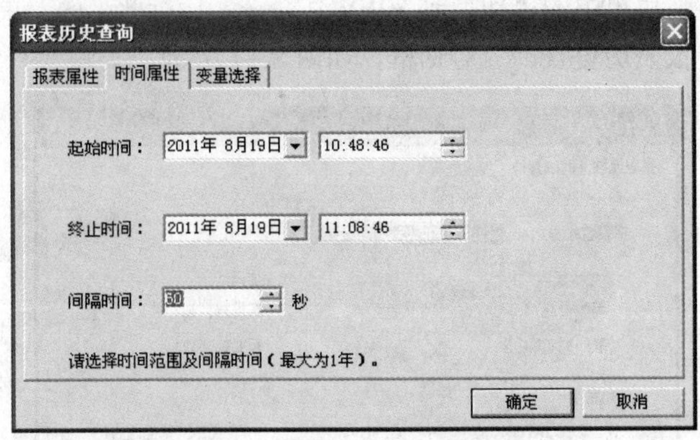

图 8-18　历史报表时间属性

2）终止时间：定义所查询的历史数据的截止点时间，包括终止日期和终止时间。定义方法同“起始时间”。

3）时间间隔：定义查询历史数据时，查询的数据点间的时间间隔。可直接输入或通过增加、减少按钮修改。

（3）“变量选择”属性页如图 8-19 所示。

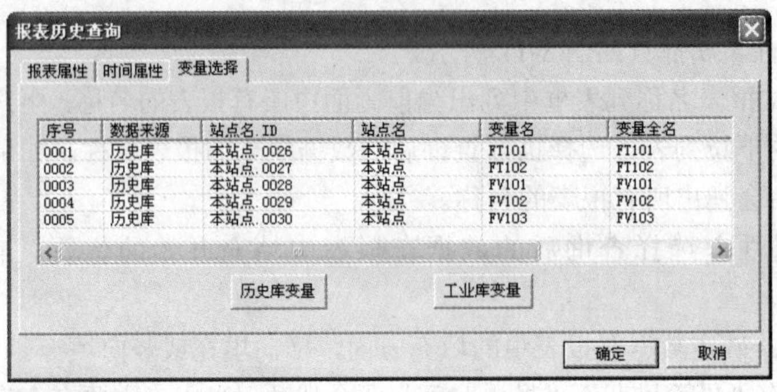

图 8-19　历史报表变量属性

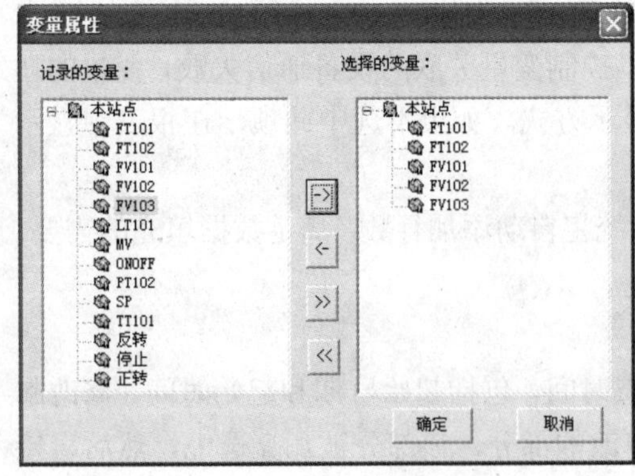

图 8-20　查询历史数据报表

1）在报表中查询的历史数据，可以来自历史库，也可以来源于工业库。单击“历史库变量”按钮，弹出“变量属性”对话框，在变量列表中选择变量，如图 8-20 所示。

设置完毕后单击“确定”按钮，所选择变量的历史数据即可显示在历史数据报表控件中，从而达到了历史数据查询的目的，如图 8-21 所示。

a）“记录的变量”：该列表框中列出了当前工程中所有定义了数据历史记录的变量。变量显示支持变量组方式，见图 8-21。

历史数据报表						
日期	时间	FT101	FT102	FV101	FV102	FV103
11/08/19	14:10:54	---	---	---	---	---
11/08/19	14:15:04	68.75	0.00	0.00	0.00	0.00
11/08/19	14:19:14	---	---	---	---	---
11/08/19	14:23:24	---	---	---	---	---
11/08/19	14:27:34	100.00	0.00	0.00	0.00	0.00

图 8-21　历史库变量属性

b）“选择的变量”：该列表框将显示用户选择的需要进行历史数据查询的变量。

2）如果变量数据来自工业库，则单击“工业库变量”按钮，弹出“变量选择”对话框，在列表中选择可访问的工业库数据服务器，选择变量。

8.6.2.3　报表函数介绍

ReportSetHistData2 函数为报表专用函数。查询历史数据时使用该函数，只要设置查询的数据在报表中填充的起始位置，即输入起始行数（StartRow）、列数（StartCol），系统会自动弹出历史数据查询对话框。

（1）语法使用格式：

```
ReportSetHistData2(StartRow,StartCol);
```

（2）参数说明：

StartRow：查询的数据在报表中填充的起始行。

StartCol：查询的数据在报表中填充的起始列。

8.6.3　历史数据报表的打印

历史数据报表的打印和实时数据报表的打印类似，用报表打印函数设置需要打印的报表即可。

8.7　历史数据报表的其它应用

【例 8-2】 利用报表窗口工具结合组态王提供的命令语言可实现一个一分钟的数据报表。（间隔时间为 1 秒）

实现过程如下：

（1）新建一个画面，利用工具箱上的报表窗口按钮，在画面上绘制一个报表窗口（64 行 5 列），控件名称为 Report5，并设计表格，如图 8-22 所示。

	A	B	C	D	E
1	一分钟数据报表				
2	时间				
3		TT101	LT101	PT101	FT102
4					
5					
6		64行5列			
7					
8					
9					

图 8-22　创建报表

（2）在“工程浏览器”窗口左侧工程目录显示区中选择“命令语言”中的“数据改变命”，当系统变量“\\本站点\$秒”变化时，执行以下脚本程序：

```
long row;
row=\\本站点\$秒+4;
ReportSetCellString("Report5", 2, 2, \\本站点\$日期);
ReportSetCellString("Report5", row, 1, \\本站点\$时间);
ReportSetCellValue("Report5", row, 2,\\本站点\TT101);
ReportSetCellValue("Report5", row, 3, \\本站点\LT101);
ReportSetCellValue("Report5", row, 4, \\本站点\PT102);
ReportSetCellValue("Report5", row, 5,\\本站点\FT102);
If(row==4)
ReportSetCellString2("Report5", 4, 1, 63, 5, "");
```

上述命令语言的作用是将\\本站点\TT101、\\本站点\ LT101、\\本站点\ PT102 、\\本站点\FT102 变量每秒的数据自动写入报表控件中。

设置完毕后选择“文件”菜单中的“全部存”命令，保存设置。选择“文件”菜单中的“切换到 VIEW”命令，运行此画面，系统自动将数据写入报表控件中，如图 8-23 所示。

一分钟数据报表				
日期				2011-8-18
时间	TT101	LT101	PT101	FT102
22:41:00	31.25	100.00	12.50	89.00
22:41:01	46.88	100.00	18.75	105.00
22:41:02	62.50	100.00	25.00	121.00
22:41:03	78.13	100.00	31.25	137.00
22:41:04	93.75	100.00	37.50	153.00
22:41:05	109.38	100.00	0.00	169.00
22:41:06	109.38	100.00	0.00	185.00
22:41:07	125.00	100.00	0.00	201.00
22:41:08	140.63	100.00	0.00	217.00
22:41:09	156.25	100.00	0.00	233.00

图 8-23　一分钟数据报表运行画面

【例 8-3】 一分钟数据查询报表演示（间隔时间为 2 秒），并计算每个变量一分钟数据的平均值。

（1）新建一个画面，利用工具箱上的报表窗口按钮，在画面上绘制一个报表窗口（33 行 5 列），控件名称为 Report6，并设计表格，如图 8-24 所示。

	A	B	C	D	E
1	一分钟数据报表				
2	时间	TT101	LT101	PT101	FT102
3					
4					
5					
6					
7					
8					

图 8-24　创建报表

（2）在报表窗口的 b33 单元格中填写“=Average('b3:b32')”，c33 单元格中填写“=Average('c3:c32')”，d33 单元格中填写“=Average('d3:d32')”，e33 单元格中填写“=Average('e3:e32')”。

（3）在“工程浏览器”窗口左侧工程目录显示区中选择“命令语言”中的“数据改变命令语言”选项，在右侧目录内容显示区中双击“新建”图标，在弹出的编辑框中输入脚本语言，当系统变量“\\本站点\$分”变化时，执行以下脚本程序：

```
long StartTime;
StartTime=HTConvertTime(\\本站点\$年,\\本站点\$月,\\本站点\$日,\\本站点\$时,\\本站点\$分,0);
StartTime=StartTime-60;
ReportSetTime("Report6", StartTime, 2, "a3:a32");
ReportSetHistData("Report6", "\\本站点\TT101", StartTime, 2,"b3:b32");
ReportSetHistData("Report6", "\\本站点\LT101", StartTime, 2,"c3:c32");
ReportSetHistData("Report6", "\\本站点\PT102", StartTime, 2,"d3:d32");
ReportSetHistData("Report6", "\\本站点\FT102", StartTime, 2,"e3:e32");
```

上述脚本语言的作用是查询\\本站点\TT101、\\本站点\LT101、\\本站点\PT102和\\本站点\FT102变量当前时间前一分钟的数据，查询间隔为2秒，把时间显示在报表Report6的a3～a32单元格中，数据的查询结果分别显示在报表Report6的b3～b32、c3～c32、d3～d32、e3～e32单元格中。

设置完毕后选择“文件”菜单中的“全部存”命令，保存设置。选择“文件”菜单中的“切换到VIEW”命令，运行此画面，系统自动将数据写入报表控件中，如图8-25所示。

一分钟数据报表				
时间	TT101	LT101	PT101	FT102
2011/08/19 19:19:00	31.25	0.00	1.25	12.50
2011/08/19 19:19:02	46.88	0.00	1.88	18.75
2011/08/19 19:23:58	250.00	0.00	0.00	100.00
平均值	250.00	0.00	1.15	75.83

图8-25　一分钟数据报表运行画面

【**例8-4**】　利用命令语言函数制作与打印时报表。

时报表的制作与［例8-2］一分钟报表类似，每小时记录一次数据，只是在数据改变命令语言中当系统变量“\\本站点\$秒”变化时改为系统变量“\\本站点\$时”变化。

（1）时报表的制作。新建一个画面，利用工具箱上的报表窗口按钮，在画面上绘制一个报表窗口，控件名称为Report7，并设计表格，如图8-26所示，其中行数为24小时再加上表头的3行共27行。

	A	B	C	D	E
1	时报表				
2	日期				
3	时间	TT101	LT101	PT101	FT102
4					
5					
6					

图8-26　创建日报表画面

当系统变量“\\本站点\$时”变化时，在数据改变命令语言中写入以下程序为

```
Long row;
```

```
row=\\本站点\$时+4;
ReportSetCellString("Report7", 2, 2, \\本站点\$日期);
ReportSetCellString("Report7", row, 1, \\本站点\$时间);
ReportSetCellValue("Report7", row, 2, \\本站点\TT101);
ReportSetCellValue("Report7", row, 3, \\本站点\LT101);
ReportSetCellValue("Report7", row, 4, \\本站点\PT102);
ReportSetCellValue("Report7", row, 5, \\本站点\FT102);
if(row>=27)
{
ReportSetCellString2("Report7", 4, 1,27, 5, "");
}
```

设置完毕后单击“文件”菜单中的“全部存”命令，保存设置。单击“文件”菜单中的“切换到 VIEW”命令，运行此画面。系统自动将数据写入报表控件中，如图 8-27 所示。

时报表				
日期	2011-8-20			
时间	TT101	LT101	PT101	FT102
0:00:00	78.13	0.00	3.13	0.00
1:00:00	171.88	0.00	0.00	0.00
2:00:00	250.00	0.00	3.13	0.00
3:00:00	250.00	0.00	0.00	0.00

图 8-27　时报表运行画面

（2）时报表的自动打印。时报表一般要求每班（8 小时）打印一张，要设置为自动打印(8 时、16 时、0 时)，可利用三个事件，即当系统变量“\\本站点\$时”==8、“系统变量\\本站点\$时”==16、系统变量“\\本站点\$时”==0 时来触发，在“事件命令语言”→“事件描述”中可写成“\\本站点\$时==8||\\本站点\$时==16||\\本站点\$时==0;”，只要满足其中一个条件，就去执行一条打印时报表的命令语言“ReportPrint2("Report7",0);”，如图 8-28 所示。

这样设置后，每天当时间为 8 时、16 时、0 时，系统会自动打印出时报表。

【例 8-5】 利用日历控件制作与打印时报表。

与［例 8-4］一样制作一张相同的报表，新建一个画面，利用工具箱上的报表窗口按钮，在画面上绘制一个报表窗口，控件名称为 Report8，并设计表格，如图 8-26 所示，其中行数为 24 小时再加上表头的 3 行共 27 行。4 个变量（TT101、LT101、PT101 和 FT102）各占 1 列和用 1 列显示时间共 5 列。

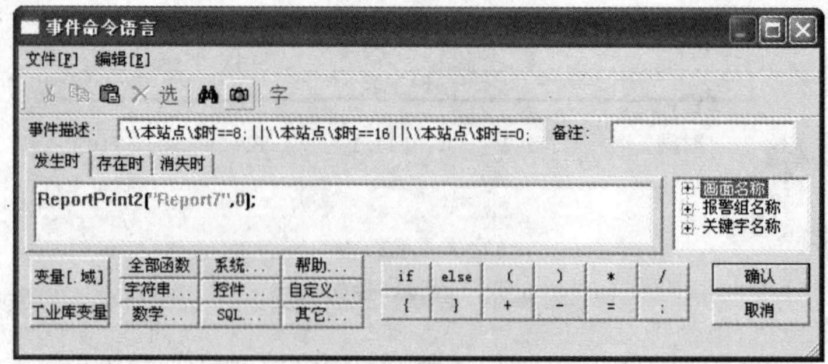

图 8-28　事件命令语言对话框的设置

按照日期进行历史数据的查询生成日报表，使用微软提供的通用控件“Microsoft Date and Time Picker Control”，此控件在安装 VB、VC 或者 Office 2000 后会在通用控件中找到。

利用工具箱上的插入通用控件按钮插入通过控件，选择后画到画面上，双击控件，在“常规”选项卡中为控件命名为“ADate”，单击“确定”按钮，保存画面。再次双击日历控件，选择“事件”选项卡，点击在“事件”选项卡中单击 CloseUp 事件，弹出控件事件函数编辑窗口，在函数声明中为此函数命名“CloseUp();”，在编辑窗口中编写脚本程序，在编写脚本程序之前在数据词典中定义字符串变量选择日期，如图 8-29 所示。

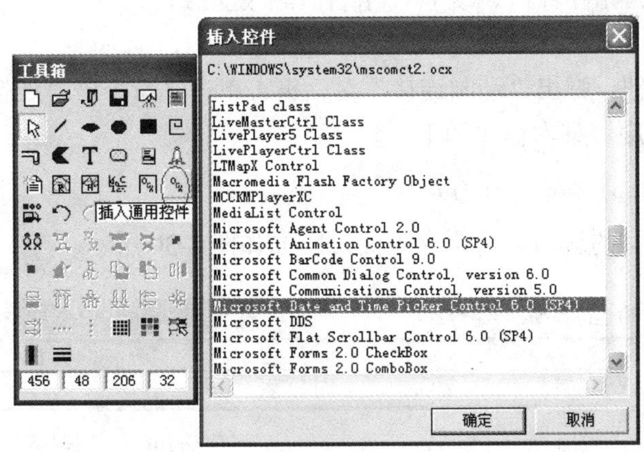

图 8-29　插入通用控件“Microsoft Date and Time Picker Control”

脚本程序如下：

```
Aday=ADate.Day;
temp=StrFromInt( Ayear, 10 );
if(Amonth<10)
temp=temp+"-0"+StrFromInt( Amonth, 10 );
else
temp=temp+"-"+StrFromInt( Amonth, 10 );
if(Aday<10)
temp=temp+"-0"+StrFromInt( Aday, 10 );
else
temp=temp+"-"+StrFromInt( Aday, 10 );
\\本站点\选择日期=temp;
ReportSetCellString2("Report8", 4, 1, 27, 6, " "); //清空单元格
ReportSetCellString("Report8", 2, 2, temp);//填写日期
StartTime=HTConvertTime(Ayear,Amonth,Aday,0,0,0);
ReportSetHistData("Report8", "\\本站点\TT101", StartTime, 3600, "B4:B27");
ReportSetHistData("Report8", "\\本站点\LT101", StartTime, 3600, "C4:C27");
ReportSetHistData("Report8", "\\本站点\PT101", StartTime, 3600, "D4:D27");
ReportSetHistData("Report8", "\\本站点\FT102", StartTime, 3600, "E4:E27");
x=0;
while(x<24)
{
row=4+x;
y=StartTime+x*3600;
temp=StrFromTime( y, 2 );
ReportSetCellString("Report8", row, 1, temp);
```

```
x=x+1;
}
```

编辑完成后单击“确认”按钮，完成对日历控件的设置。

对报表进行保存和打印的设置为：在画面上添加两个按钮，按钮文本分别为“保存”、“打印”。双击“保存”按钮，弹出“动画连接”对话框，双击“命令语言连接”的“弹起时”，编写报表保存的脚本程序。报表保存的格式为“xls”文件，脚本程序如下：

```
string filename;
filename=InfoAppDir()+\\本站点\选择日期+".xls";
ReportSaveAs("Report8",filename);
```

双击“打印”按钮，弹出“动画连接”对话框，单击“命令语言连接”的“弹起时”，编写报表打印的脚本程序。脚本程序如下：

```
ReportPrintSetup("Report8");
```

完成按钮命令语言的编写后，保存画面，画面如图 8-30 所示。

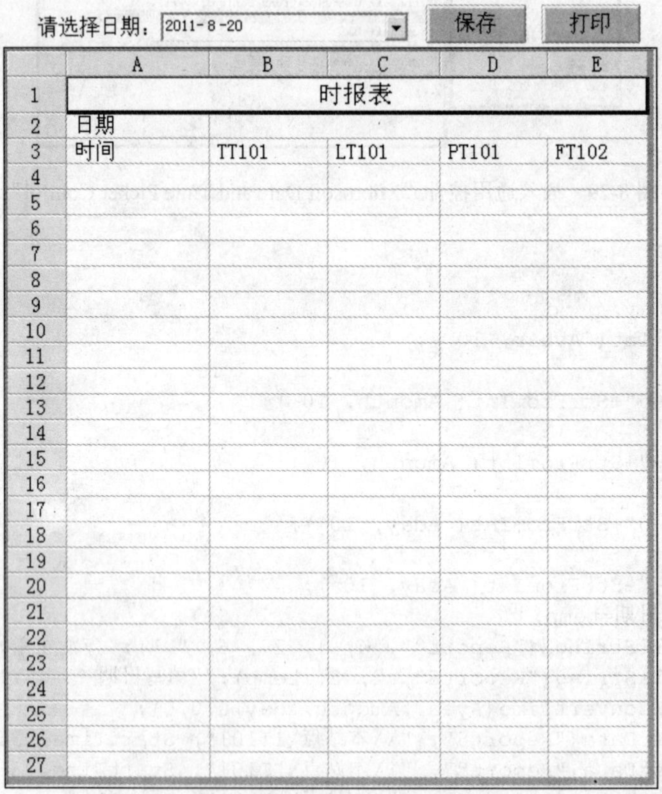

请选择日期：2011-8-20 保存 打印

	A	B	C	D	E
1	时报表				
2	日期				
3	时间	TT101	LT101	PT101	FT102
4					
5					
6					
7					
8					
9					
10					
11					
12					
13					
14					
15					
16					
17					
18					
19					
20					
21					
22					
23					
24					
25					
26					
27					

图 8-30　创建日报表画面

切换到运行状态后单击“保存”按钮，报表就报存为 2011-08-20.xls 的文件，文件的保存路径为工程所在的路径。单击“打印”按钮，可以对报表进行打印输出，并且可以进行报表的打印预览。

配置完成保存后切换到运行系统，系统运行后单击日历控件，选择要查询的日报表的日期，就可以查询出日报表的数据，如图 8-31 所示。

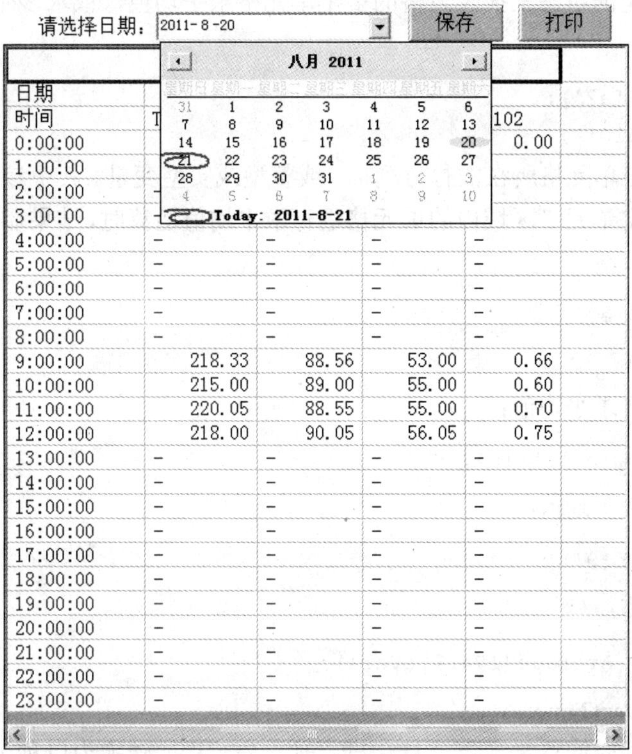

请选择日期：2011-8-20　保存　打印

八月 2011

Today：2011-8-21

日期				
时间	T			102
0:00:00				0.00
1:00:00				
2:00:00	–			
3:00:00	–			
4:00:00	–	–	–	–
5:00:00	–	–	–	–
6:00:00	–	–	–	–
7:00:00	–	–	–	–
8:00:00	–	–	–	–
9:00:00	218.33	88.56	53.00	0.66
10:00:00	215.00	89.00	55.00	0.60
11:00:00	220.05	88.55	55.00	0.70
12:00:00	218.00	90.05	56.05	0.75
13:00:00	–	–	–	–
14:00:00	–	–	–	–
15:00:00	–	–	–	–
16:00:00	–	–	–	–
17:00:00	–	–	–	–
18:00:00	–	–	–	–
19:00:00	–	–	–	–
20:00:00	–	–	–	–
21:00:00	–	–	–	–
22:00:00	–	–	–	–
23:00:00	–	–	–	–

图 8-31　时报表运行画面

8.8　常用函数介绍

8.8.1　ReportSetCellString2

此函数为报表专用函数，将指定报表的指定单元格区域设置为给定字符串。即指定多个单元格的字符串值。

（1）语法格式：

```
ReportSetCellString2(ReportName, StartRow, StartCol,EndRow, EndCol, Value)
```

（2）返回值为整型。0，成功；–1，行列数小于等于零；–2，报表名称错误；–3，设置文本失败。

（3）参数说明：

ReportName：报表名称。

StartRow：要设置数值的报表的开始行号（可用变量代替）。

StartCol：要设置数值的报表的开始列号（这里的列号使用数值，可用变量代替）。

EndRow：要设置数值的报表的结束行号（可用变量代替）。

EndCol：要设置数值的报表的结束列号（这里的列号使用数值，可用变量代替）。

Value：要设置的文本。

8.8.2 Average

此函数为对指定的组态王报表表格的多个单元格求平均值，或求多个变量的平均值。

语法格式：

```
Average('a1','a2');
```

或

```
Average('a1:a10');
```

a1、a2 为组态王单元格所在的行号列标，或整型或实型变量。其中参数个数为 1～32 个。

当对报表的指定单元格区域内的单元格进行求平均值运算时，结果显示在当前单元格内，语法格式使用如下：

```
Average('a1','a2');
```

例如：

任意单元格选择求平均值：

```
=Average('a1','b2','r10') ;
```

连续的单元格求平均值：

```
=Average('b1:b10');
```

求变量的平均值：

```
AverageValue= Average(lVar1,fVar1);
```

8.8.3 HTConvertTime

此函数将指定的时间格式（年，月，日，时，分，秒）转换为以秒为单位的长整型数，转换的时间基准是 UTC（格林尼治）1970 年 1 月 1 日 00:00:00。例：北京为东八区，那么转换的时间基准为 1970 年 1 月 1 日 8:00:00。

（1）语法格式：

```
HTConvertTime(Year,Month,Day,Hour,Minute,Second);
```

（2）参数说明：

Year：年，整型，此值必须介于 1970～2019 之间。

Month：月，整型，此值必须介于 1～12 之间。

Day：日，整型，此值必须介于 1～31 之间。

Hour：小时，整型，此值必须介于 0～23 之间。

Minute：分钟，整型，此值必须介于 0～59 之间。

Second：秒，整型，此值必须介于 0～59 之间。

（3）返回值：整型。

例如，语句“HTConvertTime(1970,1,1,9,0,0)”执行后返回长整型数为 3600。

8.8.4 ReportSetTime

此函数为报表专用函数，向报表设置连续的时间字符串，配合函数 ReportSetHisData 设置返回的历史数据的时间，日期和时间显示格式可以在开发系统报表单元格中进行设置。

（1）语法格式：

```
ReportSetTime("ReportName", StartTime, SepTime, "szContent");
```

（2）参数说明：

ReportName：要填写查询数据结果的报表名称。

StartTime：数据查询的开始时间，该时间是通过组态王 HTConvertTime 函数转换的以 1970 年 1 月 1 日 8:00:00 为基准的长整型数，所以用户在使用本函数查询历史数据之前，应先将查询起始时间转换为长整型数值。

SepTime：生成时间的时间间隔，单位为秒。

szContent：生成的时间字符填充的单元格区域。

例如，在报表中插入的时间为自 2001 年 5 月 1 日 8:00:00 以来的时间段，时间段间隔为 30 秒，数据报表填充的区域为“a2:a100”：

```
long StartTime; (StartTime 为自定义变量)
StartTime=HTConvertTime(2001, 5, 1, 8, 0, 0);
ReportSetTime ("历史数据报表", StartTime, 30, "a2:a100");
```

8.8.5　ReportSetHistData

ReportSetHistData 函数为报表专用函数，按照用户给定的参数查询历史数据，语法格式使用如下：

```
ReportSetHistData(ReportName, TagName, StartTime,SepTime, szContent);
```

参数说明：

ReportName：要填写查询数据结果的报表名称。

TagName：所要查询的变量名称, 类型为字符串型。

StartTime：数据查询的开始时间，该时间是通过组态王 HTConvertTime 函数转换的以 1970 年 1 月 1 日 8:00:00 为基准的长整型数，所以用户在使用本函数查询历史数据之前，应先将查询起始时间转换为长整型数值。

SepTime：查询的数据的时间间隔，单位为秒。

szContent：查询结果填充的单元格范围。

例如，查询变量“压力”自 2001 年 5 月 1 日 8:00:00 以来的数据查询间隔为 30 秒，数据报表的填充范围为“a2 :a50”，表示竖排第一列从第二行到第五十行。

```
long StartTime; (StartTime 为自定义变量)
StartTime=HTConvertTime(2001, 5, 1, 8, 0, 0);
ReportSetHistData("历史数据报表","压力",StartTime, 30,"a2:a50");
```

8.8.6　StrFromInt

StrFromInt 函数将一整数值转换为另一进制下的字符串表示。调用格式

```
MessageResult=StrFromInt(Integer,Base);
```

参数描述：

Integer：要转换的数，数字或组态王的整型变量。

Base：用来转换的进制，数字或组态王的整型变量。

Integer：被转换成指定的进制，结果将存在 MessageResult 中。

例如：

```
StrFromInt(26, 2);                //返回"11010"
```

```
StrFromInt(26, 8);                  //返回"32"
StrFromInt(26, 16);                 //返回"1A"。
```

8.9 利用 Excel 实现历史数据报表生成

Microsoft Excel 是 Microsoft 公司推出的具有强大功能的报表生成系统，将组态王与 Excel 结合起来，可实现各种复杂的报表，运行组态王工程。

图 8-32　打开 KingReport.xls

（1）启动 Excel，打开 KingReport.xls，此文件在组态王安装目录下，此时菜单中自动增加一项内容“历史报表”，如图 8-32 所示。

（2）单击“历史报表”菜单，首次打开时如果工程路径不正确，会弹出“加载工程失败，请确认工程路径是否正确”的对话框。

（3）单击“确定”按钮弹出“查询参数设置”对话框，如图 8-33 所示。

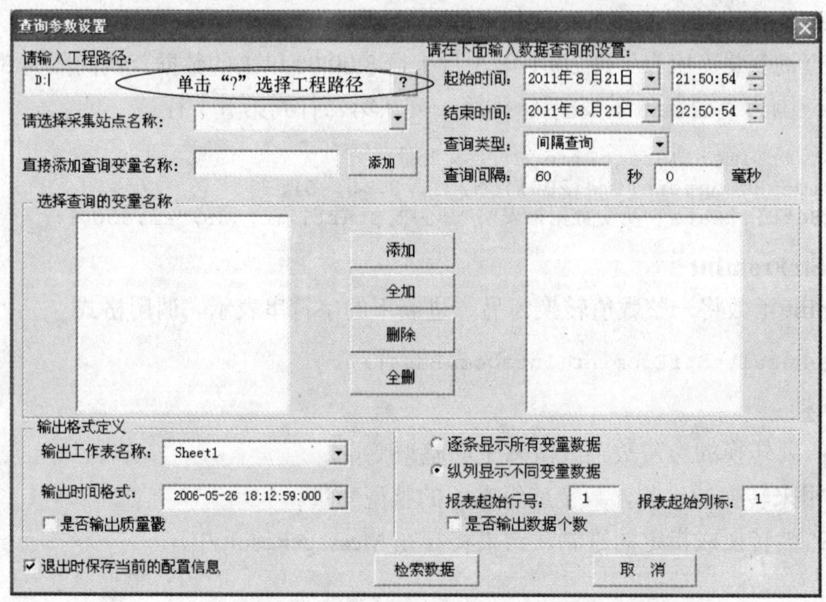

图 8-33　KingReport.xls 表中历史数据查询参数设置对话框

（4）根据弹出的“查询参数设置”对话框进行设置，查询参数设置完毕后，单击“检索数据”按钮，执行后，所需的历史数据填充到 KingReport.xls 设置的 Sheet1～Sheet5 表中，如图 8-34 所示。

组态王数据查询报表 - KingReport.xls

	A	D	E	F	G	H	I
1		FT102	FV101	FV102	FV103	TT101	LT101
2	时间	数据值	数据值	数据值	数据值	数据值	数据值
3	2011-10-12 13:54:21:000	100	90	85	24	250	50
4	2011-10-12 13:55:21:000	90	85	80	23	230	45
5	2011-10-12 13:56:21:000	85	80	75	22	220	44
6	2011-10-12 13:57:21:000	80	75	70	20	210	43

图 8-34　检索后的历史数据表

用户可对检索后的数据利用 Microsoft Excel 进行统计、分析，非常方便。

8.10　组态王 6.55 版新的功能——报表向导

组态王 6.55 版新的功能推出报表向导，以组态王的历史库或 KingHistorian 为数据源来快速创建所需的班报表、日报表、周报表、月报表、季报表和年报表。此外，还可以实现值的行列统计功能。

创建一个报表窗口，选中新建的报表窗口，弹出“报表工具箱”对话框，如图 8-35 所示。

单击报表工具箱的按钮 →（在组态王 6.53 版本中无此按钮），弹出如图 8-36 所示的“数据源选择”对话框。

在图 8-36 所示的对话框中，可以选择添加工业库变量（在配置了工业库的情况下）或添加历史库变量。

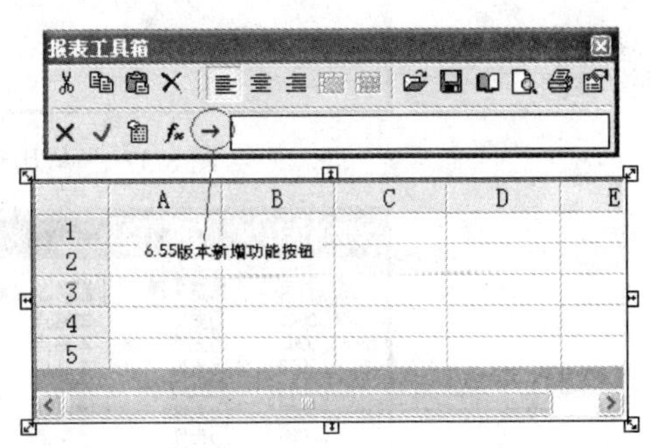

图 8-35　创建报表窗口

历史库变量的添加的步骤如下：

（1）单击图 8-36 中的“添加历史库变量”按钮，弹出“从历史库添加变量”对话框，如图 8-37 所示。

（2）在“记录的变量”列表中选择要添加的历史库变量，单击形如“->”按钮将其添加到“选择的变量”列表中，或单击“>>”按钮添加所有变量。选择完成后，单击“确定”按钮，添加的变量将会在图 8-36 的列表中显示，如图 8-38 所示。

（3）选择好变量后，单击图 8-38 中的“下一步”按钮，将会弹出如图 8-39 所示的对话框。在该对话框中，设置报表的基本属性。

图 8-36 “数据源选择”对话框

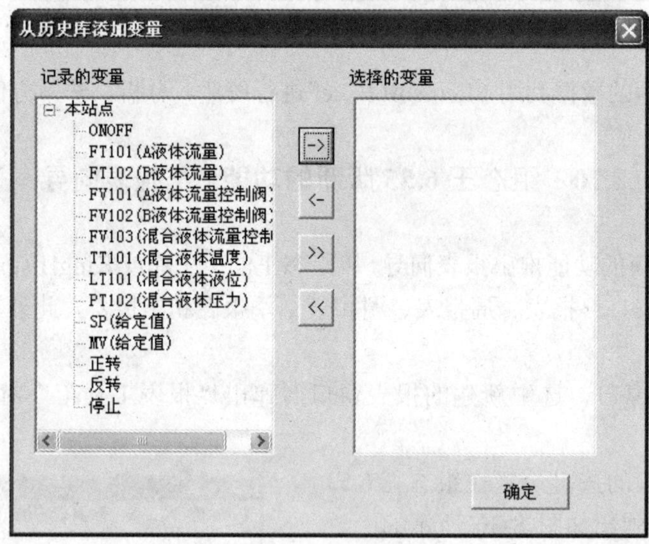

图 8-37 “从历史库添加变量”对话框

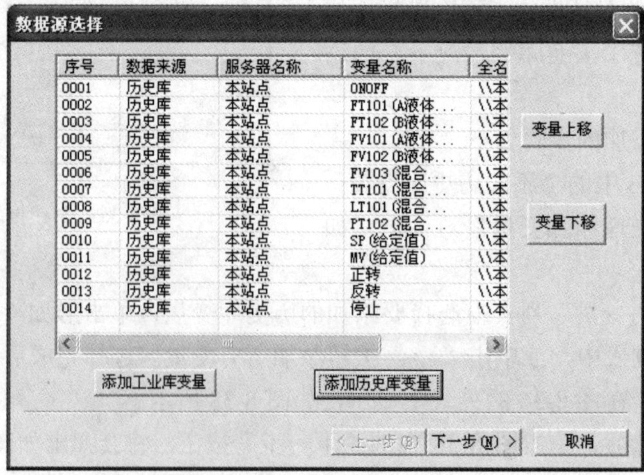

图 8-38 完成数据源选择

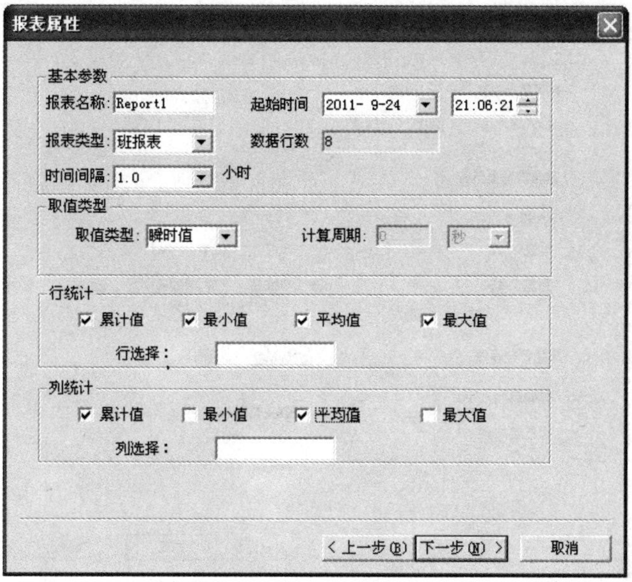

图 8-39 报表属性设置

报表名称：报表的唯一标识，不能与已存在的报表重名。

报表类型：包括班报表、日报表、周报表、月报表、季报表、年报表和自由报表。

报表的列数和行数：所有报表的列数都根据上一步所选择的变量数目固定。自由报表可以自由设置行数，并根据设置的起始时间和时间间隔，确定自由报表的数据统计范围。其它报表根据统计时间和时间间隔确定数据行数。其中，日报表统计 24 小时的数据，班报表统计 8 小时的数据。例如：若选择班报表，时间间隔设置为 1.0 小时，则行数为班报表统计时间/时间间隔=8 小时/1.0 小时=8，因此行数为 8 行。

起始时间：开始数据统计的起始时间。

时间间隔：报表统计的时间间隔。根据所选择的报表类型的不同，时间间隔的选择也不同。周报表、月报表、季报表和年报表时间间隔一定，所以当选择这几种报表时，时间间隔选项不可用。班报表和日报表以小时为单位，共有 0.5 小时、1 小时、2 小时三种时间间隔可以选择。自由报表比较灵活，可以选择不同的单位，写入不同的数字来组成时间间隔。

取值类型：有瞬时值、最大值、最小值和平均值四个选项，默认为瞬时值。当选择为最大值、最小值或平均值时，会根据设置的计算周期，当在每个时间间隔内到达计算周期时，取数据的瞬时值，进行最大、最小和平均值的计算，并输出。

计算周期：当取值类型选为最大值、最小值和平均值时，才可用。

行统计和列统计：选择是否需要行末、列末统计，并填写需要统计的行与列。这里行、列的选择格式是一定的，必须从小到大排列，非连续数目用“，”隔开，连续的数字用“-”连接开始和结束的数目，如“1，3-5，7-8”。表示选择了第 1 行、第 3～5 行、第 7～8 行数据进行统计。

（4）设置好报表的参数后，单击“下一步”按钮，弹出如图 8-40 所示的对话框。

图 8-40　报表的显示属性设置

时间显示格式选择：提供“2010-6-8 15:21:00”，“2010/6/8 15:21:00”和“2010 年 6 月 8 日 15:21:00”三种格式供选择。

故障数据显示：该功能未实现，目前只能和报表其他函数一样，在故障数据处显示“---”。

行高和列宽：设置报表的行高和列宽，单位可以选择像素或者毫米，默认为像素。

标题起始行和起始列：设置标题的起始行数和起始列数。

表头类型：有固定表头和自由表头两个选项。若选择固定表头，则在报表内容较多的情况下，用滚动条翻页时，每屏数据的第一行都会存在表头；若选择自由表头，只在首屏的第一行存在表头。

（5）完成报表显示属性的设置后，单击“完成”按钮返回开发系统界面并显示生成的报表，如图 8-41 所示。

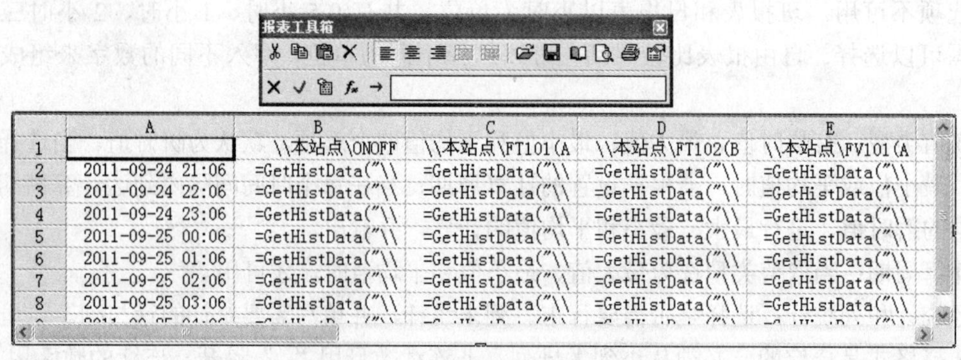

	A	B	C	D	E
1		\\本站点\ONOFF	\\本站点\FT101(A	\\本站点\FT102(B	\\本站点\FV101(A
2	2011-09-24 21:06	=GetHistData("\\	=GetHistData("\\	=GetHistData("\\	=GetHistData("\\
3	2011-09-24 22:06	=GetHistData("\\	=GetHistData("\\	=GetHistData("\\	=GetHistData("\\
4	2011-09-24 23:06	=GetHistData("\\	=GetHistData("\\	=GetHistData("\\	=GetHistData("\\
5	2011-09-25 00:06	=GetHistData("\\	=GetHistData("\\	=GetHistData("\\	=GetHistData("\\
6	2011-09-25 01:06	=GetHistData("\\	=GetHistData("\\	=GetHistData("\\	=GetHistData("\\
7	2011-09-25 02:06	=GetHistData("\\	=GetHistData("\\	=GetHistData("\\	=GetHistData("\\
8	2011-09-25 03:06	=GetHistData("\\	=GetHistData("\\	=GetHistData("\\	=GetHistData("\\

图 8-41　利用报表向导生成的报表

在运行由报表向导生成的报表时，可以调用 ReportSetStartTime(const char *pReprotName) 重新设置报表的查询起始时间，“const char* pReportName”为报表名称。该函数可以在按钮弹起的脚本中使用，运行后将弹出设置报表起始时间的对话框，如图 8-42 所示，可以重新设置报表的查询时间。

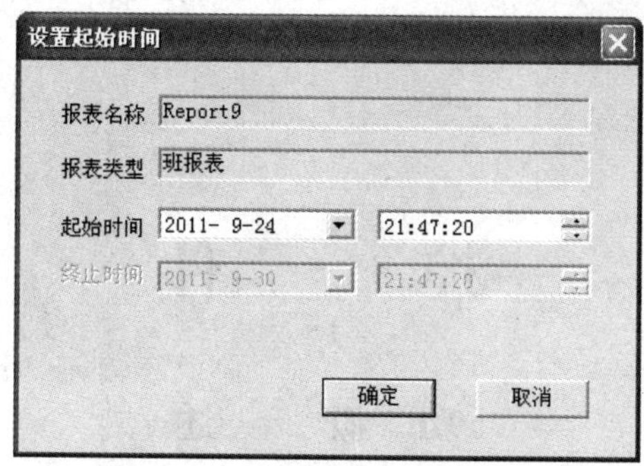

图 8-42 设置起始时间

在组态王 6.55 版本中，利用报表向导可以快速创建所需的班报表、日报表、周报表、月报表、季报表和年报表。此外，还可以实现值的行列统计功能，非常方便。

第9章

控 件

9.1 概 述

控件可以作为一个相对独立的程序单位被其他应用程序重复调用。控件的接口是标准的，凡是满足这些接口条件的控件，包括第三方软件供应商开发的控件，都可以被组态王直接调用。组态王中提供的控件在外观上类似于组合图素，工程人员只需把它放在画面上，然后配置控件的属性进行相应的函数连接，控件就能完成其复杂的功能。

控件实际上是可重用对象，用来执行专门的任务。每个控件实质上都是一个微型程序，但不是一个独立的应用程序，通过控件的属性、方法等控制控件的外观和行为，接受输入并提供输出。例如，Windows 操作系统中的组合列表框就是一个控件，通过设置属性可以决定组合列表框的大小，要显示文本的字体类型，以及显示的颜色。组态王的控件（如棒图、温控曲线、X-Y 轴曲线）就是一种微型程序，它们能提供各种属性和丰富的命令语言函数用来完成各种特定的功能。

当所实现的功能由主程序完成时需要很复杂的命令语言或根本无法完成时，可以采用控件。主程序只需要向控件提供输入，而剩下的复杂工作由控件去完成，主程序无需理睬其过程，只要控件提供所需要的结果输出即可。另外，控件的可重用性也为操作提供了方便。例如画面上需要多个二维条图，用以表示不同变量的变化情况，如果没有棒图控件，则首先要利用工具箱绘制多个长方形框，然后将它们分别进行填充连接，每一个变量对应一个长方形框，最后把这些复杂的步骤合在一起，才能完成棒图控件的功能。而直接利用棒图控件，工程人员只要把棒图控件复制到画面上，对它进行相应的属性设置和命令语言函数的连接，就可实现用二维条图或三维条图来显示多个不同变量的变化情况。总之，使用控件将极大地提高工程人员工程开发和工程运行的效率。

组态王本身提供很多内置控件，如列表框、选项按钮、棒图、温控曲线、视频控件等，这些控件只能通过组态王主程序来调用，其它程序无法使用，这些控件的使用主要是通过组态王相应控件函数或与之连接的变量来实现。

随着 Active X 技术的应用，Active X 控件也被普遍使用。组态王支持符合其数据类型的 Active X 标准控件。这些控件包括 Microsoft Windows 标准控件和任何用户制作的标准 Active X 控件。这些控件在组态王中被称为通用控件，组态王程序中只要提到通用控件，即是指 Active X 控件。

9.2　组态王内置控件

组态王内置控件是组态王提供的、只能在组态王程序内使用的控件。它能实现控件的功能，组态王通过内置的控件函数和连接的变量来操作、控制控件，从控件获得输出结果，其它用户程序无法调用组态王内置控件。这些控件包括棒图控件、温控曲线、X—Y 曲线、列表框、选项按钮、文本框、超级文本框、AVI 动画播放控件、视频控件、开放式数据库查询控件、历史曲线控件等。在组态王中加载内置控件，可以单击工具箱中的插入控件按钮，如图 9-1 所示。

对话框左侧的“种类”列表中列举了内置控件的类型，选择每一项，在右侧的内容显示区中可以看到该类中包含的控件。选择控件图标，单击“创建”按钮，则创建控件；单击“取消”按钮，则取消创建。

下面介绍部分组态王内置控件的制作及使用。由于控件涉及的命令语言函数较多，因此在介绍每个控件之前会对一些相应的命令语言函数进行介绍。

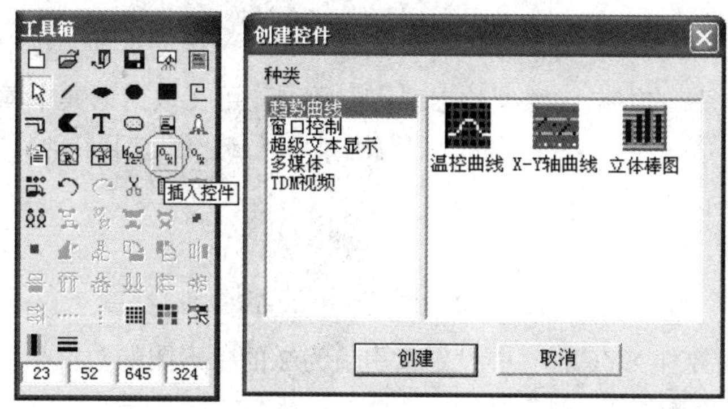

图 9-1　加载内置控件

9.2.1　立体棒图控件

棒图是指用图形的变化表现与之关联的数据的变化的绘图图表。组态王中的棒图图形可以是二维条形图、三维条形图或饼图。

9.2.1.1　与棒图控件有关的函数

（1）chartClear 函数。此函数用于在指定的棒图控件中清除所有的棒形图。

1）语法格式：

```
chartClear( "ControlName" );
```

2）参数说明：

ControlName：工程人员定义的棒图控件名称，可以为中文名或英文名。

例如：

```
chartClear( "XYChart" );
```

此语句把棒图控件 XYChart 中的所有棒图清除。

3）命令语言编辑框“显示时”使用。

（2）chartAdd 函数。此函数用于在指定的棒图控件中增加一个新的条形图。

1）语法格式：

```
chartAdd( "ControlName", Value, "label" );
```

2）参数说明：

ControlName：工程人员定义的棒图控件名称，可以为中文名或英文名。

Value：设定条形图的初始值，整型数据或实型数据，可在数据词典中读取。

label：设定条形图的标签值，默认值=索引值 Index，Index 的取值范围是 1～16，可以定义为数据词典中的变量描述。

3）命令语言编辑框“显示时”使用。

（3）chartSetValue 函数。此函数用于在指定的棒图控件中设定/修改索引值为 Index 的条形图的数据。

1）语法格式：

```
chartSetValue( "ControlName", Index, Value );
```

2）参数说明：

ControlName：工程人员定义的棒图控件名称，可以为中文名或英文名。

Value：设定条形图的数据，整型数据或实型数据，可在数据词典中读取。

Index：条形图的标签值，Index 的取值范围是 0～15，组态王自动从 0 开始加 1，给每一个新增加的条形图由小到大设定标签值。

例如：

```
chartSetValue( "XYChart",2, 30);
```

此语句将在棒图控件 XYChart 中设定索引值为 2 的条形图的数据为 30。

3）命令语言编辑框“存在时”使用。

9.2.1.2　创建棒图控件到画面

使用棒图控件，需先在画面上创建控件。单击工具箱中的插入控件按钮，或选择画面开发系统中的“编辑”→“插入控件”菜单，系统弹出“创建控件”对话框（见图 9-1），在种类列表中选择“趋势曲线”，在右侧的内容中选择“立体棒图”图标（见图 9-1），单击对话框的“创建”按钮，或直接双击“立体棒图”图标，关闭对话框。此时鼠标变成小“十”字形，在画面上需要插入控件的地方按住鼠标左键拖动，画面上出现一个矩形框，表示创建后控件界面的大小。松开鼠标，控件在画面上显示出来，如图 9-2 所示。

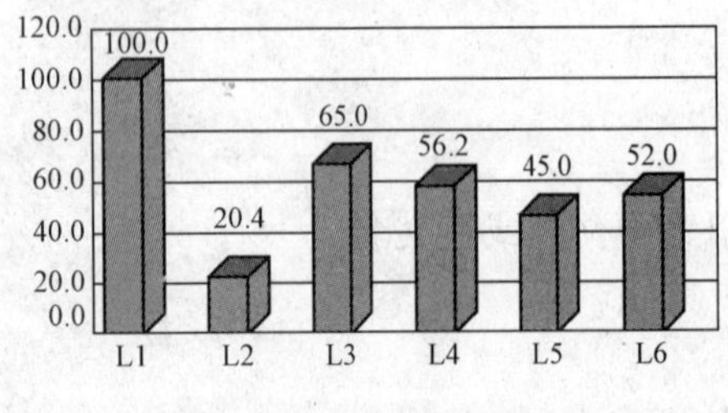

图 9-2　棒图控件

控件周围有带箭头的小矩形框，鼠标挪到小矩形框上，鼠标箭头变为方向箭头时，按住鼠标左键并拖动，可以改变控件的大小。当鼠标在控件上变为双“十”字形时，按住鼠标左键并拖动，可以改变控件的位置。

棒图每一个条形图下面对应一个标签（如 L1、L2、L3、L4、L5、L6），这些标签分别和组态王数据库中的变量相对应，当数据库中的变量发生变化时，则与每个标签相对应的条形图的高度也随之动态地发生变化，因此通过棒图控件可以实时地反映数据库中变量的变化情况。另外，工程人员还可以使用三维条形图和二维饼形图进行数据的动态显示。

9.2.1.3 设置棒图控件的属性

双击棒图控件，则弹出棒图控件属性设置对话框，如图 9-3 所示。

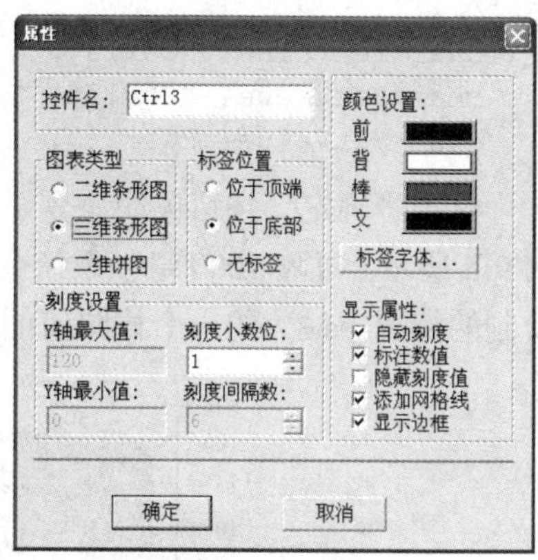

图 9-3 棒图控件属性设置

此属性页用于设置棒图控件的控件名称、图表类型、标签位置、颜色、刻度、字体、显示属性等，用户可根据自己的需要进行设置。

（1）图表类型：提供二维条形图、三维条形图和二维饼形图三种类型，三种类型显示效果如图 9-4 所示。

（2）标签位置：用于指定变量标签放置的位置，提供位于顶端、位于底部、无标签三种类型。

（3）颜色设置：用于对控件图形的前景、背景、棒图、文字颜色的设置。

（4）刻度设置：对 Y 轴的最大值、最小值、小数点位数、刻度间隔数进行设置。

（5）显示属性：对自动刻度、标注数值、隐藏刻度值、添加网格线、显示边框进行设置。

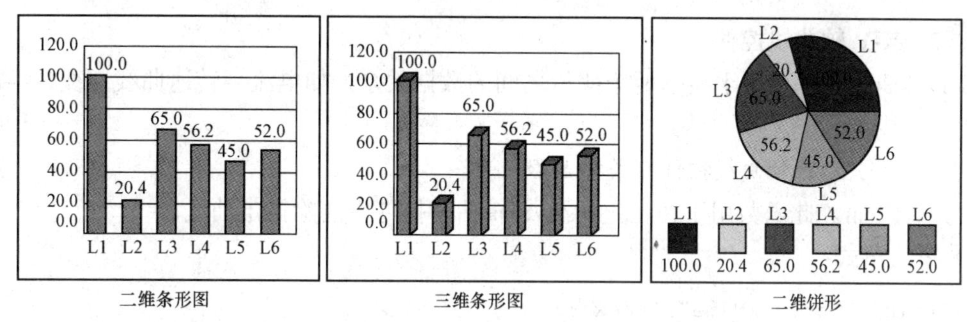

图 9-4 图表的三种类型

9.2.1.4 功能实现说明

设置完棒图控件的属性后，棒图控件与变量关联及棒图的刷新都使用组态王提供的棒图函数来完成。

【例 9-1】 在［例 3-4］中，在画面上用棒图显示变量“混合液体温度 TT101”、“混合液体液位 LT101”和“混合液体压力 PT102”的值的变化。

按照下列步骤进行：

（1）创建棒图控件到画面，如图 9-2 所示，控件名称“Ctrl3”。

（2）设置棒图控件的属性，对图 9-3 中的属性进行设置，图表类型设置为三维条形图。

（3）在画面上右击，在弹出的快捷菜单中选择“画面属性”，在弹出的画面属性对话框中单击“命令语言”按钮。

单击“显示时”标签，在命令语言编辑器中，添加如下程序：

```
chartClear( "Ctrl3" );
chartAdd( "Ctrl3", \\本站点\TT101, "混合液体温度" );
```

```
chartAdd( "Ctrl3", \\本站点\LT101, "混合液体液位" );
chartAdd( "Ctrl3", \\本站点\PT102, "混合液体压力" );
```

单击“存在时”标签，在命令语言编辑器中定义执行周期为1000毫秒。添加如下程序：

```
chartSetValue( "Ctrl3", 0,\\本站点\TT101);
chartSetValue( "Ctrl3", 1,\\本站点\LT101 );
chartSetValue( "Ctrl3", 2, \\本站点\PT102 );
```

单击“确定”按钮关闭命令语言编辑器，保存画面，切换到运行画面时，打开该画面如图9-5所示。每隔1000毫秒系统会用相关变量的值刷新一次控件，而且控件的数值轴标记随绘制的棒图中最大的一个棒图值的变化而变化。

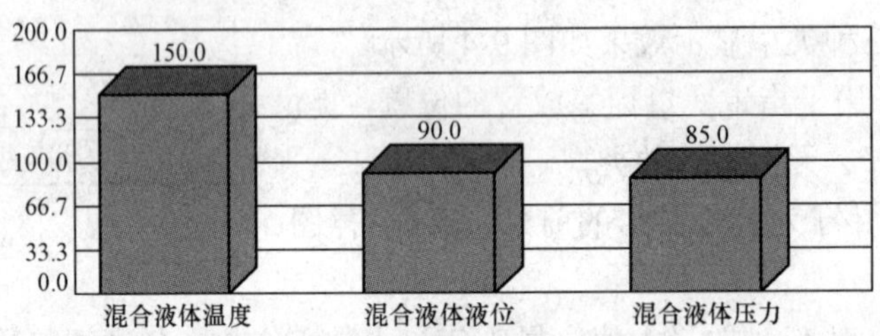

图9-5　棒图运行画面

9.2.2　X-Y轴曲线控件

X-Y轴曲线控件可用于显示两个变量之间的数据关系，如电流—转速曲线、变量—时间等形式的曲线。

9.2.2.1　与X-Y轴曲线控件有关的函数

（1）xyClear。此函数用于在指定的X-Y轴曲线控件中清除指定曲线。

1）语法格式：

```
xyClear( "ControlName",Index );
```

2）参数说明：

ControlName：工程人员定义的X-Y轴曲线控件名称，可以为中文名或英文名。

Index：给出X-Y轴曲线控件中的曲线索引号，取值范围0～7，当取值为–1时，则清除所有曲线。

3）命令语言编辑框“显示时”使用。

（2）xyAddNewPoint。此函数用于在指定的X-Y轴曲线控件中给指定曲线添加一个数据点。

1）语法格式：

```
xyAddNewPoint ( "ControlName", X, Y, Index );
```

2）参数说明：

ControlName：工程人员定义的X-Y轴曲线控件名称，可以为中文名或英文名。

X：设置数据点的X轴坐标值；可在数据词典中读取。

Y：设置数据点的Y轴坐标值；可在数据词典中读取。

Index：给出X-Y轴曲线控件中的曲线索引号，取值范围0～7。

3）命令语言编辑框“存在时”使用。

9.2.2.2　创建 X-Y 轴曲线控件到画面

使用 X-Y 轴曲线控件，需先在画面上创建控件。单击工具箱中的插入控件按钮，或选择画面开发系统中的“编辑”→“插入控件”菜单项，系统弹出“创建控件”对话框，在种类列表中选择“趋势曲线”，在右侧的内容中选择“X-Y 轴曲线”图标，如图 9-1 所示，单击对话框上的“创建”按钮，或直接双击“X-Y 轴曲线”图标，关闭对话框。此时鼠标变成小“十”字形，在画面上需要插入控件的地方按下鼠标左键拖动，画面上出现一个矩形框，表示创建后控件界面的大小。松开鼠标，控件在画面上显示出来，如图 9-6 所示。

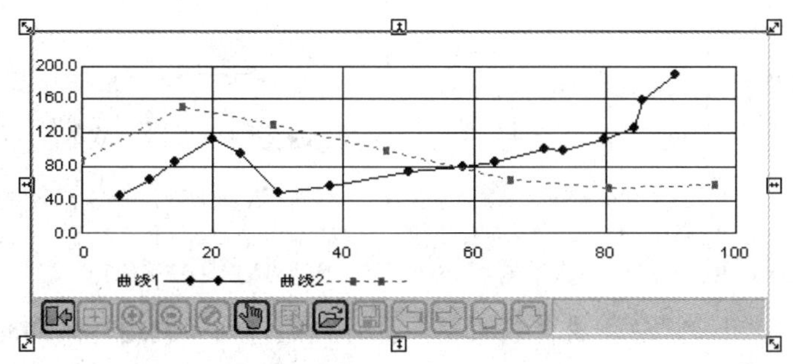

图 9-6　X-Y 轴曲线控件

控件周围有带箭头的小矩形框，鼠标挪到小矩形框上，鼠标箭头变为方向箭头时，按下鼠标左键拖动，可以改变控件的大小。当鼠标在控件上变为双“十”字形时，按下鼠标左键并拖动，可以改变控件的位置。

9.2.2.3　设置 X-Y 轴曲线控件的属性

双击 X-Y 轴曲线控件，则弹出 X-Y 轴曲线控件属性设置对话框，如图 9-7 所示。

此属性页用于设置 X-Y 轴曲线控件的控件名称、初始化、颜色设置、显示属性设置、操作工具条等各种属性，用户可根据自己的需要进行设置。

（1）初始化设置：对 X、Y 轴的最大值、最小值、分度数、小数位等进行设置。

（2）颜色设置：对字体、字号、曲线颜色等进行设置。

图 9-7　X-Y 轴曲线控件属性设置

（3）显示属性设置：对显示图例、边框、网格线等进行设置。

（4）显示操作条：对是否需要操作工具条、曲线的初始状态（最大化或最小化）等进行设置。

9.2.2.4　功能实现说明

设置完 X-Y 轴曲线控件的属性后，X-Y 轴曲线控件与变量关联，且 X-Y 轴曲线的刷新都是使用组态王提供的 X-Y 轴曲线函数来完成的。

【例 9-2】 在［例 3-4］中，在画面上利用 X-Y 轴曲线显示变量“混合液体温度 TT101”、“混合液体液位 LT101”和“混合液体压力 PT102”的值的变化趋势。

按照下列步骤进行：

（1）创建 X-Y 轴曲线控件到画面，如图 9-6 所示，控件名称“Ctrl2”。

（2）设置棒图控件的属性，对图 9-7 中的属性进行设置。

（3）在画面上右击，在弹出的快捷菜单中选择“画面属性”，在弹出的画面属性对话框中单击“命令语言”按钮。

单击“显示时”标签，在命令语言编辑器中，添加如下程序：

```
xyClear( "Ctrl2",0 );
```

单击“存在时”标签，在命令语言编辑器中，添加如下程序（本例中是利用 X-Y 轴曲线显示变量的变化趋势，因此 X 轴都选择时间，这里选择系统变量“\\本站点\$秒”）：

```
xyAddNewPoint( "Ctrl2", \\本站点\$秒, \\本站点\TT101, 0 );
xyAddNewPoint( "Ctrl2", \\本站点\$秒, \\本站点\LT101, 1);
xyAddNewPoint( "Ctrl2", \\本站点\$秒, \\本站点\PT102, 2);
```

单击“确定”按钮关闭命令语言编辑器，保存画面，切换到运行画面时，打开该画面如图 9-8 所示。

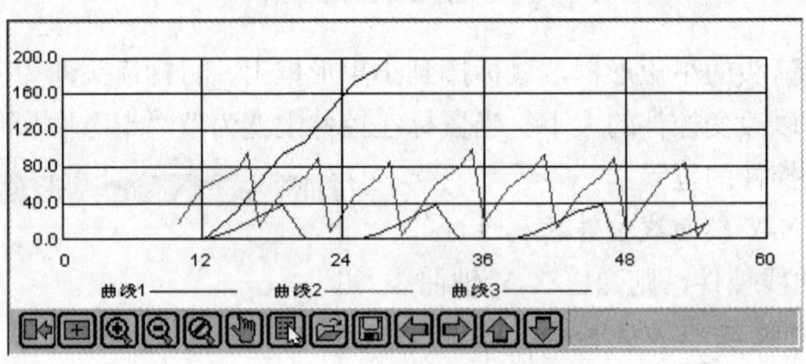

图 9-8　X-Y 轴曲线控件运行画面

9.2.3　列表框控件

在列表框中，可以动态加载数据选项，当需要数据时，可以直接在列表框中选择，使与控件关联的变量获得数据。

9.2.3.1　与列表框控件有关的函数

（1）listAddItem。此函数将给定的列表项字符串信息 MessageTag 增加到指定的列表框控件 ControlName 中并显示出来。组态王将增加的字符串信息作为列表框中的一个成员项 Item，并自动给这个成员项定义一个索引号 ItemIndex，索引号 ItemIndex 从 1 开始由小到大自动加 1。

1）语法格式：

```
listAddItem("ControlName","MessageTag");
```

2）参数说明：

ControlName：列表框控件名称，可以为中文名或英文名。

MessageTag：字符串值，表示增加到指定列表框控件的成员项字符串信息。

（2）listSaveList

此函数用于将列表框控件 ControlName 中的列表项信息存入 CSV 文件 Filename 中。如果该文件不存在，则直接创建。

1）语法格式：

```
listSaveList("ControlName","Filename");
```

2）参数说明：

ControlName：列表框控件名称，可以为中文名或英文名。

Filename：CSV 文件，按一定格式用以存放列表框中的列表项（含路径）。

（3）listLoadList。此函数用于将 CSV 文件 Filename 中的列表项调入指定的列表框控件 ControlName 中，并替换列表框中的原有列表项。列表框中只显示列表项的成员名称（字符串信息），而不显示相关的数据值。

1）语法格式：

```
listLoadList("ControlName","Filename");
```

2）参数说明：

ControlName：列表框控件名称，可以为中文名或英文名。

Filename：csv 文件，用写字板程序进行编辑，用以存放列表框中要显示的列表项。

9.2.3.2 创建列表框控件

单击工具箱中的插入控件按钮，或选择画面开发系统中的“编辑”→“插入控件”菜单项。系统弹出“创建控件”对话框，如图 9-1 所示，在种类列表中选择“窗口控制”，在右侧的内容中选择“列表框”图标，单击对话框的“创建”按钮，或直接双击“列表框”图标，关闭对话框。此时鼠标变成小“十”字形，在画面上需要插入控件的地方按住鼠标左键拖动，画面上出现一个矩形框，表示创建后控件界面的大小。松开鼠标，控件在画面上显示出来，如图 9-9 所示。控件周围有带箭头的小矩形框，鼠标挪到小矩形框上，鼠标箭头变为方向箭头时，按住鼠标左键并拖动，可以改变控件的大小。当鼠标在控件上变为双“十”字形时，按住鼠标左键并拖动，可以改变控件的位置。

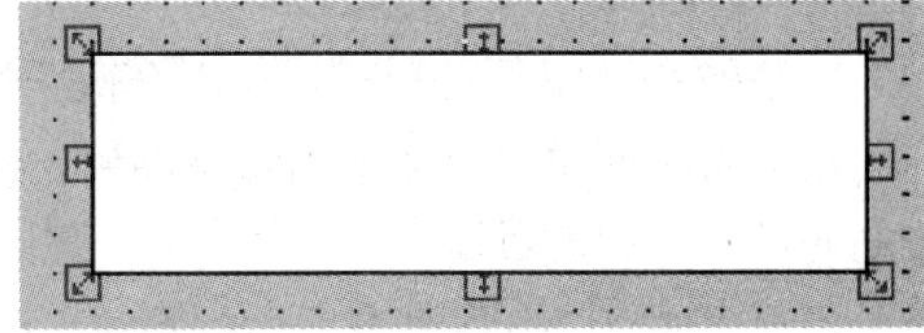

图 9-9 列表框控件

从外观上看，画面上放置的列表框控件与普通的矩形图素相似，但在进行动画连接和运行环境中是不同的。

9.2.3.3 设置列表框控件属性

在使用列表框控件之前，需要先对控件的属性进行设置，设置控件名称、关联的变量和操作权限等。操作步骤如下：

右击列表框控件，弹出浮动式菜单，选择菜单命令“动画连接”，弹出“列表框控件属性”对话框，或双击列表框控件，弹出“列表框控件属性”对话框，如图 9-10 所示。

图 9-10 “列表框控件属性”对话框

（1）控件名称：定义控件的名称，一个列表框控件对应一个控件名称，而且是唯一的，不能重复命名，控件的命名应符合组态王的命名规则。

（2）变量名称：指定与当前列表框控件关联的变量，该变量为组态王数据字典中已定义的字符串型变量。

（3）排序：此选项有效时列表框中的内容按字母顺序排列。

9.2.3.4 功能实现说明

对于列表框控件中数据项的添加、修改、获取或删除等操作都是通过列表框控件函数实现的。

【例 9-3】 制作一个动态的列表，可以向列表框中动态添加数据，添加完成后，需要保存列表为文件，文件保存在当前工程路径下（如 D:\Test），在以后使用需要时要从文件中读出列表信息。

操作步骤如下：

在组态王数据词典中定义变量“列表数据”字符串变量。

在画面上创建列表框控件，定义控件属性。将图 9-10 中的变量名称改为在组态王数据词典中定义过的“列表数据”字符串变量，控件名称为默认的“Ctrl5”。

在画面上创建三个按钮，如图 9-11 所示。按钮的作用和连接的动画连接命令语言分别为：

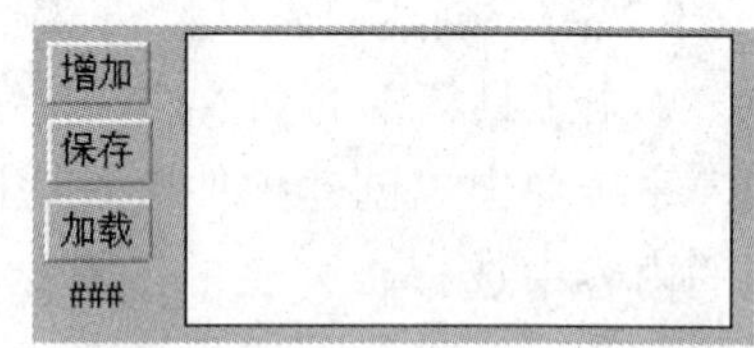

图 9-11 创建列表框和操作按钮

“增加”按钮：增加数据项。按钮动画连接“弹起时”在命令语言编辑框内写入：

```
listAddItem("Ctrl5",列表数据);
```

“保存”按钮：保存列表框内容。按钮动画连接“弹起时”在命令语言编辑框内写入：

```
ListSaveList("Ctrl5","D:\Test\test.csv");
```

“加载”按钮：将指定 csv 文件中的内容加载到列表框中来。按钮动画连接“弹起时”在命令语言编辑框内写入：

```
ListLoadList("Ctrl5","D:\Test\test.csv");
```

在画面上创建一个文本图素“###”，定义动画连接为字符串值输入和字符串值输出，连接的变量为“列表数据”。

保存画面，切换到组态王运行系统，在文本图素中输入数据项的字符串值，如“数据 1”，如图 9-12 所示。单击“增加”按钮，则变量的内容增加到了列表框中。

按照上面的方法，可以向列表框中增加多个数据项。当在列表框中选中某一项时，与列表框关联的变量可以自动获得当前选择的数据项的字符串值，如图 9-12 所示。 单击“保存”按钮，可以将列表框中的数据项保存起来。当需要将保存的数据加载到列表框时，运行后可查询 D:\Test\test.csv 中的文件，内容和列表框中完全一样。单击“加载”按钮，原保存的列表数据就被加载到当前列表框中来。

9.2.4 超级文本显示控件

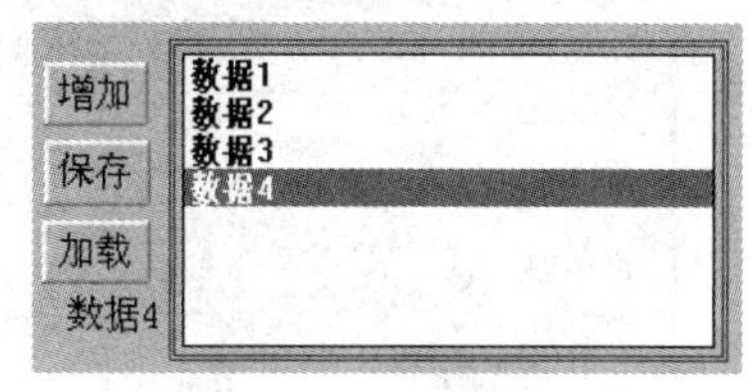

图 9-12 列表框运行画面

组态王提供一个超级文本显示控件，用于显示 rtf 格式或 txt 格式的文本文件，而且也可在超级文本显示控件中输入文本字符串，然后将其保存成指定的文件。调入 rtf、txt 格式的文件和保存文件通过超级文本显示控件函数来完成。

9.2.4.1 与超级文本显示控件有关的函数

（1）LoadText。此函数将指定的 rtf 或 txt 格式文件调入到超级文本显示控件中加以显示。

1）语法格式：

```
LoadText( "ControlName", "FileName", ".txt Or .rtf" );
```

2）参数说明：

ControlName：工程人员定义的超级文本显示控件名称，可以为中文名或英文名。

FileName：rtf 或 txt 格式的文件，可用 Windows 的写字板编写这两种格式的文件。

.txt Or .rtf：指定文件为 rtf 格式或 txt 格式。

（2）SaveText。此函数用于把超级文本显示控件中显示和编辑输入的文本字符串保存到指定的 rtf 或 txt 格式文件中。

1）语法格式：

```
SaveText("ControlName", "FileName", ".txt Or .rtf" );
```

2）参数说明：

ControlName：工程人员定义的超级文本显示控件名称，可以为中文名或英文名。

FileName：rtf 或 txt 格式的文件，可用 Windows 的写字板编写这两种格式的文件。

.txt Or .rtf：指定文件为 rtf 或 txt 格式。

9.2.4.2 创建超级文本显示控件

在画面开发系统的工具箱中选择插入控件按钮，或选择菜单“编辑”→“插入控件”菜单命令，弹出如图 9-1 所示的“创建控件”对话框中，在种类列表中选择“超级文本显示”，在右侧的内容中选择“显示框”图标，单击对话框上的“创建”按钮，或直接双击“显示框”图标，关闭对话框，此时鼠标变成小“十”字形，在画面上需要插入控件的地方按住鼠标并拖动，画面上出现一个矩形框，表示创建后控件界面的大小。松开鼠标，控件在画面上显示出来，如图 9-13 所示。控件周围有带箭头的小矩形框，鼠标挪到小矩形框上，光标箭头变为方向箭头时，按住鼠标左键并拖动，可以改变控件的大小。当鼠标在控件上变为双“十”字形时，按下鼠标左键并拖动，可以改变控件的位置。

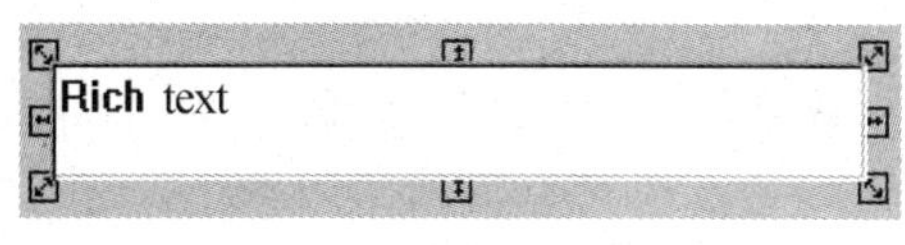

图 9-13 超级文本显示控件

9.2.4.3 设置超级文本显示控件属性

控件创建完成后，需要定义控件的属性。双击控件，弹出“超级文本显示框控件属性”对话框，如图 9-14 所示。

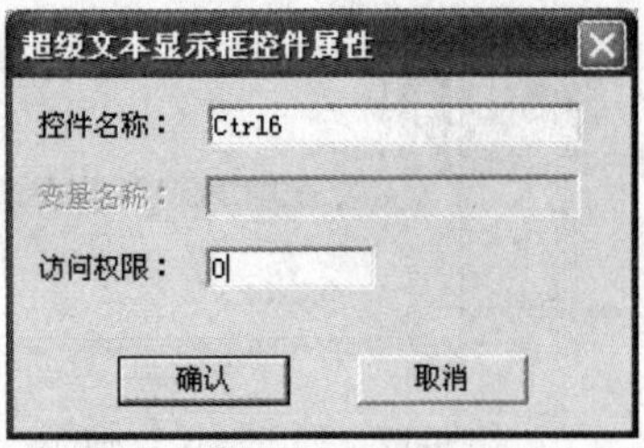

在“控件名称”文本框中定义控件的名称，一个显示框控件对应一个控件名称，而且是唯一的，不能重复命名，控件的命名应该符合组态王的命名规则。

图 9-14 “超级文本显示控件属性”对话框

9.2.4.4 功能实现说明

超级文本显示框的作用是显示 rtf 或 txt 格式的文本文件的内容，或在显示框中输入文本字符串，将其保存为 rtf 或 txt 格式的文本文件。实现以上功能要依靠组态王提供的 LoadText()和 SaveText()两个函数实现。

【例 9-4】 编写 rtf 格式的文件，用于显示 rtf 格式的文本文件，在超级文本显示控件中输入文本字符串，然后将其保存成指定的文件，调入 rtf 格式的文件和保存文件。

操作步骤如下：

用 Windows 操作系统的写字板编写一个 rtf 文件 test.rtf，将文件保存在指定的目录下，如 D:\Test\test.rtf，如图 9-15 所示。

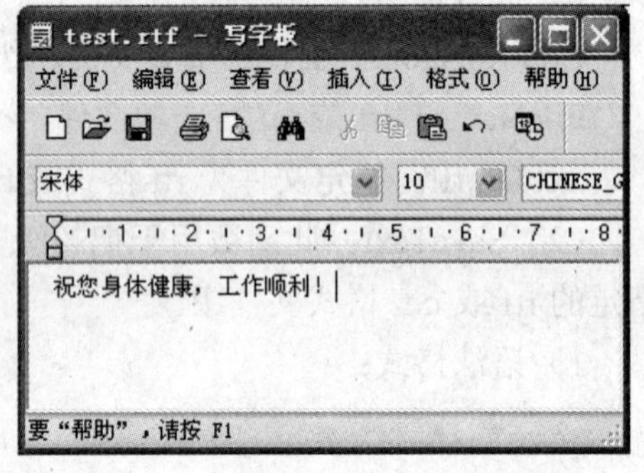

图 9-15 Windows 写字板中的文本文件

在组态王画面开发系统放置超级文本显示控件以及相应的操作按钮，放置超级文本显示控件，控件名设为“Ctrl6”，然后再放置“调入超级文本”和“保存超级文本”两个命令按钮，并将这两个按钮分别进行命令语言连接。

“调入超级文本”按钮：按钮动画连接“弹起时”在命令语言编辑框内写入：

```
LoadText( "Ctrl6", "d:\test\test.rtf", " .rtf" );
```

“保存超级文本”按钮：按钮动画连接“弹起时”在命令语言编辑框内写入：

```
SaveText( "Ctrl6", "d:\test\test.rtf", ".rtf" );
```

将画面文件全部保存。运行画面启动组态王运行系统，单击“调入超级文本”按钮，其结果如图 9-16 所示。

图 9-16 超级文本显示控件运行画面

修改显示框中的内容后，单击“保存超级文本”按钮，可以将显示框中的内容保存到指定的文件中。

编写 txt 格式的文件与编写 rtf 格式的文件基本相同，只要把格式改为 txt 文件，命令语言中将“.rtf”改为“.txt”即可。

9.3 Active X　控　件

组态王支持 Windows 标准的 Active X 控件，包括 Microsoft 提供的标准 Active X 控件和用户自制的 Active X 控件。Active X 控件的引入在很大程度上方便了用户，用户可以灵活地编制一个符合自身需要的控件，或调用一个已有的标准控件，来完成一项复杂的任务，而无须在组态王中做大量的复杂的工作。一般的 Active X 控件都具有控件属性、控件方法、控件事件，用户在组态王中通过调用控件的这些属性、事件、方法来完成工作。

9.3.1 创建 Active X 控件

在组态王工具箱上单击“插入通用控件”或选择菜单“编辑”→“插入通用控件”菜单命令，弹出“插入控件”对话框，如图 9-17 所示。

在对话框的列表框中列出了已经注册到 Windows 的 Active X 控件名称，用户从中通过单击鼠标选择所需的控件，在列表框的下方的标签文本显示当前选中的 Active X 控件所对应的文件。单击“取消”按钮取消插入控件操作；选中控件名称后单击“确定”按钮或双击该列表项，则插入控件对话框自动关闭，鼠标箭头变为小“十”字形，在画面上选择要插入控件的位置，按住鼠标左键拖动，直到拖动出的矩形框大小满足需要，放开鼠标，则创建的控件便出现在画面上。

对于 Active X 控件，以一个常用的 PID 控件为例，讲述怎样利用 PID 控件实现一些过程参数的控制。

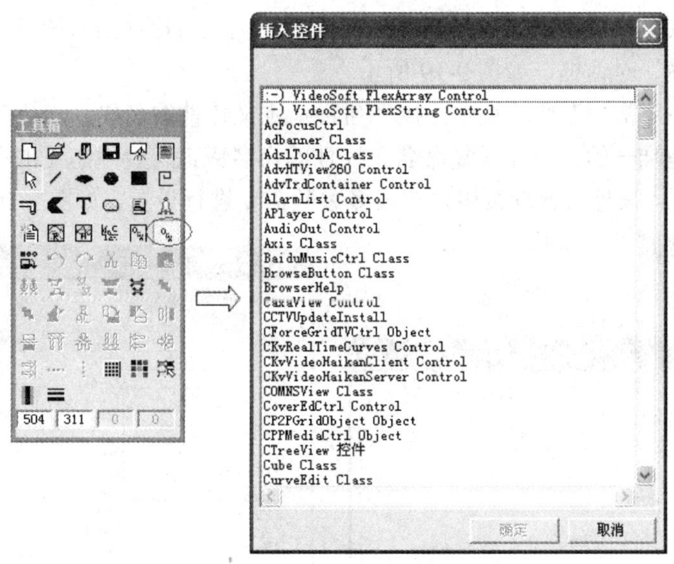

图 9-17　创建 Active X 控件

9.3.2 PID 控件

很多工业现场需要对控制项进行简单或复杂的 PID 控制。组态王提供了标准的 PID 控件可以实现 PID 控制，可以代替硬件实现 PID 的控制功能。

9.3.2.1　创建 PID 控件

选择工具箱的插入通用控件，弹出如图 9-17 所示的对话框，选择“Kingview Pid Control”控件。单击“确定”按钮，在画面中画出 PID 控件，如图 9-18 所示。双击此控件，对控件进行命名为“PID”。

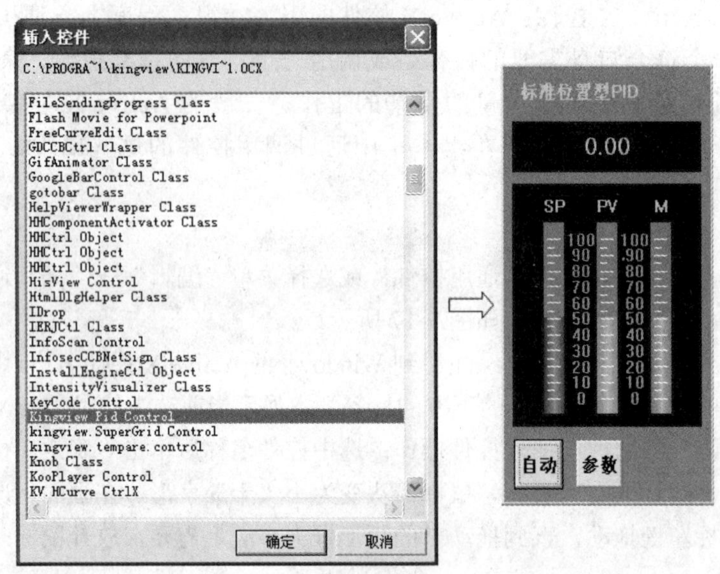

图 9-18　创建 PID 控件

9.3.2.2　设置 PID 控件的动画连接属性

控件创建完成后，需要定义控件的动画连接属性。双击控件图（图 9-18 右图），弹出控件“动画连接属性”对话框，如图 9-19 所示。

（1）常规：在“常规”选项页中，控件名称指定义控件的名称，一个 PID 控件对应一个控件名称，而且是唯一的，不能重复命名。控件的命名应该符合组态王的命名规则。

（2）属性：在“属性”选项页中，有很多参数需要进行设置，如图 9-20 所示。各参数名称、数据类型及含义见表 9-1。

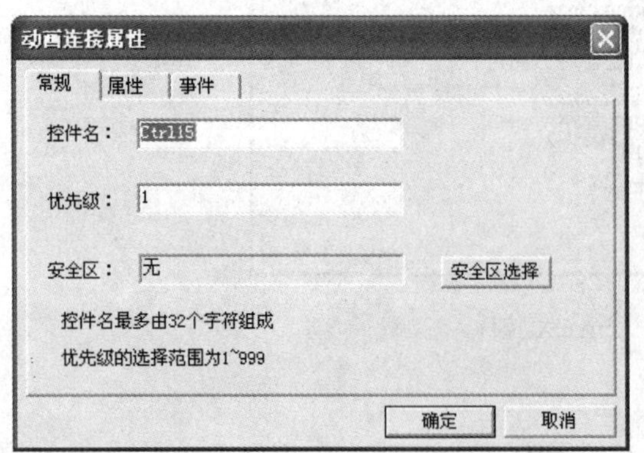

图 9-19　PID 控件“动画连接属性”的常规属性

动画连接属性

常规　属性　事件

属性	类型	关联变量
SP	FLOAT	
PV	FLOAT	
YOUT	FLOAT	
Type	LONG	
CtrlPeriod	LONG	
FeedbackFilter	BOOL	
FilterTime	LONG	
CtrlLimitHigh	FLOAT	
CtrlLimitLow	FLOAT	
InputHigh	FLOAT	
InputLow	FLOAT	
OutputHigh	FLOAT	
OutputLow	FLOAT	
Kp	FLOAT	
Ti	LONG	

确定　取消

图 9-20　PID 控件“动画连接属性”的变量连接属性

表 9-1　　图 9-20 中各参数名称、数据类型及含义

参 数 名 称	数 据 类 型	含 义
SP	FLOAT	控制器的设定值
PV	FLOAT	控制器的反馈值
YOUT	FLOAT	控制器的输出值
Type	LONG	PID 的类型
CtrlPeriod	LONG	控制周期
FeedbackFilter	BOOL	反馈加入滤波
FillterTime	LONG	滤波时间常数
CtrlLimitHigh	FLOAT	控制量高限
CtrlLimitLow	FLOAT	控制量低限
InputHigh	FLOAT	设定值 SP 的高限
InputLow	FLOAT	设定值 SP 的低限
OutputHigh	FLOAT	反馈值 PV 的高限
OutputLow	FLOAT	反馈值 PV 的低限
Kp	FLOAT	比例系数
Ti	LONG	积分时间常数
Td	LONG	微分时间常数
Tf	LONG	滤波时间常数
ReverseEffect	BOOL	反向作用
IncrementOutput	BOOL	是否增量型输出
STATUS	BOOL	是控制是否需要 PID 进行自动调节
M	FLOAT	手动输出值

用户可根据自己的需要对这些参数进行设置。设置方法：在“关联变量”的表格内右击，弹出对话框，单击“添加”按钮，弹出数据词典中所有定义的变量，根据需要进行选择。在定义变量时要注意参数的数据类型必须一致。

（3）事件：“事件”选项页如图 9-21 所示，一般情况事件对话框无需设置。

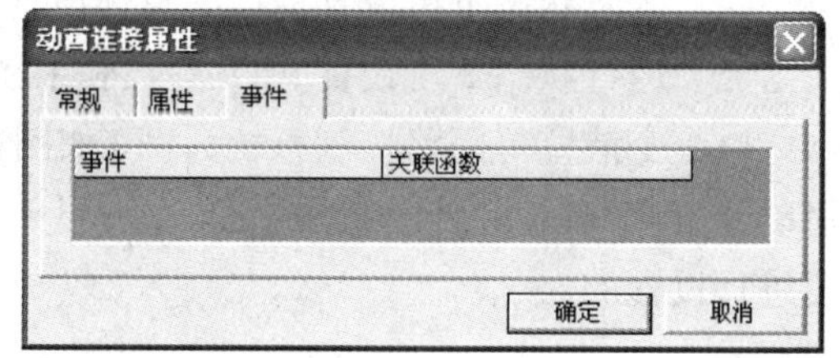

图 9-21　PID 控件“动画连接属性”的事件属性

9.3.2.3　设置 PID 控件属性

单击选中画面上的 PID 控件，然后右击，弹出快捷菜单，选择“控件属性”选项，弹出 PID 控件属性设置对话框，如图 9-22 所示。

（1）总体属性：在“总体属性”中可设置控制周期、反馈滤波和输出限幅，如图 9-22 所示。输出限幅指的是限制 PID 的输出电流值，防止阀门开到最大和关到最小，用户可根据实际情况设定。假设 PID 的输出 YOUT 在数据词典中定义为 0～100，如果不做限制，则设置为高限 100、低限 0。

（2）设定/反馈变量范围：在这里输入变量和输出变量都是以百分数的形式表示，输入信号最大对应 100%、最小对应 0%。同样的道理，输出信号最大对应 100%、最小对应 0%，如图 9-23 所示。

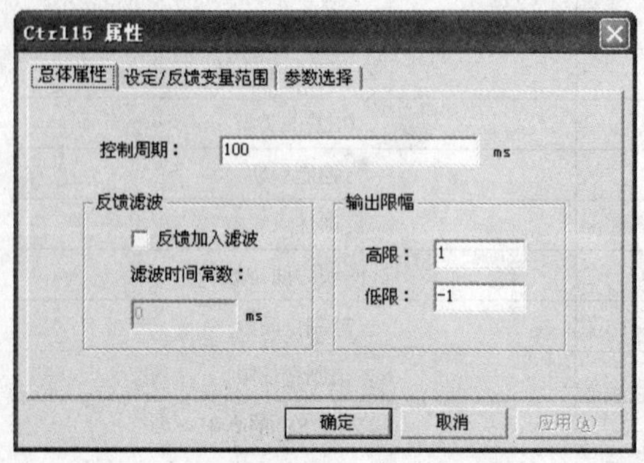

图 9-22　PID 控件属性设置

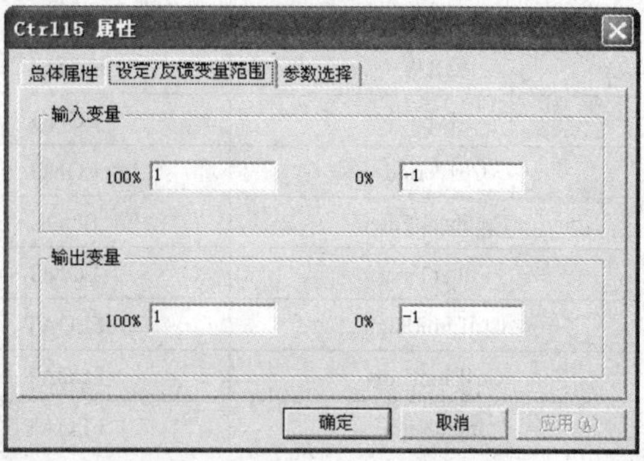

图 9-23　PID 控件中反馈变量的设定

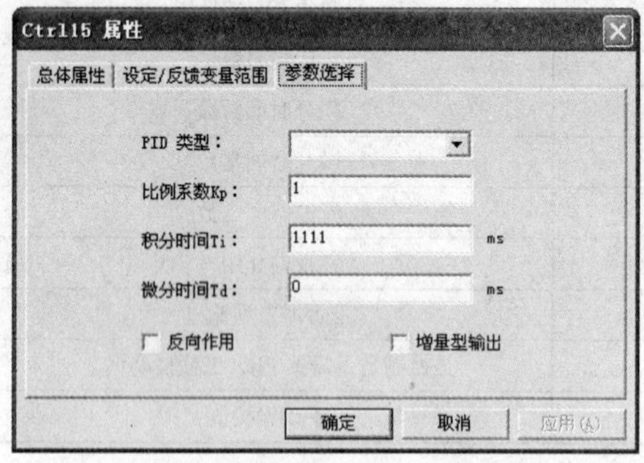

图 9-24　PID 控件的 PID 参数设定

（3）参数选择：在此主要设置 PID 控件的 PID 类型、比例系数、积分时间和微分时间的初始值，在运行状态下，单击“参数”按钮可随时进行修改。

9.3.2.4　功能实现说明

（1）PID 控制算法为标准型，分为增量型和位置型。增量型对象暂时不支持。

（2）显示过程变量的精确值为显示范围[−999999.99～999999.99]。

（3）以百分比显示设定值（SP）、实际值（PV）和手动设定值（M）。

（4）开发状态下可设置控件的总体属性、设定/反馈范围和参数设定。

（5）运行状态下可设置 PID 参数和手动自动切换。

以一个液位单回路控制系统为例，如图 9-25 所示，根据 PID 在控制系统中的位置和作用可以看出，和 PID 控件相关联的三个变量——给定值 SP、测量值 PV 和控制输出 MV 是必须要进行设置的。

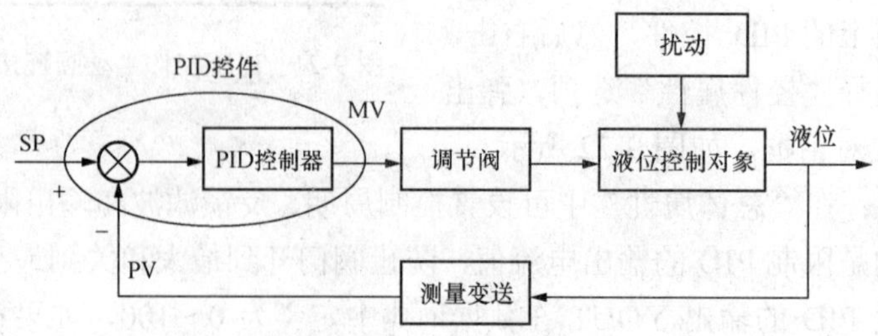

图 9-25　液位单回路控制系统方框图

下面以一个实例来说明怎样利用 PID 控件来实现单回路控制系统。

【例 9-5】 以［例 3-4］的工艺流程为例，需要对反应罐的液位进行 PID 控制，要求反应罐的液位保持在设定值上，通过控制阀门 FV101 的开度来控制液位。

整个控制系统组态如图 9-26 所示，共分成①～⑥六个部分。

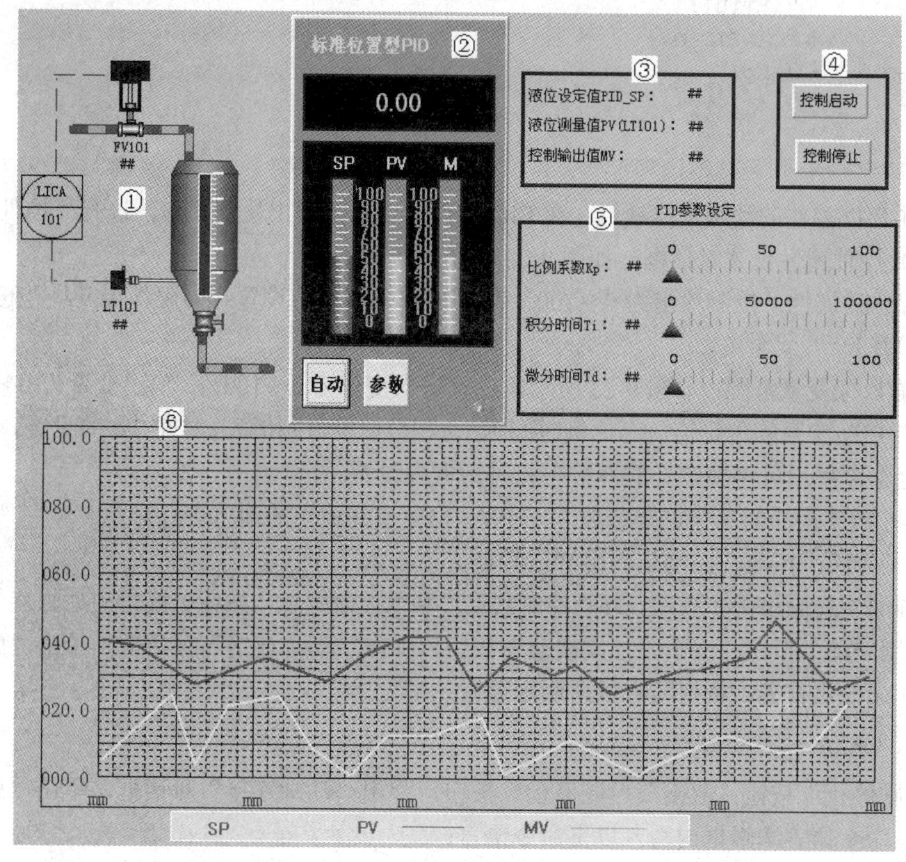

图 9-26　控制系统组态图

在［例 3-4］中已经按照表 3-2 定义了变量，这里要用到的变量为 PV 液位测量值 LT101。在数据词典中还需要定义以下变量：

设定值 PID_SP：内存实型变量，0～100。

输出值 PID_MV：I/O 实型变量，0～100。

PID_STATUS：内存离散型变量，需要控制启动时 PID_STATUS =1，需要控制停止时，PID_STATUS=0。

如果需要将比例时间 Ki、积分时间 Ti 和微分时间 Td 放到画面上直接进行调整，还需要定义以下三个变量：比例时间 Ki：内存实型变量；积分时间 Ti：内存整型变量；微分时间 Td：内存整型变量。

① 画出工艺流程图；

② 创建 PID 控件，并设定相应的属性；

在 PID 控件上双击，弹出如图 9-19 所示的 PID 控件“动画连接属性”的常规属性对话框，将控件名改为 PID。在图 9-19 上单击“属性”标签，弹出如图 9-20 所示的 PID 控件“动画连接属性”的关联变量属性对话框，右击，依次关联相关的变量，即：

```
SP<->\\本站点\PID_SP;
PV<->\\本站点\LT101;
YOUT<->\\本站点\PID_MV;
Kp<->\\本站点\Kp;
Ki<->\\本站点\Ti
Kd<->\\本站点\Td
STATUS<->\\本站点\PID_STATUS
```

设置 PID 控件的动画连接属性：在 PID 控件上右击，弹出快捷菜单，选择“控件属性”，弹出 PID 控件属性设置对话框，如图 9-22 所示。

设置总体属性：控制输出为 0～100，在“输出限幅”中设置“高限”为 99，“低限”为 1，防止阀门全开或全关。

设置/反馈变量范围：如图 9-23 所示，设置输入变量为 0～100%，输出变量为 0～100%。

设置 PID 参数的预设值，对比例时间 Kd、积分时间 Ti 和微分时间 Td 的设定，待控制系统完全整定好后可将整定好的参数在此对话框内设置。

③ 将 PID 控件的三个重要参数 SP、PV、MV 值在适当的地方进行显示。

④ 制作两个按钮，控制是否用 PID 控制。方法如下：

在画面上先画出两个按钮，即“控制启动”和“控制停止”按钮。按钮的动画连接如下：

“控制启动”按钮：双击“控制启动”按钮，弹出“动画连接”对话框，单击“弹起时”按钮，在命令语言编辑框内写入以下命令语言：

```
\\本站点\PID_STATUS=1;
```

“控制停止”按钮：双击“控制停止”按钮，弹出“动画连接”对话框，单击“弹起时”按钮，在命令语言编辑框内写入以下命令语言：

```
\\本站点\PID_STATUS=0;
```

⑤ 将比例系数 Kp、积分时间 Ti、微分时间 Td 在画面适当的位置显示，为了运行时修改方便，变量的动画连接显示设置成“模拟值输入”和“模拟值输出”，在数字显示的后面还设置了水平滑动杆来对这三个值进行输入。

⑥ 做出 SP、PV 和 MV 的实时趋势曲线。

①～⑥项组态全部完成后，执行“文件”→“菜单”→“全部存”选项，切换到组态王的运行状态，对 PID 参数进行整定，并将整定的参数 Kp、Ti 和 Td 填入图 9-24 中。

在组态王的运行状态下，PID 控件上有一个“参数”按钮，在运行状态下单击该按钮，即可弹出一个可以改变 PID 参数 Kp、Ti 和 Td 的对话框，可以在此修改 PID 参数 Kp、Ti 和 Td。“自动”按钮被单击后变为“手动”按钮，实现将控制系统由自动状态到手动状态的相互切换。

在一个组态工程中，可以多次重复调用 PID 控件来构成单回路、串级、比值等一些简单或复杂的控制系统，实现由软件代替硬件的功能。

第10章

网络连接与Web功能

10.1 组态王网络结构概述

组态王软件完全基于网络的概念，是一种真正的客户/服务器模式，支持分布式历史数据库和分布式报警系统，可运行在基于TCP/IP网络协议的网上，使用户能够实现上、下位机以及更高层次的厂级联网。

TCP/IP网络协议提供了在不同硬件体系结构和操作系统的计算机组成的网络上进行通信的能力。一台PC机通过TCP/IP网络协议可以和多个远程计算机(即远程节点)进行通信。组态王的网络结构是一种柔性结构，可以将整个应用程序分配给多个服务器，可以引用远程站点的变量到本地使用（显示、计算等），这样可以提高项目的整体容量结构并改善系统的性能。服务器的分配可以是基于项目中物理设备结构或不同的功能，用户可以根据系统需要设立专门的I/O服务器、历史数据服务器、报警服务器、登录服务器和Web服务器等。这几种服务器的含义如下：

I/O服务器：负责进行数据采集的站点，一旦某个站点被定义为I/O服务器，该站点便负责数据的采集。如果某个站点虽然连接了设备，但没有定义其为I/O服务器，那这个站点的数据照样进行采集，只是不向网络上发布。I/O服务器可以按照需要设置为一个或多个。

报警服务器：存储报警信息的站点，一旦某个站点被指定为一个或多个I/O服务器的报警服务器，系统运行时，I/O服务器上产生的报警信息将通过网络传输到指定的报警服务器上，经报警服务器验证后，产生和记录报警信息。报警服务器可以按照需要设置为一个或多个。报警服务器上的报警组配置是报警服务器和与其相关的I/O服务器上报警组的合集。如果一个I/O服务器不作为报警服务器，系统中也没有报警服务器，则系统运行时，该I/O服务器的报警窗上不会看到报警信息。

历史记录服务器：与报警服务器相同，一旦某个站点被指定为一个或多个I/O服务器的历史数据服务器，则系统运行时，I/O服务器上需要记录的历史数据便被传送到历史数据服务器站点上保存起来。对于一个系统网络来说，建议用户只定义一个历史数据服务器，否则会出现客户端查不到历史数据的现象。

登录服务器：登录服务器在整个系统网络中是唯一的。它拥有网络中唯一的用户列表，其它站点上的用户列表在正常运行的整个网络中将不再起作用。所以用户应该在登录服务器上建立最完整的用户列表。当用户在网络的任何一个站点上登录时，系统调用该用户列表，登录信息被传送到登录服务器上，经验证后，产生登录事件。然后，登录事件将被传送到该登录服务器的报警服务器上保存和显示。这样，保证了整个系统的安全性。另外，系统网络中工作站的启动、退出事件也被先传送到登录服务器上进行验证，然后传到该登录服务器的报警服务器上保存和显示。

Web 服务器：Web 服务器是运行组态王 Web 版本、保存组态王 For Internet 版本发布文件的站点，它传送文件所需数据，并为用户提供浏览服务的站点。

一个工作站站点可以充当多种服务器功能，如 I/O 服务器可以被同时指定为报警服务器、历史数据服务器、登录服务器等。报警服务器可以同时作为历史数据服务器、登录服务器等。如果某个站点被指定为客户，则可以访问其指定的 I/O 服务器、报警服务器、历史数据服务器上的数据。一个站点被定义为服务器的同时，也可以被指定为其它服务器的客户。

除了上述几种服务器和客户机之外，组态王为了保持网络中时钟的一致，还可定义“校时服务器”。校时服务器按照指定的时间间隔向网络发送校时帧，以统一网络上个站点的系统时间。

10.2 网络站点联网方式

10.2.1 实现组态王的网络功能必须满足的条件

（1）将组态王安装在网络版 Windows 98/2000/NT 或 Windows/XP 上，并在配置网络时绑定 TCP/IP 协议，即利用组态王网络功能的 PC 机必须首先是某个局域网上的站点并启动该网。

（2）客户机和服务器必须安装并同时运行组态王（除 Internet 版本的客户端）。网络结构示意图如图 10-1 所示。

在图 10-1 所示的网络结构图中，客户端配置成单机模式，服务器配置成网络模式。I/O 服务器只负责设备数据采集，而报警信息的验证和记录、历史数据的记录、用户登录的验证等都被分散到了报警服务器、历史数据服务器和登录服务器中，这样减轻了 I/O 服务器的压力。而当 I/O 服务器比较多时，这种优势显现的更为突出。报警服务器和历史数据服务器集中验证和记录来自各站点的报警信息和历史数据，I/O 服务器和客户端可以集中从几个服务器上读取到所需实时数据、报警信息和历史数据。

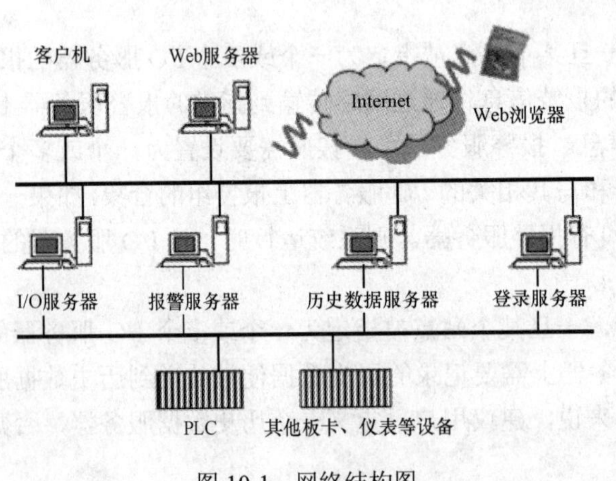

图 10-1 网络结构图

10.2.2 网络数据访问方式

分布在企业局域网络中的组态王软件之间可以通过网络进行通信，实现数据共享。网络数据访问方式包括：

（1）网络站点。在客户端上定义服务器站点作为网络站点设备，然后在客户端上定义变量与该网络站点的变量连接，访问实时数据。

（2）远程站点。直接使用组态王的网络功能直接引用远程站点上的变量，无须在客户端定义上变量。

（3）网络 OPC。利用组态王的网路 OPC 功能直接实现客户端和服务器之间进行数据通信。

网络站点方式通常是将直接连接 I/O 采集设备的组态王站点作为服务器站点，网络上的其他组态王站点可以作为客户端来定义服务器站点作为网络站点设备，然后在客户端上定义变量与该网络站点设备上的变量连接，访问实时数据。此联网方式的特点如下：①客户端均可以读写到服务器站点上的实时数据；②客户端可以在本机上直接进行历史数据记录、产生报警、报表等；③需要选用组态王 NETVIEW 版运行锁（该锁不支持组态王和硬件 I/O 设备进行直接通信的方式采集数据）。

10.2.3　服务器端的配置

服务器端组态王软件需要进行一些配置。将其定义为联网模式。选择服务器端软件工程浏览器大纲项“系统配置”→“网络配置”，双击该项，弹出“网络配置”对话框，如图 10-2 所示。

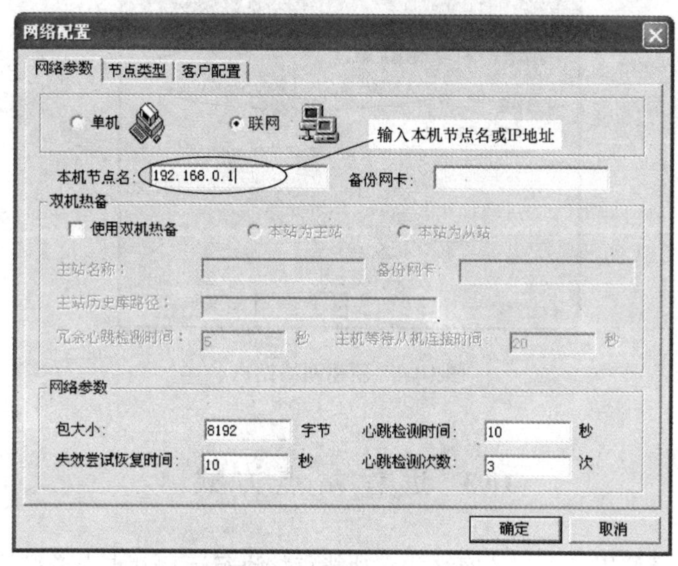

图 10-2　服务器网络配置之网络参数配置

选择“联网”选项，在“本机节点名”中输入本机的机器名或 IP 地址。在“节点类型”属性页中，选择所有选项，如图 10-3 所示。

10.2.4　客户端网络站点设备定义

在工程浏览器的目录显示区，选择大纲项“设备”→“网络站点”，在右侧的内容显示区显示“新建…”，如图 10-4 所示。

在“机器名”文本框中输入远程站点的计算机名称或 IP 地址，如“数据采集站点”。如果远程站点有备份机，选择“本节点有备份机”选项，并在“备份机机器名”文本框中输入备份机的名称。这样，当远程站点出现故障切换到备份机时，本地站点也可以自动切换到备份机与备份机进行通信，保证数据的完整性。输入完成后，单击“确定”按钮，一个网络站点设备就建立完成了。在工程浏览器“设备”→“网络站点”下会出现一个名为“数据采集站”的网络站点设备。

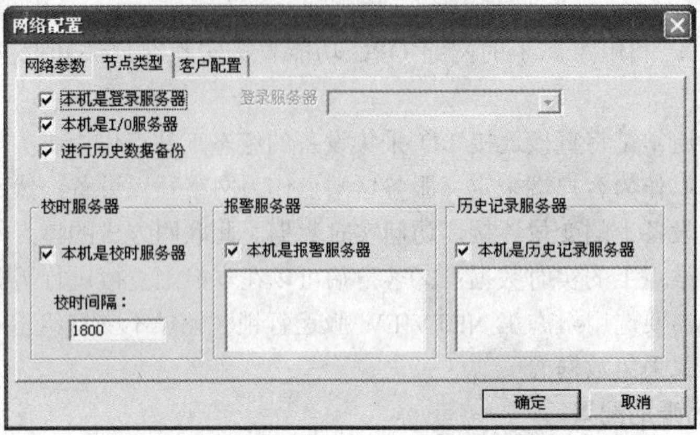

图 10-3　服务器网络配置之节点类型配置

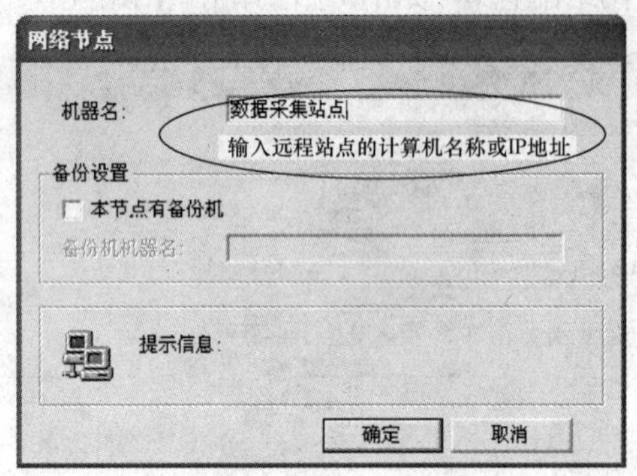

图 10-4　新建网络站点

10.3　远程站点方式

远程站点方式是使用组态王的网络共享功能直接进行远程站点上变量的相互引用，无需在客户端上重新定义变量。此联网方式的特点如下：

（1）软件间可以相互访问得到实时数据。

（2）需要网络间的文件夹完全共享，对网络的安全性要求较高，一般只使用于企业的设备网络。

（3）无需在客户端上定义变量，直接引用服务器上的组态王变量，系统的点数不会额外增加。但报警、历史数据的访问等只能从相应的报警服务器、历史数据服务器上获得。

10.3.1　组态王网络配置

为了了解网络配置的具体过程，下面以一个系统的具体配置实例来说明。网络结构图如图 10-5 所示。

在组成网络系统时，各站点上的工程路径必须完全共享给网络上的用户，在该网络结构中，有以下几种站点：

（1）I/O 采集站：负责 I/O 数据采集和控制。要求 I/O 采集站要看到报警信息和历史数据。

（2）数据服务器：承担报警服务器、登录服务器和历史记录服务器的角色，也作为中控室的调度站。

（3）客户端：浏览 I/O 采集站上的实时数据，查看各 I/O 站点的报警信息，查询各 I/O 站点的历史记录，可以实现对 I/O 站点连接设备的控制。

10.3.2　网络配置步骤

首先配置数据服务器站点。进入数据服务器站点上的工程浏览器，打开“网络配置”对话框，选择“联网”模式。在主机节点名中输入本机的计算机名称或 IP 地址，如在本例中计算机名为“数据服务器”。网络参数按照默认值，其它项目不用修改，如图 10-5 所示。

10.3.2.1　配置数据服务器站点

与服务器端的配置一样。

10.3.2.2　配置 I/O 采集站

如图 10-5 中，在采集站 1 的节点名称中输入本机节点名（本例中为“I/O 采集站 1”），其它选项不用修改。

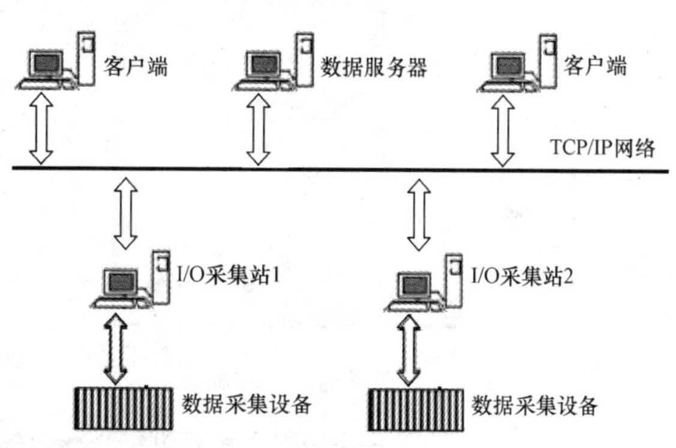

图 10-5　网络结构图

在“节点类型”中选择“本机是 I/O 服务器”选项（此处为了建立一个远程站点，先选择“本机是登录服务器”选项，待网络配置完成后修改。如果不选择该选项，单击“确定”按钮时，系统会提示“选择一个登录服务器”。）单击“确定”按钮，关闭对话框。

在 I/O 采集站的工程浏览器的左边选择“站点”标签，进入站点管理界面，如图 10-6 所示。

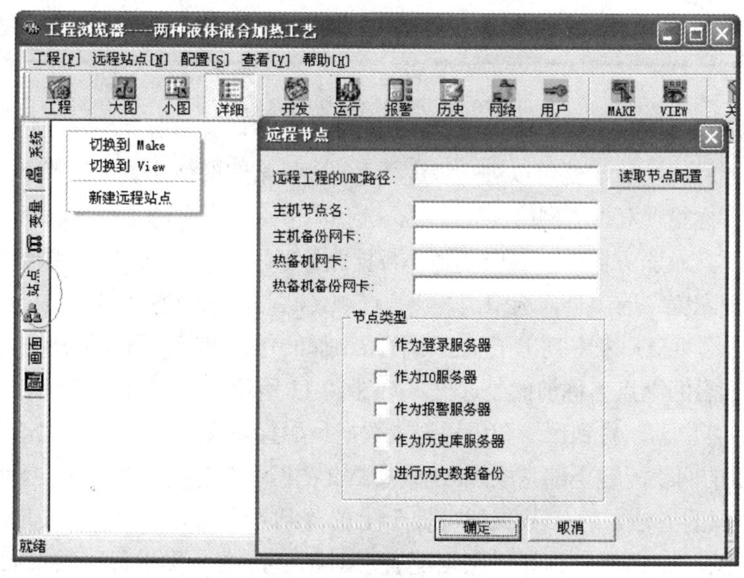

图 10-6　新建远程 I/O 采集站站点

在左边的节点名称列表区域右击，在弹出的快捷菜单中选择“新建远程站点”，弹出“远程节点”对话框。单击对话框上的“读取节点配置”按钮，选择远程工程路径，如图 10-7 所示。在网络中选择“数据服务器”上共享的工程文件夹（注意：这里一定要选择到工程所在的直接文件夹），单击“确定”按钮，关闭对话框，则“数据服务器”配置的工程信息被读到了“远程节点”对话框中，如图 10-8 所示。确认读到的信息无误，单击“确定”按钮关闭对话框。在 I/O 采集站 1 的“站点”界面上出现了一个“数据采集站”的信息，单击“数据词典”，可以直接看到远程数据服务器上的变量如图 10-9 所示。

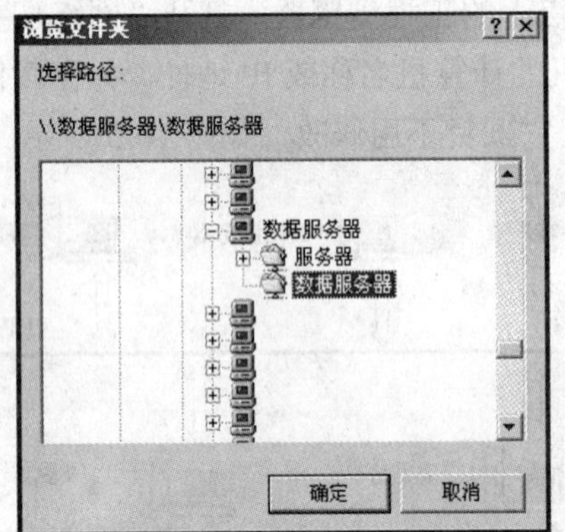

图 10-7　选择远程工程路径

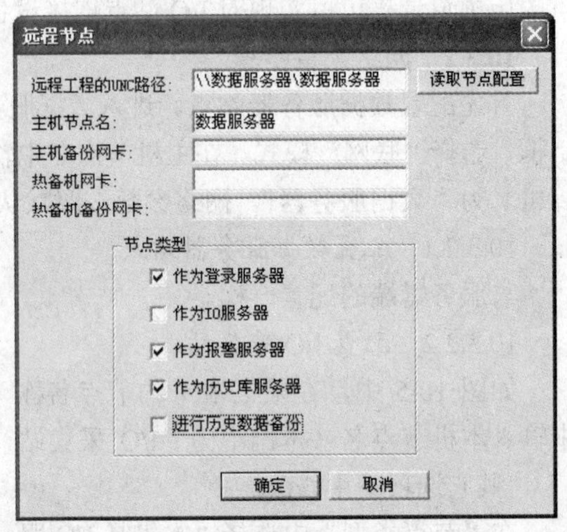

图 10-8　新建远程节点的配置

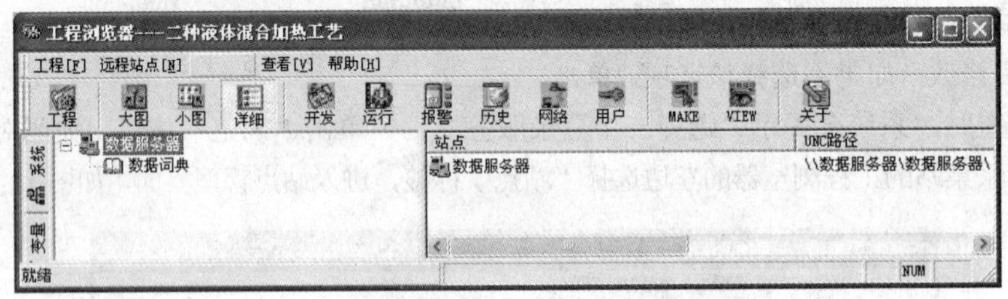

图 10-9　增加站点后的界面

新远程站点建立成功后，就可以进一步进行 I/O 采集站的网络配置。选择 I/O 采集站工程管理器上的“系统”标签，双击“网络配置”项，选择“节点类型”选项页，取消“本机是登录服务器”选项，在“登录服务器”列表中选择“数据服务器”作为本机的登录服务器，如图 10-10 所示。选择“客户配置”选项页，选中“客户”选项，此时，报警服务器和历史记录服务器列表变为有效可选，在这两个列表中列出了当前工程中添加的作为报警服务器和历史记录服务器的站点名称。选中各列表的站点名称前的复选框，如图 10-11 所示，表示当前的“I/O 采集站 1”作为“数据采集站”的客户端，看到报警和历史记录数据。配置完成后，单击“确定”按钮关闭对话框。I/O 采集站 1 的网络配置全部完成。I/O 采集站 2 的网络配置完全参照上述步骤执行。

按照以上步骤的方法，在“数据服务器”上的“站点”中新建“I/O 采集站 1”、“I/O 采集站 2”远程站点，完成后，打开“网络配置”对话框，进一步进行“数据服务器”的网络配置。在“节点类型”选项页中（见图 10-12），“本机是报警服务器”和“本机是历史记录服

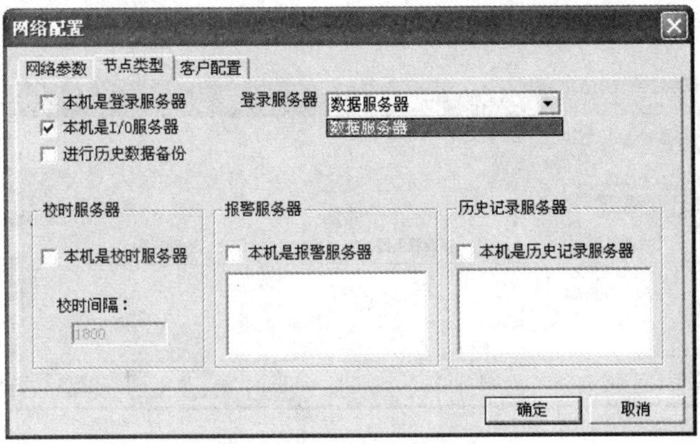

图 10-10　选择登录服务器

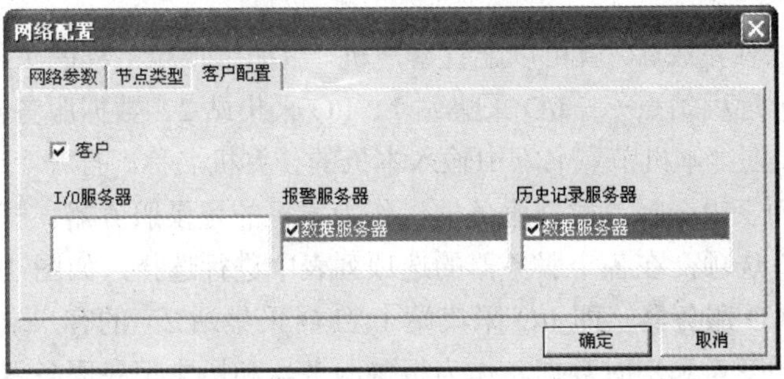

图 10-11　选择服务器

务器”的列表中列出了连接到本机的 I/O 服务器的名称。在列表中选择 I/O 服务器，表示本机在运行时作为“I/O 采集站 1”和“I/O 采集站 2”的报警和历史记录服务器，验证、存储来自这两个 I/O 服务器的报警、历史记录数据。在“数据服务器”指定的历史记录目录下，系统会自动以 I/O 采集站命名创建两个文件夹，分别保存各采集站的历史记录数据。

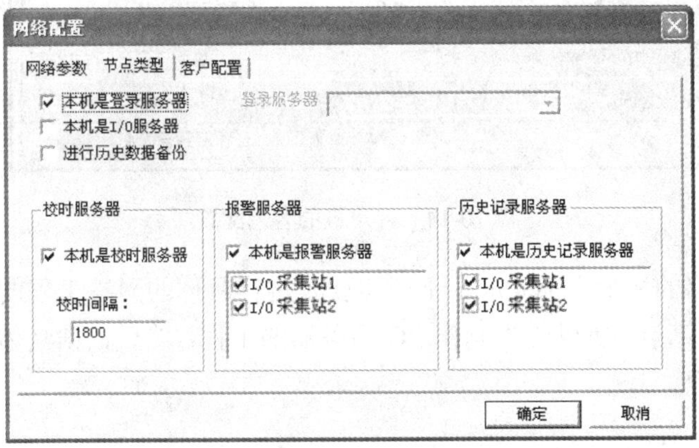

图 10-12　配置数据服务器的节点类型

选择“客户配置”选项页，选择“客户”选项，在“I/O 服务器”列表中选择两个 I/O 采集站的名称，表示本机作为 I/O 采集站的客户端可以远程引用和访问 I/O 采集站上的变量和数据，如图 10-13 所示。配置完成后，单击“确定”按钮关闭对话框。

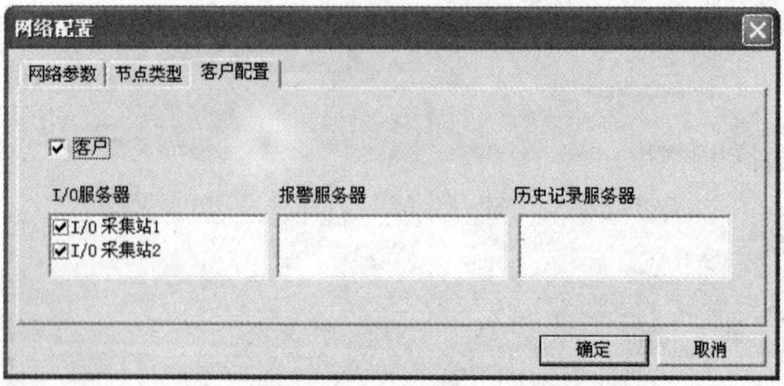

图 10-13　配置数据服务器的客户配置

10.3.2.3　配置客户机

所有服务器都配置完成后，就可以配置客户机。启动客户端工程的工程浏览器，选择“站点”标签，新建三个远程站点——I/O 采集站 1、I/O 采集站 2、数据服务器。打开网络配置，选择“联网”模式，在“本机节点名”中输入本机的计算机名称。打开“节点类型”选项页，在“登录服务器”列表中选择“数据服务器”作为本机的登录服务器。打开“客户配置”选项页，选中“客户”选项，在各个服务器的选项列表中进行选择，如图 10-14 所示，选择的选项表明本机作为 I/O 服务器（即 I/O 采集站 1、I/O 采集站 2）的客户端，可以远程引用和访问这两个站点上的变量和实时数据。作为报警服务器和历史记录服务器（即数据服务器）的客户端，可以访问到该站点上保存的报警和历史记录信息和数据。配置完成后，单击“确定”按钮关闭对话框。

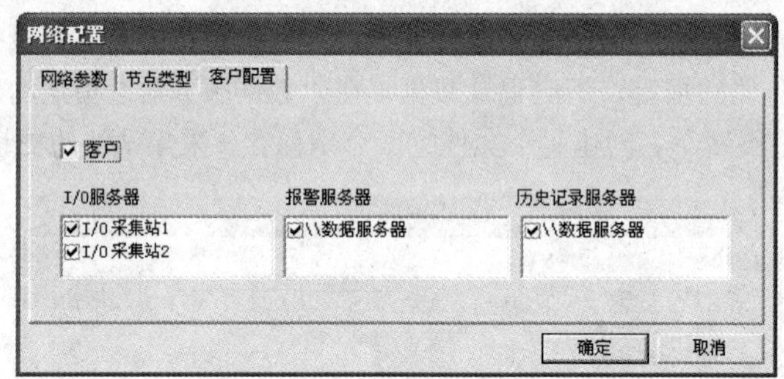

图 10-14　客户机的客户配置

至此，所有网络的配置全部完成，下一步就是进行具体的网络工程的制作了。一般因为 I/O 服务器是数据源站点，所以首先制作 I/O 服务器的工程，然后根据具体需要开发其它各服务器和客户端的工程。

10.4　网络变量使用

10.4.1　远程变量的引用

组态王是一种真正的客户—服务器模式，对于网络上其它站点的变量，如果两个站点之间建立了连接，可以直接引用。例如，可在站点“数据服务器”的组态王工程中查看“I/O 采集站 1”上定义的 I/O 变量。

在画面上建立变量模拟值输出时，弹出模拟值输出连接对话框，打开变量浏览器，在变量浏览器的左边目录中，显示了可以访问到变量的站点，其实除了本站点外，其余都是本站点的 I/O 服务器。选择“I/O 采集站 1”，在变量浏览器的右边变量显示区域中列出了所有的 I/O 采集站 1 的变量，如图 10-15 所示。在变量列表中选择“反应罐温度”，在变量浏览器底部的状态栏中显示“\\I/O 采集站 1\反应罐温度”，单击“确定”按钮，关闭变量浏览器。

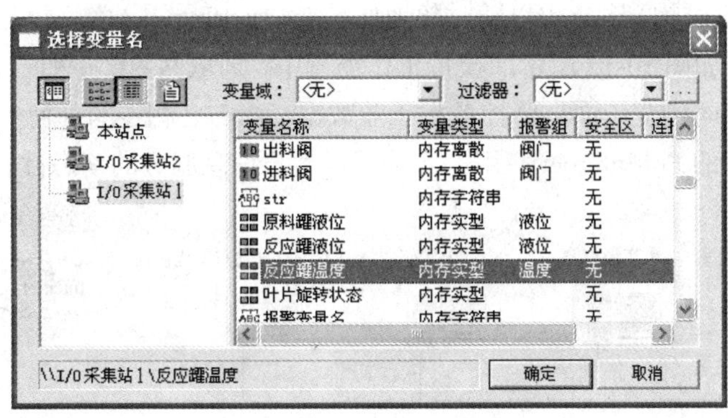

图 10-15　浏览远程变量列表

在动画连接“表达式”一栏中显示出了选择的变量名及节点名称，如图 10-16 所示。或直接在动画连接“表达式”一栏中输入远程站点的变量名程，其书写格式为“\\站点名\变量名”，结果也是一样的。

注意：在定义数据改变命令语言和事件命令语言时，不能使用远程变量作为触发脚本执行的条件。

在引用远程变量时，建好连接的两个站点上的组态王工程的启动没有先后之分，哪一个站点先启动都没关系，只有当两个站点都启动后，变量的引用关系才会发生，即客户端引用的 I/O 服务器端的数据就与 I/O 服务器上的该数据的值一致，除非出现共享路径不存在、网络不通、计算机不存在等原因。

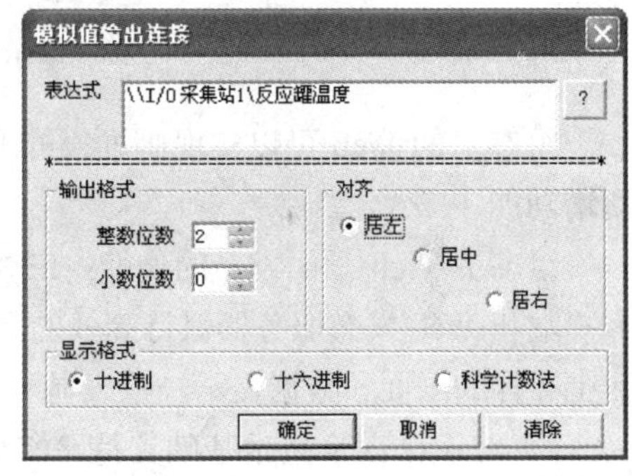

图 10-16　动画连接中引用远程变量

10.4.2　远程变量的回写

远程站点除了可以引用变量外，还可以改变变量的数值，即回写变量，使设备上的数据发生变化，可以在动画连接时或命令语言中定义回写远程变量。在权限允许的情况下，网络上的任何一个站点均可以回写变量，即远程修改变量和变量的域的值。修改变量值时，如果远程变量具有安全权限，或为动画连接中的“值输入”和“滑动杆输入”等动画连接，则必须登录用户达到权限后才能操作，否则系统信息窗中会提示没有修改变量的权限。当有权限的变量在命令语言里被引用而改变值时，此时为了保证命令语言的正确运行，设置的权限是不起作用的，变量的值会被改变。

在连接的两个站点中，总是一个站点作为服务器端，另一个站点作为客户端，例如，数据服务器就是I/O采集站1的客户，I/O采集站1就是数据服务器的I/O服务器。在两个站点的连接过程中，客户端为了正确地得到服务器端不断变化的数据，必须不断检测与服务器的数据链路是否畅通。

10.5 Web 功 能

组态王提供了For Internet应用版本——组态王Web版，支持Internet/Intranet访问。组态王Web功能采用B/S结构，客户可以随时随地通过Internet/Intranet实现远程监控。客户端有着强大的自主功能，在如图10-17所示的模拟工作场景中，局域网内部［如厂长（经理）办公室］的电脑通过浏览器实时浏览画面，监控各种工业数据，而与之相连的任何一台PC机也可实现相同的功能。组态王的For Internet应用，实现了对客户信息服务的动态性、实时性和交互性。

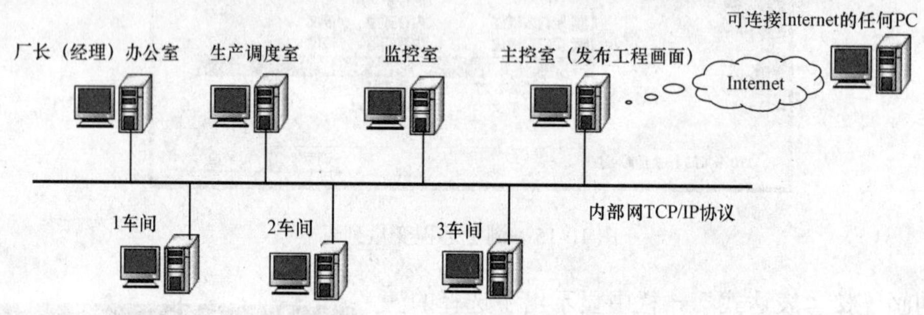

图10-17　工作情景模拟图

组态王的Web可以实现画面发布和数据发布。数据发布是组态王6.53以上版本Web的新增功能。

组态王Web画面发布的功能：IE客户端可以获得与组态王运行系统相同的监控画面；IE客户端和Web发布服务器保持高效的数据同步，通过网络能够在任何地方获得与在Web服务器上一样的画面和数据显示、报表显示、报警显示、趋势曲线显示及方便快捷的控制功能。

（1）Java2图形技术基础支持跨平台运行，能够在Linux平台上运行，功能强大。

（2）支持多画面集成系统显示，支持与组态王运行系统图形相一致的显示效果。

（3）支持动画显示，客户端和主控机端保持高效的数据同步，达到身临其境的效果。

（4）支持无限色、过渡色，支持组态王中的24种过渡色填充和模式填充。支持真彩色，支持粗线条、虚线等线条类型，实现了组态王系统和Web系统真正的视觉同步，并且利用Java2的2D图形功能，Web的过渡色填充效率更优于组态王本身。

（5）报表功能：支持实时报表和历史报表，支持报表内嵌函数和变量连接，支持报表单元格的运算和求值，支持报表打印，支持报表内容下载。

（6）命令语言：扩充了运算函数和求值函数，支持报表单元格变量和运算，支持局部变量，支持结构变量，扩展了变量的域，增加了画面打开和关闭、IE端打印画面、打印报表、报表统计等函数。

（7）支持组态王的大画面功能，在IE端可以显示组态王的任意大画面。

（8）支持远程变量：组态王Web发布站点上引用的远程变量用户同样可以在IE上看到。

（9）报警窗的发布：支持实时报警窗和历史报警窗的发布，发布的报警窗可以实时显示组态王运行系统中报警，支持在浏览器端按照用户要求的报警优先级、报警组、报警类型、报警信息源和报警服务器的条件进行过滤显示报警信息和事件信息。

（10）安全管理：在 IE 浏览器端支持组态王中的用户操作权限和安全区的设置。即用户在 IE 操作画面中有权限设置的图素时也需要像在组态王中一样登录，达到安全许可后方可操作。另外对于 IE 的浏览也有权限设置，不同的用户登录浏览能做的操作不同。普通用户只能浏览数据，不能做任何操作。

（11）组态王运行系统内嵌 Web 服务器系统处理远程 IE 端的访问请求，无需额外的 Web 服务器。

（12）远程客户端系统的运行不影响主控机的运行，而客户端也可以具有操作远程主控机的能力。

（13）基于通用的 TCP/IP、Http 协议，具有广泛的广域网互联。

（14）B/S 结构体系，只需普通的浏览器就可以实现远程组态系统的监视和控制。

（15）可扩展性强，适合多种语言版本。

10.5.1　发布画面

组态王进行 Web 画面发布时，服务器端除组态王之外，不需要安装其他软件，IE 端需要安装 Microsoft Internet Explore 5.0 以上或者 Netscape 3.5 以上的浏览器以及 JRE 插件（第一次浏览组态王画面时会自动下载并安装并保留在系统上）。

工程人员在工程完成后需要进行 Web 发布时，可以按照以下介绍的步骤进行，完成 Web 的发布和制作。

10.5.1.1　站点信息及 LOGO 信息的设置

进入组态王工程浏览器界面，工程浏览器窗口左侧的目录树的最后一个节点为 Web 目录，双击 Web 目录，将弹出“页面发布向导”配置对话框，如图 10-18 所示。

（1）站点信息。

1）站点名称：指 Web 发布站点的机器名称，这是从系统中自动获得的，不可修改。

2）默认端口：是指 IE 与运行系统进行网络联接的应用程序端口号，默认为 8001。如果所定义的端口号与本机的其它程序的端口号出现冲突，用户可以按照实际情况进行修改。

3）发布路径：Web 发布后文件保存的路径，在组态王中默认为当前工程的路径，不可修改。定义发布后，将在工程路径下生成一个“Webs”目录，Web 发布的信息保存在该目录下。

（2）LOGO。LOGO 信息就是 IE 上显示的一些标识信息，包括：

1）页面显示标识图片（链接站点）图片名称：选中该项，在浏览器端进行浏览时，将显示标识图片，默认的图片名称为“asialogo.gif”。进行画面发布之后，该图片位于工程路径的\Webs\images 下。用户可以修改该图片。

2）链接站点：输入链接的网站地址。在浏览器端进行浏览时，点击标识图片，进入链接的网址。

3）Java 小程序显示标识图片：该项处于选中状态时，浏览器端载入组页面时显示工程路径的\Webs\images 下的图片 logo.gif，不选则不显示。

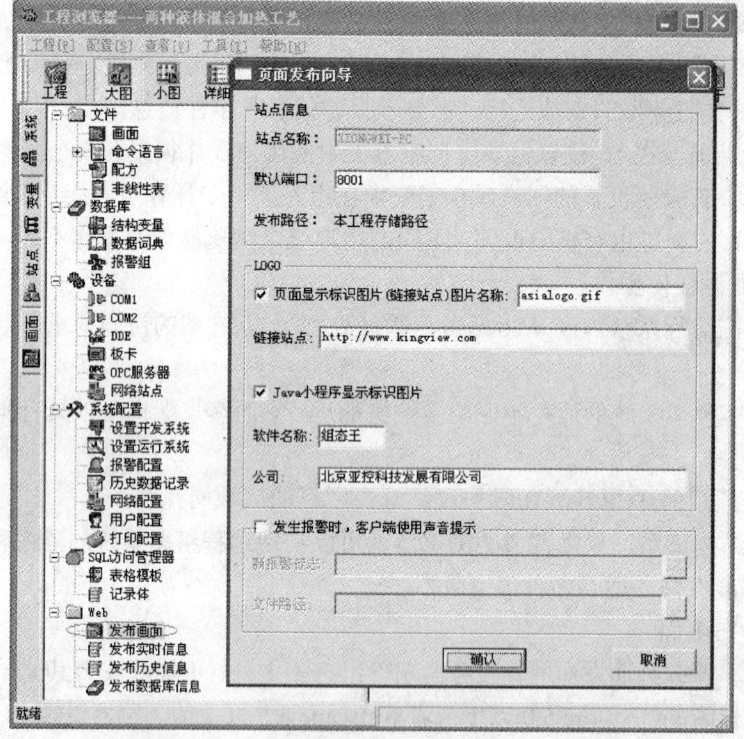

图 10-18 画面发布中点信息及 LOGO 信息的设置

4）软件名称：浏览器端组态王发布画面主页显示的软件名称，可修改。

5）公司：浏览器端组态王发布画面主页显示的公司名称，可修改。

（3）发生报警时，客户端使用声音提示。

1）新报警标志：数据词典中定义的离散型变量。当画面组包含报警窗且“新报警变量”为真时，客户端播放声音。当“新报警变量”为假时，停止播放。实现了客户端和服务器端播放声音的同步。通过设置“新报警变量”来自动控制客户端声音的播放，可改写自定义函数中的三个默认函数，计算报警计数，辅助实现新报警标志的设定。

2）文件路径：所选择的报警声音文件的存储路径。

Web 发布站点的机器名称不能使用中文名称，否则在使用 IE 进行浏览时操作系统将不支持。

10.5.1.2 发布画面设置

在组态王画面，发布功能采用分组方式。可以将画面按照不同的需要分成多个组进行发布，每个组都有独立的安全访问设置，可以供不同的客户群浏览。

在工程管理器中选择 Web 目录，在工程管理器的右侧窗口，双击“新建”图标，弹出“Web 发布组配置”对话框，如图 10-19 所示。

在该对话框中可以完成发布组名称的定义、要发布的画面的选择、用户访问安全配置和 IE 界面颜色的设置。发布步骤如下：

（1）定义组名称：在对话框中“组名称”文本框中输入要发布的组的名称（在 IE 上访问时需要该名称）。组名称是 Web 发布组的唯一的标识，由用户指定，同一工程中组名不能相同，且组名只能使用英文字母和数字的组合。名称的定义符合组态王名称定义规则。组名称的最大长度为 31 个字符。

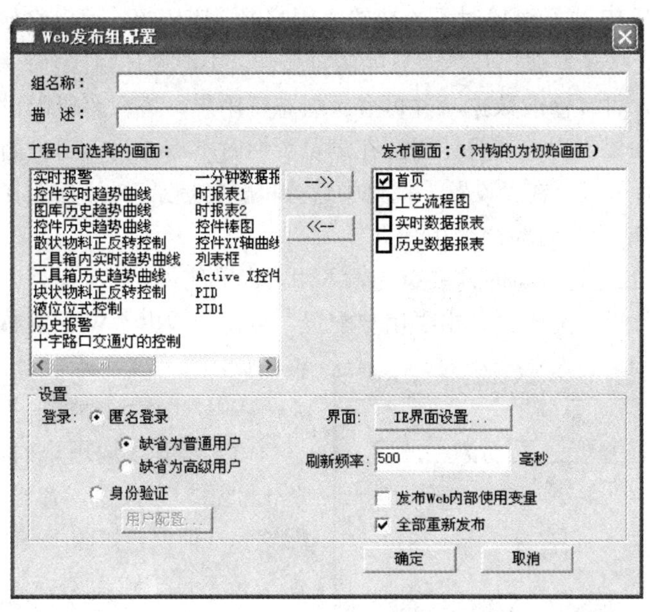

图 10-19　发布组的配置

（2）定义组的描述信息：在“描述”文本框中输入对该组的描述信息。该描述信息可以在用户进行浏览时在 IE 界面上显示。

（3）选择要发布的画面：在对话框的“工程中可选择的画面”列表中列出了当前工程中建立的所有的画面名称。在列表中用鼠标单击选择要发布的画面，在单击鼠标的同时，如果按住 Shift 键为直接多选一段区域内的画面，按住 Ctrl 键可以任意多选画面。选择完成后，单击对话框上的按钮 -->> 将选择的画面发送到右边的“发布画面”列表中，同时被选择的画面名称在该“工程中可选择的画面”列表中消失。同样可以单击按钮“ <<-- ”将已经选中的画面取消发布，将画面名称从“发布画面”列表中删除。

（4）选择浏览时的初始画面：在“发布画面”列表中，每个画面名称前都有一个复选框，如果在某个画面的复选框中选中，则表明该画面将是初始画面，即打开 IE 浏览时首先将显示该画面。初始画面可以选择多个。

（5）定义刷新频率：在 IE 浏览器端浏览此发布组的画面时，浏览器端看到的画面按照此频率来刷新，如果用户用于浏览的机器配置比较低，建议用户将此参数设得大一些，默认刷新频率是 500 毫秒。到这里，用户完成了初步的发布配置，完全可以进行发布浏览了。

（6）全部重新发布：选中“全部重新发布”，则工程路径下的组页面文件 index.html 会全部重新生成；不选中则只修改和组态王画面相关的部分，即“<OBJECT classid = "clsid:8AD9C840-044E-11D1-B3E9-00805F499D93"”部分。当使用任何网页编辑器修改工程路径下的 index.html 文件，如修改页面样式或增加页面功能后，不选中该复选框，则画面组发布后，只更新组态王相关部分，页面其它部分保持不变。如果选中该复选框，则画面组发布后以组态王安装路径…kingview\Webs\Temp 下的 tempPage.html 文件为模版更新 index.html 文件。完

成上述配置后，单击“确定”按钮，关闭对话框，系统生成发布画面。启动组态王运行系统。

用户登录安全配置：在组态王 Web 浏览端，用户浏览权限有两种设置：一种是用户匿名浏览，即用户在打开 IE 进行浏览时不需要输入用户名、密码等，可以直接进入页面。这种方式下有两种用户：一种是普通用户，即只能浏览页面，不能做任何操作；另一种是高级用户，这种用户在进入后，可以修改数据，并可登录组态王用户，进行有权限设置的操作。两种用户只能选择其一。如果工程人员想让用户在浏览页面时不需要输入用户名和密码而直接进行浏览，可以采用这种方式。在“设置”栏目中选择“匿名登录”，然后选择所需要类型的用户“缺省为普通用户”或“缺省为高级用户”。

如果用户打开 IE 进行浏览时需要首先输入用户名和密码，则选择对话框中的“身份验证”选项。首先需要进行用户配置。单击“用户配置”按钮，弹出“Web 发布组用户列表”对话框，如图 10-20 所示。

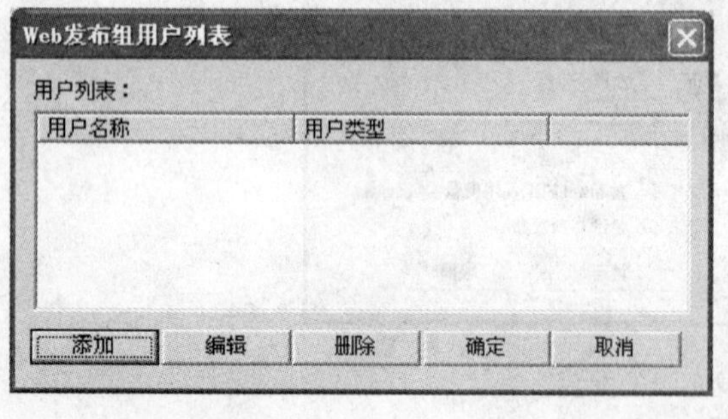

图 10-20　Web 发布组用户配置

在用户配置对话框中各按钮的含义如下：

（1）添加。向用户列表中添加新的用户。单击“添加”按钮，弹出“Web 发布组用户配置”对话框，如图 10-21 所示。在“用户名称”文本框中输入要添加的用户名称，用户名称必须是英文字符和数字组合，名称定义符合组态王命名规则。在“用户密码”文本框中输入用户密码，在“密码验证”文本框中重新输入密码，系统会自动验证密码的正确性。在用户类型中选择用户是“一般用户”还是“高级用户”。如定义一个一般用户为“user”，定义一个高级用户为“admin”，定义完成后单击“确认”按钮回到“Web 发布组用户列表”对话框，如图 10-22 所示。

（2）设置 IE 界面颜色。单击图 10-19 所示对话框上的“IE 界面设置”按钮，弹出“IE 属性配置”对话框，如图 10-23 所示。在“窗体颜色配置”栏中设置窗体前景色和背景色；在“菜单颜色配置”中设置组态王 Web 提供的系统操作菜单的菜单前景色和背景色；在“状态栏颜色配置”中选择组态王 Web 提供的系统状态栏的前景色和背景色。设置菜单颜色和状态栏颜色之前要确认是否“显示菜单栏”和是否“显示状态栏”，只有选中这两个选项，才可以设置相应颜色。

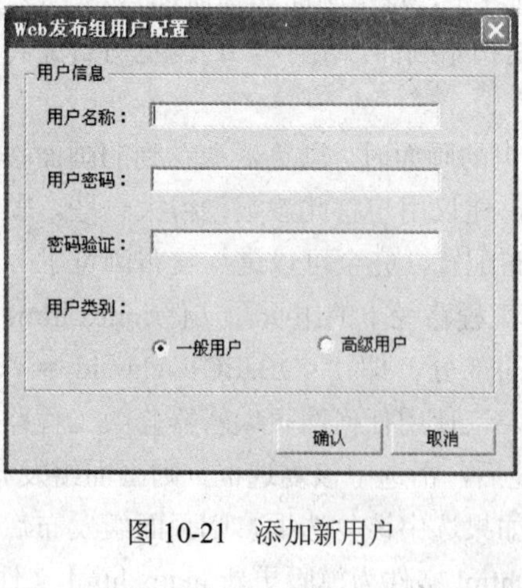

图 10-21　添加新用户

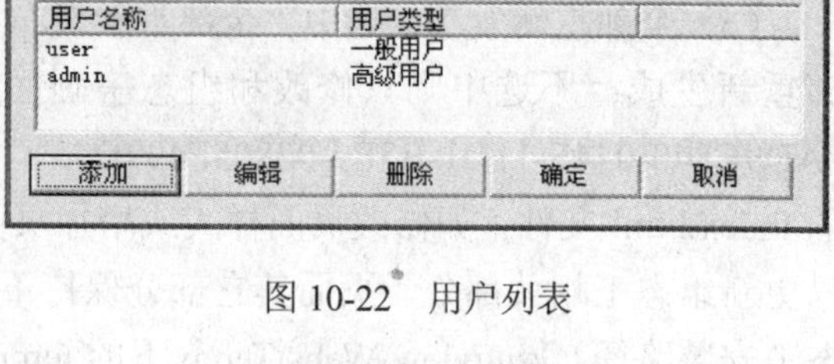

图 10-22　用户列表

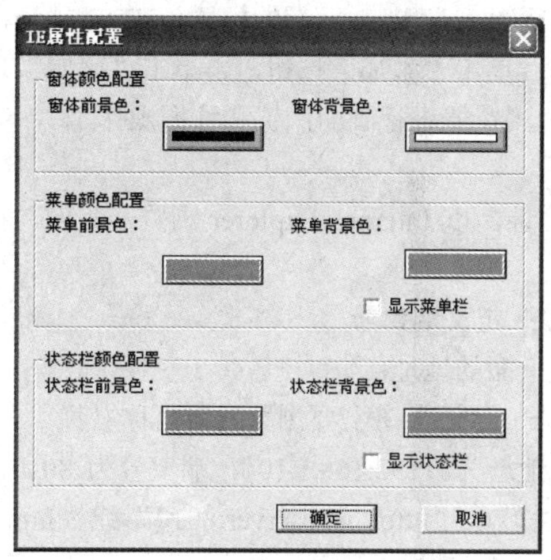

图 10-23　IE 界面颜色配置

（3）发布 Web 内部使用变量：设置 Web 上使用的内部变量，在 IE 上操作这些变量的时候，不影响运行系统和其它 IE 客户端上的同名变量。Web 上使用的内部变量只能是组态王内存变量（且不能是内存结构变量）。如图 10-24 进行发布组配置，并选择发布 Web 内部使用变量，系统弹出如图 10-24 所示对话框。

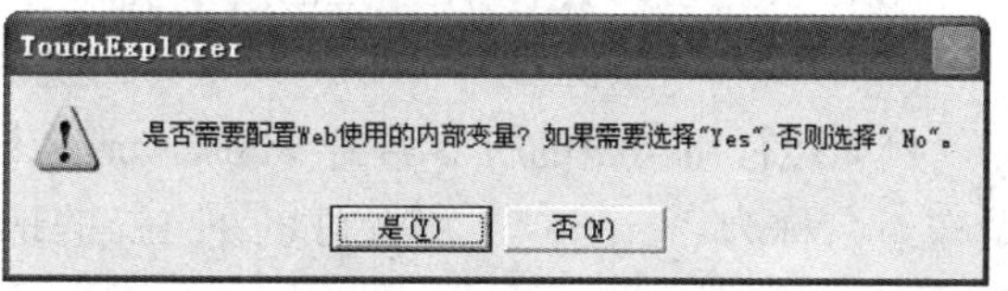

图 10-24　发布 Web 内部使用变量对话框

单击“是（Y）”按钮，弹出 Web 上使用的内部变量配置界面，如图 10-25 所示。

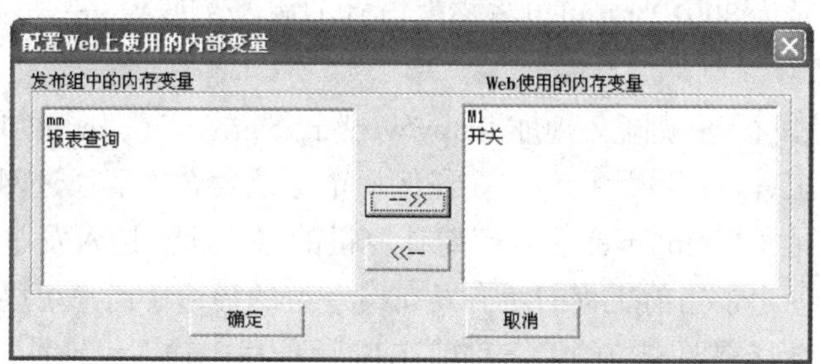

图 10-25　配置 Web 上使用的内部变量

在“发布组中的内存变量”列表中选择变量，单击“-->>”按钮将所选的变量移到“Web 使用的内存变量”列表中，同时被选择的变量在“发布组中的内存变量”列表中消失。在 IE 上操作“Web 使用的内存变量”列表中的变量的时候，只是操作端的变量发生改变，并不影响发布端组态王运行系统和其它 IE 客户端。

10.5.2　通过 IE 浏览发布的画面

在开发系统发布画面后，Web 画面发布的主要工作已经完成。在进行 IE 浏览之前，还需要先添加信任站点。

双击系统控制面板下的 Internet 选项或者直接在 IE 选择“工具”→“Internet 选项”，打开“Internet 属性”对话框的“安全”选项页，单击“可信站点”图标，然后单击“站点”按钮，弹出如图 10-26 所示窗口。

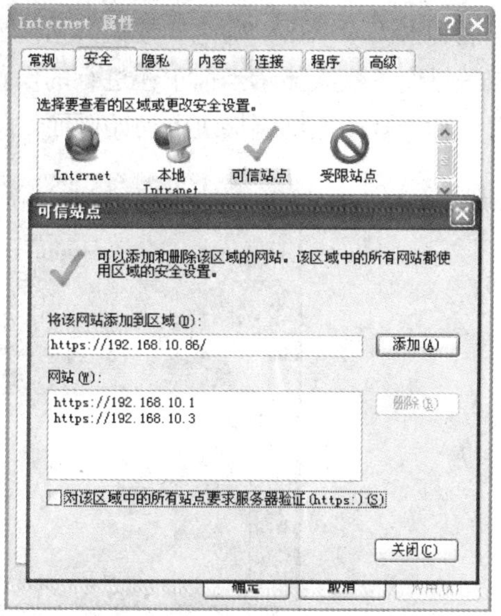

图 10-26　受信任的站点设置

在“将该网站添加到区域中”文本框中输入进行组态王 Web 发布的机器名或 IP 地址，取消“对该区域中的站点要求服务器验证”的选择，单击“添加”按钮，再单击“确定”按钮，即可将该站点添加到信任域中，就可以使用 IE 浏览器进行画面浏览和数据操作了。

10.5.3 设置浏览器地址获取所发布的画面

使用浏览器进行浏览时，首先需要输入 Web 地址。以 Internet Explorer 浏览器为例，在浏览器的地址栏里输入地址。地址的格式为：

http://发布站点机器名（或 IP 地址）:组态王 Web 定义端口号

如果需要直接访问该站点上的某个组，则使用下面的地址：

http://发布站点机器名（或 IP 地址）:组态王 Web 定义端口号/要浏览的组名称名称

例如运行组态王的机器名为 webserver，其 IP 地址为“192.168.1.10”，端口号为 8010，发布组名称为“group”，那么可以在 IE 的地址栏敲入“http://webserver:8010”或“http://192.168.1.10:8010”。

如果是直接进入该发布组，则输入地址为“http://webserver:8010/group”或“http://192.168.1.10:8010/group”。

如果定义的端口号为 8001 时，可以省略端口号不输入，即“http://webserver”或“http://192.168.1.10”。

如果是直接进入该发布组，则输入地址“http://webserver/group”或“http:// 192.168.1.10/ group”。

如果发布组态王工程，启动运行后，在任何一个与该发布机器通过网络相连接的站点上打开 IE 浏览器。输入地址“http://webserver”或计算机的 IP 地址，进入发布组界面，如图 10-27 所示。在该界面中，列出了当前工程的所有发布组及组的描述，用户可以选择进入。

在发布组界面上选择需要浏览的组名称或在 IE 地址栏中输入组地址，如“http://webserver/group”，则进入组的浏览界面，如图 10-28 所示。

本例中选择的是“用户验证”方式，所以系统弹出用户登录对话框。在对话框中输入用户名和密码，单击“确定”按钮，系统界面上的验证用户信息、下载相关资源、下载相关数据等进度条依次显示当前正在进行的操作。初始化完成后，进入系统画面列表界面，如果设置了初始画面，则直接进入初始画面，如图 10-29 所示。

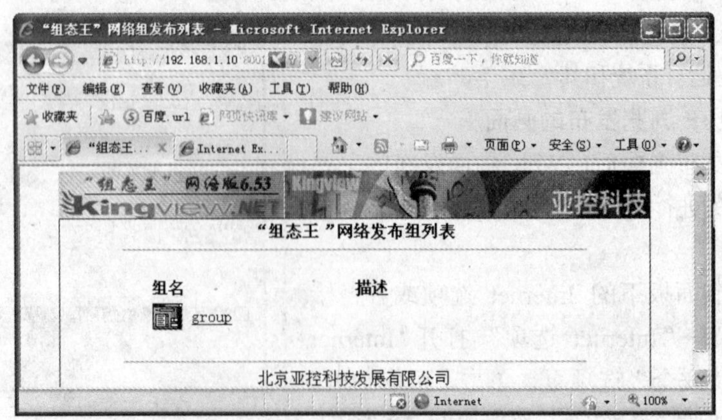

图 10-27 组态王发布组列表界面

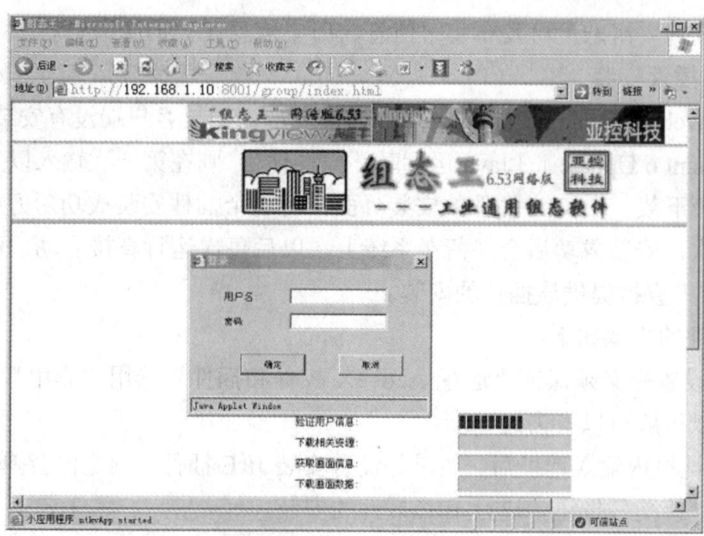

图 10-28　浏览初始界面

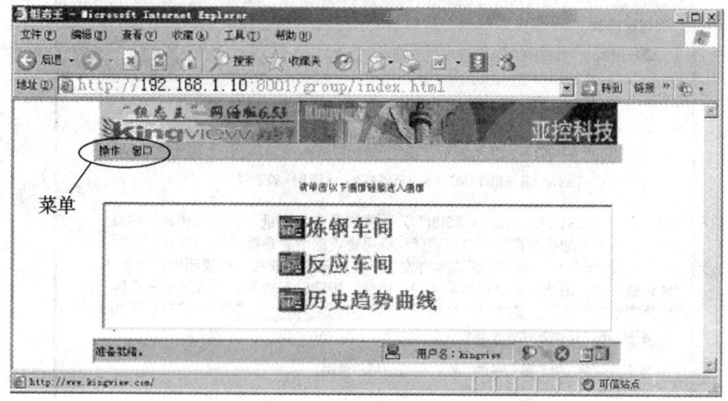

图 10-29　画面列表界面

打开画面进行浏览，画面与组态王运行系统完全一样，如图 10-30 所示。

图 10-30　浏览画面

通过相应的设置，组态王可发布实时信息、历史信息和数据库信息。

10.5.4 JRE 插件安装

使用组态王 Web 画面发布功能需要 JRE 插件支持，如果客户端没有安装 Java (TM) SE Runtime Environment 6 Update 1（Java 运行时环境插件），则在第一次输入以上正确地址并连接成功后，系统会下载一个 JRE 插件的安装界面，将这个插件安装成功后方可进行浏览。该插件只需安装一次，安装成功后会保留在系统上，以后每次运行直接启动，而不需重新安装 JRE。组态王安装中直接提供该插件的安装。

安装 JRE 插件的步骤如下：

（1）IE 安全设置中必须保证“运行 ActiveX 控件和插件”选用“启用”，IE 的缺省设置就是启用的，所以一般可以省去这一步。

（2）在 IE 地址栏内输入地址后，如果是没有安装 JRE 插件，浏览器会弹出如图 10-31 所示对话框，单击“接受”按钮，进行 JRE 插件的安装。

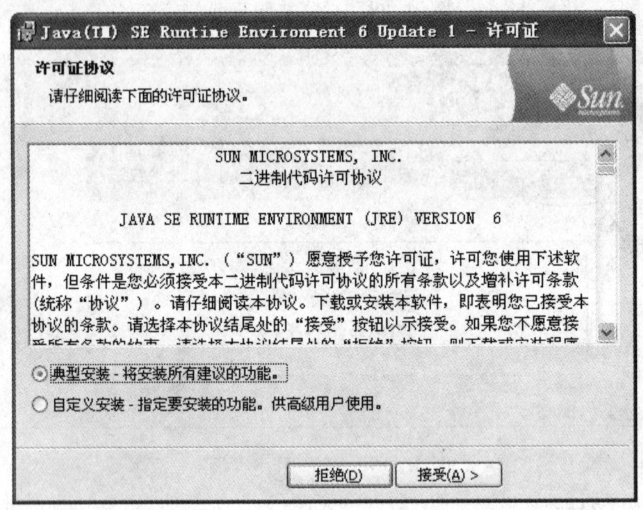

图 10-31 安装协议对话框

（3）安装结束，弹出如图 10-32 所示界面。

（4）安装成功后，在控制面板中添加了一项“Java(TM) SE Runtime Environment 6 Update 1”，如图 10-33 所示。可以通过该项对 Java 插件的参数进行设置。一般情况下用户不要修改其设置。

10.5.5 数据发布

组态王 6.53 以上版本新增了数据发布的功能，服务端组态王可以不必发布画面，IE 客户端就可以在 IE 上浏览数据列表信息和相关曲线信息，具有数据直观、功能齐全、操作简便的特点。该功能是一个嵌入在组态王中的独立模块，可以实现实时数据、历史数据、数据库数据的 Web 发布。组态王能够发布如下数据信息：①实时数据视图；②实时曲线视图；③历史数据视图；④历史曲线视图；⑤数据库数据视图；⑥数据库时间曲线视图。

图 10-32　安装完成界面

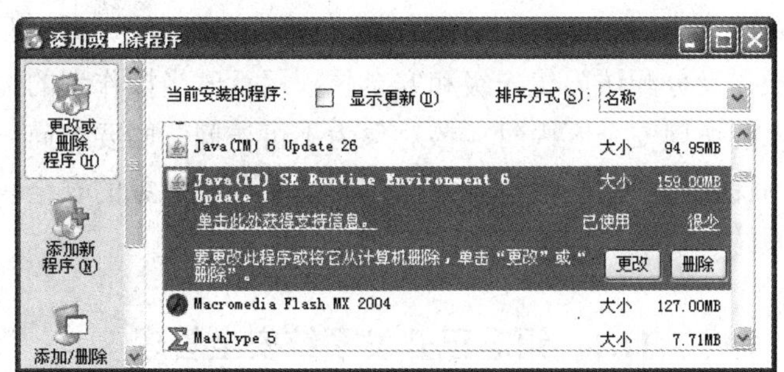

图 10-33　控制面板中的 Java 项

10.5.6　组态王 Web 不支持的功能

（1）控件，包括组态王内置控件和 Active X 控件。

（2）自定义函数、自定义变量。

（3）配方函数。

（4）SQL 数据库函数。

（5）控件函数。

（6）应用程序命令语言，数据改变命令语言，事件命令语言，热键命令语言，自定义函数命令语言，画面命令语言。

（7）按钮类型只能为标准类型，按钮风格只能为标准风格和按钮透明，支持按钮正常状态位图等。

第11章

用户管理权限与系统安全

安全保护是应用系统不可忽视的问题，对于可能有不同类型的用户共同使用的大型复杂应用，必须解决好授权与安全性的问题，系统必须能够依据用户的使用权限允许或禁止其对系统进行操作。组态王提供一个强有力的先进的基于用户的安全管理系统。在组态王系统中，在开发系统里可以对工程进行加密。

打开工程时只有输入密码正确时才能进入该工程的开发系统。对画面上的图形对象设置访问权限，同时给操作者分配访问优先级和安全区，运行时当操作者的优先级小于对象的访问优先级或不在对象的访问安全区内时，该对象为不可访问，即要访问一个有权限设置的对象，要求先具有访问优先级，而且操作者的操作安全区须在对象的安全区内时，方能访问。组态王以此来保障系统的安全运行。

11.1 组态王开发系统安全管理

为了防止其他人员对工程进行修改，在组态王开发系统中可以分别对多个工程进行加密。当进入一个有密码的工程时，必须正确输入密码方可进入开发系统，否则不能打开该工程进行修改，从而实现了组态王开发系统的安全管理。

11.1.1 对工程进行加密

新建组态王工程，首次进入组态王浏览器，系统默认没有密码，可直接进入组态王开发系统。如果要对该工程的开发系统进行加密，执行工程浏览器中“工具”→“工程加密”命令，对工程进行加密。

11.1.2 取消工程加密

如果想取消对工程的加密，在打开该工程后，选择“工具”→“工程加密”选项，弹出“工程加密处理”对话框，将密码设为空，单击“确定”按钮即可。

11.2 组态王运行系统安全管理

在组态王系统中，为了保证运行系统的安全运行，对画面上的图形对象设置访问权限，同时给操作者分配访问优先级和安全区，当操作者的优先级小于对象的访问优先级或不在对象的访问安全区内时，该对象为不可访问。操作者的操作优先级级别从1～999，每个操作者和对象的操作优先级级别只有一个。系统安全区共有64个，用户在进行配置时，每个用户可选择除“无”以外的多个安全区，即一个用户可有多个安全区权限，每个对象也可有多个安全区权限。除“无”以外的安全区名称可由用户按照自己的需要进行修改。在软件运行过程中，优先级大于 900 的用户还可以配置其他操作者，为他们设置用户名、口令、访问优先级和安全区。

11.2.1　安全管理配置

11.2.1.1　优先级和安全区

组态王采用分优先级和分安全区的双重保护策略。组态王系统将优先级从小到大定为 1 到 999，可以对用户、图形对象、热键命令语言和控件设置不同的优先级。安全区功能在工程中使用广泛，在控制系统中一般包含多个控制过程，同时也有多个用户操作该控制系统。为了方便、安全地管理控制系统中的不同控制过程，组态王引入了安全区的概念。将需要授权的控制过程的对象设置安全区，同时给操作这些对象的用户分别设置安全区，例如工程要求 A 工人只能操作车间 A 的对象和数据，B 工人只能操作车间 B 的对象和数据，组态王中的处理是：将车间 A 的所有对象和数据的安全区设置为包含在 A 工人的操作安全区内，将车间 B 的所有对象和数据的安全区设置为包含在 B 工人的操作安全区内，其中 A 工人和 B 工人的安全区不相同。

应用系统中的每一个可操作元素都可以被指定保护级别（最大 999 级，最小 1 级）和安全区（最多 64 个），还可以指定图形对象、变量和热键命令语言的安全区。设计者可以指定操作者的操作优先级和工作安全区。在系统运行时，若操作者优先级小于可操作元素的访问优先级，或者工作安全区不在可操作元素的安全区内时，可操作元素是不可访问或操作的。

组态王中可定义操作优先级和安全区的有：

三种用户输入连接：模拟值输入、离散值输入、字符串输入；

两种滑动杆输入连接：水平滑动杆输入、垂直滑动杆输入；

三种命令语言输入连接和热键命令语言：（鼠标或等价键）按下时、按住时、弹起时；

其它：报警窗、图库精灵、控件（包括通用控件）、自定义菜单；

变量的定义（每个变量有相应的安全区和优先级）。

当用户登录成功后，对于动画连接命令语言和热键命令语言，只有当登录用户的操作优先级不小于该图素或热键规定的操作优先级，并且安全区在该图素或热键规定的安全区内时，方可访问该对象或执行命令语言。命令语言执行时与其中连接的变量的安全区没有关系，命令语言会正常执行。对于滑动杆输入和值输入除要求登录用户的操作优先级不小于对象设置的操作优先级、安全区在对象的安全区内外，其安全区还必须在所连接变量的安全区内，否则用户虽然可以访问对象，但不能操作和修改它的值，在组态王的信息窗口中也会有对连接变量没有修改权限的提示信息。

11.2.1.2　配置用户

组态王中可根据工程管理的需要将用户分成若干个组来管理，即用户组。

在组态王工程浏览器目录显示区中，双击大纲项系统配置下的用户配置，或从工程浏览器的顶部工具栏中单击“用户”，弹出“用户和安全区管理器”对话框，如图 11-1 所示。

（1）定义用户组。单击“新建”按钮，弹出“定义用户组和用户”对话框，选中“用户组”按钮，如图 11-2 所示。

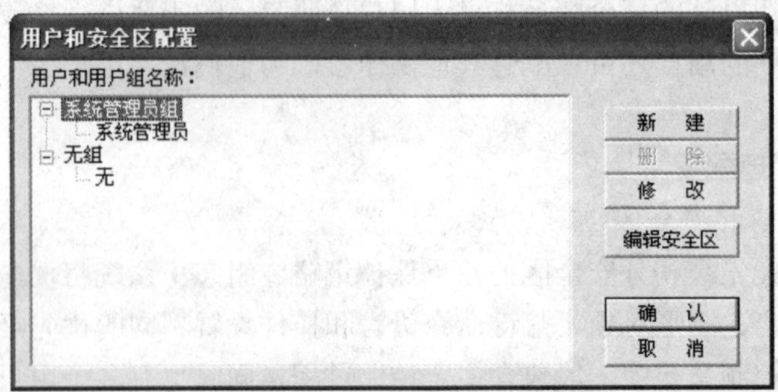

图 11-1 用户和安全区配置对话框

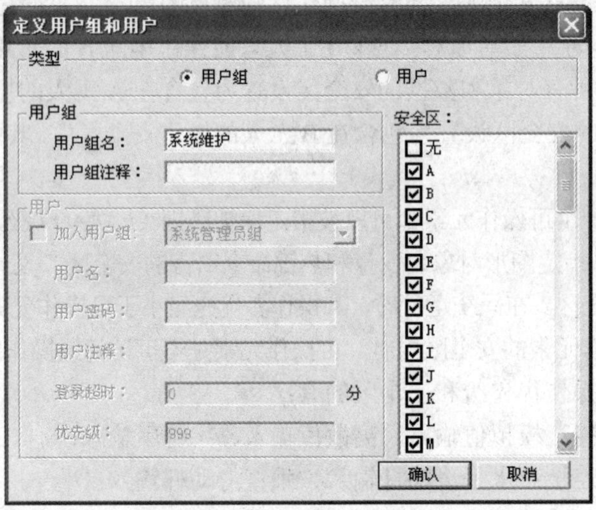

图 11-2 用户组配置对话框

用户组下面可以包含多个用户，在对话框中的“用户组名”中填入所要配置的当前用户组的名称，如“系统维护”；在“用户组注释”中填入对当前用户组的注释。在右侧的“安全区”列表框中选择当前用户组下所有用户的公共安全区，配置完成后，按“确定”返回。

（2）定义用户组下的用户。一个用户组中可以包含多个用户，当建立了一个用户组之后，就可以在该用户组下添加用户了。在“定义用户组和用户”界面上，单击“用户”按钮，则“用户”下面的所有选项变为有效。如图 11-3 所示。

选中“加入用户组”，从下拉列表框中选择用户组名。例如刚才定义的“系统维护”。在“用户名”中输入当前独立用户的名称，如“ENG”；在“用户密码”中输入当前用户的密码，密码输入后显示为“*”；在“用户注释”中输入对当前用户的说明；“登录超时”中输入登录超时时间，即用户登录后，使用权限的时间，当到达规定的时间时，系统权限自动变为“无”，如果登录超时的值为 0，则登录后没有登录超时的限制；在“优先级”中输入当前用户的操作优先级级别；在“安全区”中选择该用户所属安全区。用户配置完成后单击“确认”按钮。

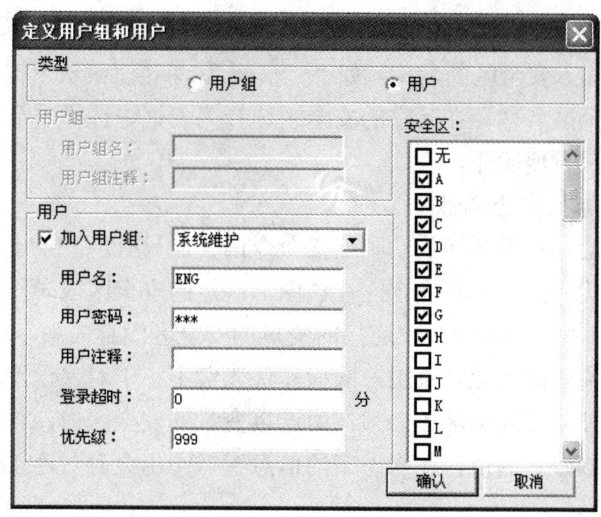

图 11-3　用户组中用户配置对话框

（3）定义独立用户。对于单独的不需要加入到任何一个用户组的用户，可以定义为独立用户。

在“用户和安全区配置”对话框中，单击“新建”按钮，弹出独立用户配置的“定义用户组和用户”对话框，如图 11-3 所示。在图 11-3 中在“加入用户组”前将对勾取消。

独立用户不属于任何一个用户组，其本身就是一个用户。在“用户名”中输入当前独立用户的名称；在“用户密码”中输入当前用户的密码；在“用户注释”中输入对当前用户的说明；“登录超时”中输入登录超时时间；在“安全区”中选择该用户所属安全区。用户配置完成后单击“确认”按钮。

（4）修改安全区。安全区的默认名称为“A，B，C…”，用户可通过“用户和安全区管理器”中的“编辑安全区”按钮来修改各个安全区的名称。单击“编辑安全区”按钮，弹出“安全区配置”对话框，如图 11-4 所示。单击选择一个除“无”外的要修改的安全区

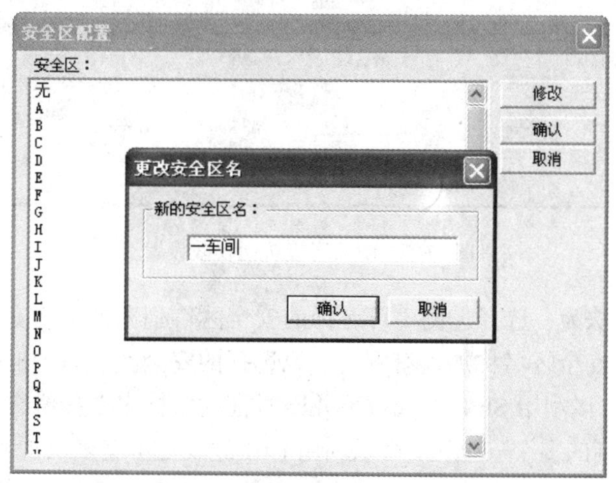

图 11-4　安全区配置对话框

名称，“修改”按钮由灰色不可用变为黑色可用，单击“修改”按钮，弹出“更改安全区名”对话框，在文本框中输入安全区的名称，如“一车间”，单击“确认”按钮完成修改，照此方法，可修改所有的安全区名称。在其它的安全区选择列表框中选择安全区时，安全区的名称变成了修改后的名称，方便操作。

11.2.1.3　设置对象的安全属性

当用户登录成功后，对于图形的动画连接命令语言，只有当登录用户的操作优先级不小于该图形规定的操作优先级，并且安全区在该图形规定的安全区内时，方可访问该图形或执行命令语言。命令语言执行时，与其中连接的变量的安全区没有关系，命令语言会正常执行。对于滑动杆输入和值输入除要求登录用户的操作优先级不小于对象设置的操作优先级、安全区在对象的安全区内外，其安全区还必须在所连接变量的安全区内，否则用户虽然可以访问对象，但不能操作和修改它的值，在组态王的信息窗口中也会有对连接变量没有修改权限的提示信息。

在组态王开发系统中双击画面上的某个对象，如矩形，弹出“动画连接”对话框，如图 11-5 所示。选择具有数据安全动画连接中的一项（如“命令语言连接”）。则“优先级”和“安全区”选项变为有效，在“优先级”中输入访问的优先级级别；单击“安全区”后的按钮选择安全区（如图 11-5 所示），弹出“选择安全区”对话框，如图 11-6 所示。

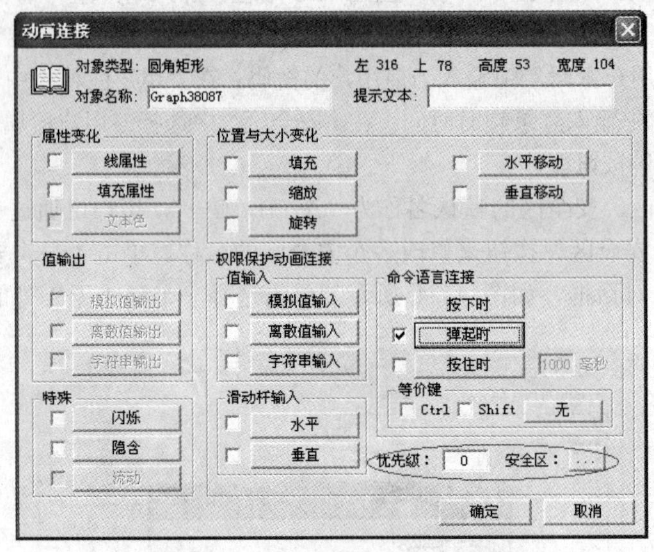

图 11-5　动画连接访问权限设置

设置安全区的方法为：选择左侧“可选择的安全区”列表框中的安全区名称，然后单击“>”按钮，即可将该安全区名称加入右侧的“已选择的安全区”列表框中。若一次选择连续排列的多个安全区，可以利用 Shift 键或按下并同时拖动鼠标来选择所有需要选中的多个安全区；若选择非连续排列的多个安全区，可以利用 Ctrl 键或者单个多次加入。若需加入左侧“可选择的安全区”列表框中的全部安全区，则单击“≫”按钮。取消安全区的方法为：选中“已选择的安全区”列表框中的安全区名称，单击“<”按钮即可；选中多个的方法与上同。若

需取消右侧“可选择的安全区”列表框中的全部安全区，则单击“≪”按钮。选择完毕后，单击“确定”按钮返回。

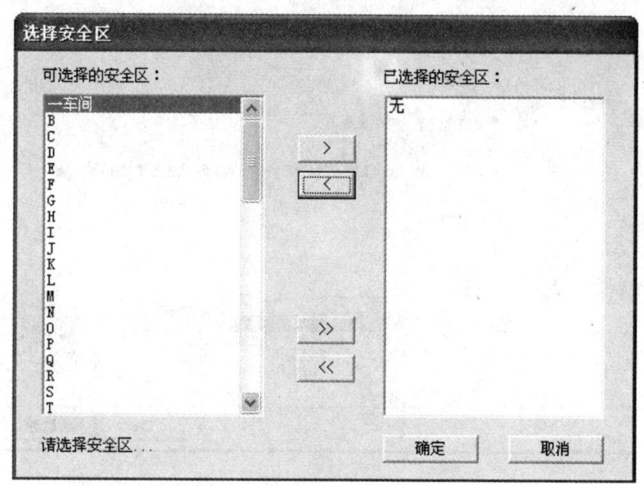

图 11-6　设置图形对象的安全区

在组态王开发系统中，双击画面上的某个对象，如阀门，弹出“动画连接”对话框，如图 11-7 所示。在“优先级”中输入访问的优先级级别；单击“安全区”后的按钮选择安全区，如图 11-6 所示，分别进行访问权限和安全区的设置。

11.2.1.4　设置变量的安全属性

在工程浏览器数据词典中新建变量时，弹出“变量属性”对话框，定义好变量后，单击“记录和安全区”标签，进入“记录和安全区”对话框，如图 11-8 所示。根据工程设计需要在安全区列表框中选择一个安全区名称。选择完后单击“确定”按钮完成。

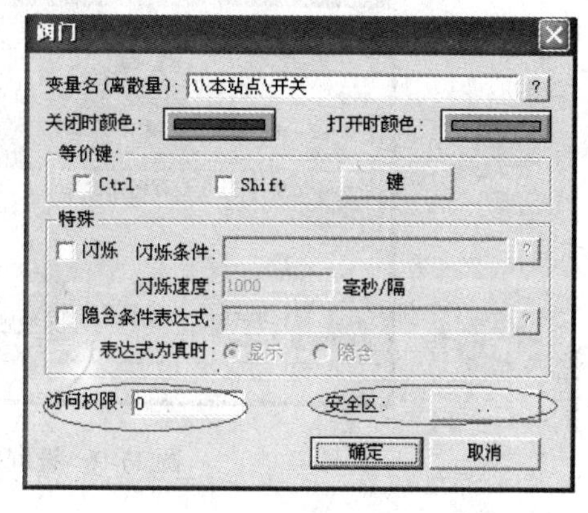

图 11-7　设置图形对象的安全属性

11.2.1.5　设置热键命令语言的安全属性

当用户登录成功后，对于热键命令语言，只有当登录用户的操作优先级不小于热键规定的操作优先级，并且安全区在热键规定的安全区内时，方可执行。命令语言执行时，与其中连接的变量的安全区没有关系，命令语言会正常执行。

在工程浏览器的目录显示区，选择“文件”→“命令语言”→“热键命令语言”选项，在右边的内容显示区出现“新建”图标，双击此图标，则弹出“热键命令语言”对话框，如图 11-9 所示。设置热键并在操作优先级输入栏内输入优先级级别，在安全区选择列表中选择热键的安全区。只有优先级高于该级别和安全区在该热键安全区内的用户登录后按下热键时，才会执行这段命令语言。热键的优先级级别和安全区设置与图形对象优先级级别和安全区设置相同。

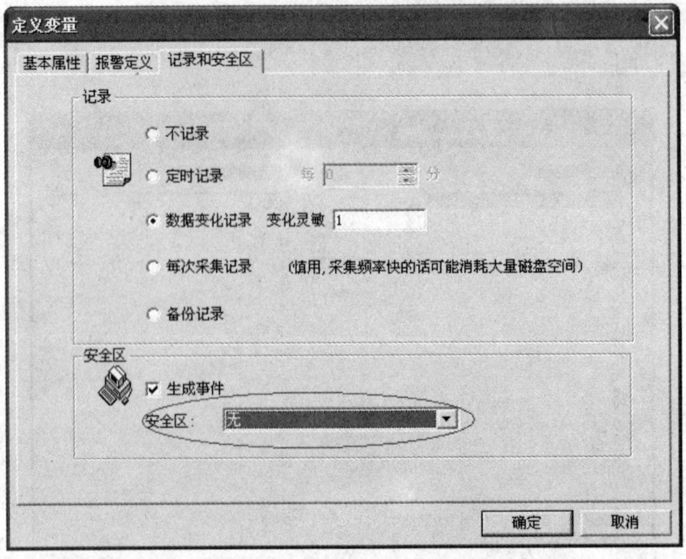

图 11-8　设置变量的安全属性

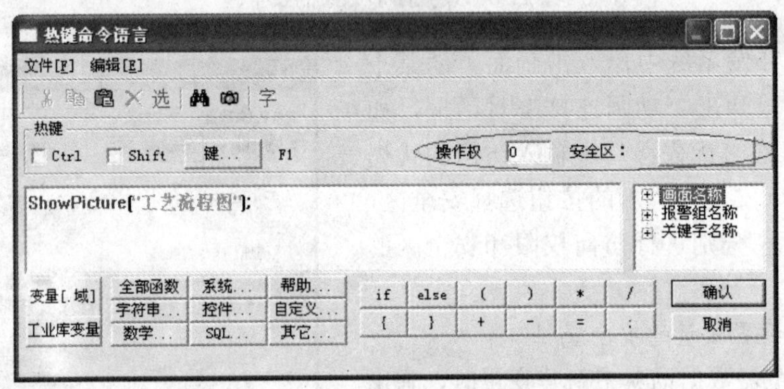

图 11-9　设置热键命令语言的安全属性

11.2.1.6　设置控件的安全属性

对于组态王的控件，只有趋势曲线类控件中的温控曲线和 X-Y 轴曲线、窗口控制类控件（包括列表框、组合框、复选框、编辑框、单选按钮）和超级文本显示控件可以设置访问权限。这些控件没有安全区设置，只与相连接的变量的安全区有关。

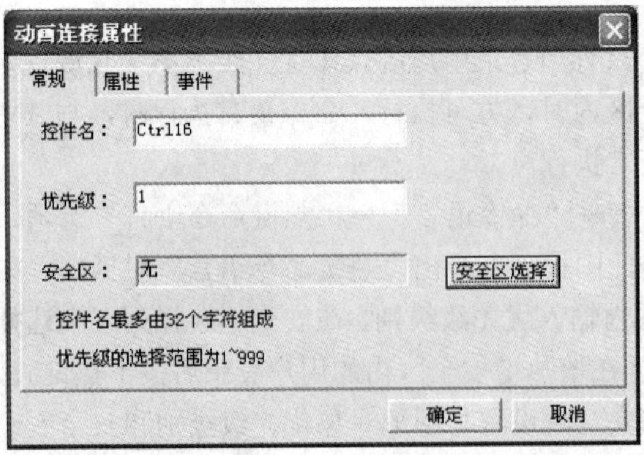

图 11-10　设置控件的访问优先级和安全区

对于 Active X 控件，既可以设置优先级，也可以设置安全区。在组态王开发系统中，双击画面上某个控件，弹出“动画连接属性”对话框，如图 11-10 所示。“优先级”输入栏输入该控件的访问优先级级别（1～999），单击“安全区选择”按钮弹出安全区选择对话框，选择需要的安全区后，在控件的“动画连接属性”对话框中的“安全区”文本框中显示出已经选择的安全区名称。

11.2.2　系统运行时用户的登录与退出

设置一个按钮，在“动画连接”→“弹起时”命令语言编辑框内写入 LogOff、LogOn 命令，可以完成系统运行时用户的登录与退出，这两条命令语言详见 7.3 节。

11.2.3　双重验证

为了加强运行系统的安全性，组态王运行系统还提供用户操作双重验证功能。在运行过程中，当用户希望进行一项操作时（如分闸或合闸），为防止误操作，需要进行双重认证。即在身份认证对话框中，既要输入操作者的名称和密码，又要输入监控者的姓名和密码，两者验证无误时方可操作。实现双重验证通过调用“PowerCheckUser( )；”函数实现，函数具体使用方法如下：

```
PowerCheckUser (string OperatorName, string MonitorName) ;
```

OperatorName：返回的操作者姓名；MonitorName：返回监控者姓名。

返回值：1，验证成功；0，验证失败。

运行时执行该函数后，弹出“用户验证”对话框，如图 11-11 所示。

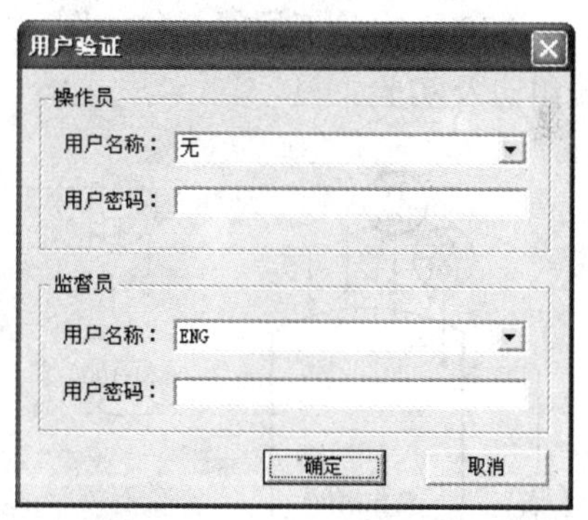

图 11-11 “用户验证”对话框

在“操作员”用户栏中将默认显示当前登录的用户；在“监督员”栏中将默认的显示上次登录的用户。可通过下拉列表选择已经在组态王中定义的用户。对于操作员和监督员，不能以相同的用户名称进行登录。当单击“确定”按钮时，如果用户的名称以及用户的密码完全正确，将完成此次的用户验证，但是用户的验证将不影响工程用户登录的情况。当用户取消此次登录，将返回登录失败的信息，不进行任何的操作。操作者和监控者具有不同的权限和类型。在组态王中建议采用变通方法，两者均为组态王用户即可。

11.2.4　运行时配置用户及重新设置口令和权限

设置按钮时，在“动画连接”→“弹起时”命令语言编辑框内写入 EditUsers、ChangePassword 命令，可以完成运行时配置用户及重新设置口令和权限。

第12章

组态软件工程应用实例

12.1 基于组态王的控制系统

系统构成：组态王+A3000 实验工程对象（含检测及控制对象）+亚当 I/O 模块。

12.1.1 实验工程对象

A3000 实验工程的对象如图 12-1 所示，可在该对象上完成不同控制功能、类型的控制系统组态及实验。

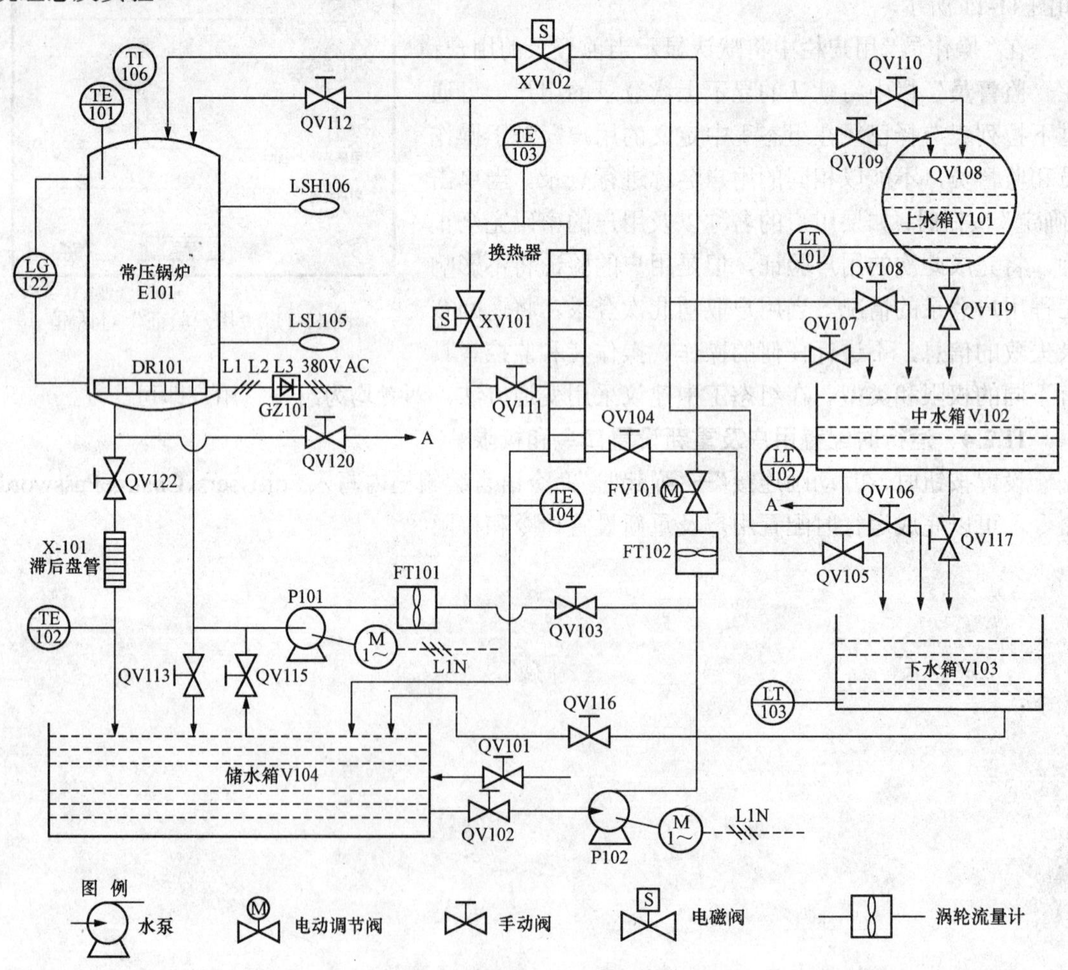

图 12-1 A3000 实验工程的对象流程图

12.1.2　I/O 模块介绍

I/O 模块为 ADAM4017、ADAM4024、ADAM4050（或 ADAM4060）模块，24V 直流驱动，通过 RS485 转换网络到以太网，再将数据传到上位机。模块地址分别为 1、2、3。通信波特率 9600bit/s，无校验，数据位 8，停止位 1。校验和（checksum）必须选中，否则无法和组态王通信。

模块介绍：

ADAM4017：8 通道模拟量输入模块；

ADAM4024：4 通道模拟量混合模块，它包括了 4 通道模拟量输出以及 4 通道数字量隔离输入；

ADAM4050：7 通道数字量输入，8 通道数字量输出。

12.1.3　实验工程的对象检测点

A3000 实验工程的对象检测点见表 12-1。

表 12-1　　实验工程对象检测点明细表

序号	位号	设备名称	用　途	原始信号类型		工程量
1	TE101	热电阻	锅炉水温	Pt100	AI	0～100℃
2	TE102	热电阻	锅炉回水温度	Pt100	AI	0～100℃
3	TE103	热电阻	换热器热水出水温度	Pt100	AI	0～100℃
4	TE104	热电阻	换热器冷水出水温度	Pt100	AI	0～100℃
5	TE105	热电阻	储水箱温度	Pt100	AI	0～100℃
6	LSL105	液位开关	锅炉液位低	干节点	DI	
7	LSL106	液位开关	锅炉液位高	干节点	DI	
8	XV101	电磁阀	一支路给水开关	光隔离	DO	
9	XV102	电磁阀	二支路给水开关	光隔离	DO	
10	FT101	涡轮流量计	一支路给水流量	4～20mA	AI	0～3m^3/h
11	FT102	涡轮流量计	二支路给水流量	4～20mA	AI	0～3m^3/h
12	PT101	压力变送器	给水压力	4～20mA	AI	0～150kPa
13	LT101	液位变送器	上水箱液位	4～20mA	AI	0～150kPa
14	LT102	液位变送器	中水箱液位	4～20mA	AI	0～150kPa
15	LT103	液位变送器	下水箱液位	4～20mA	AI	0～150kPa
16	FV101	电动调节阀	阀门控制	4～20mA	AO	0～100%
17	GZ101	晶闸管调压模块	锅炉水温控制	4～20mA	AO	0～100%
18	U101	变频器	频率控制	4～20mA	AO	0～100%

12.2　组态工程实例

12.2.1　组态工程训练 1：单容下水箱液位调节阀 PID 单回路控制

控制流程图如图 12-2 所示。单容下水箱液位单回路控制原理框图如图 12-3 所示。

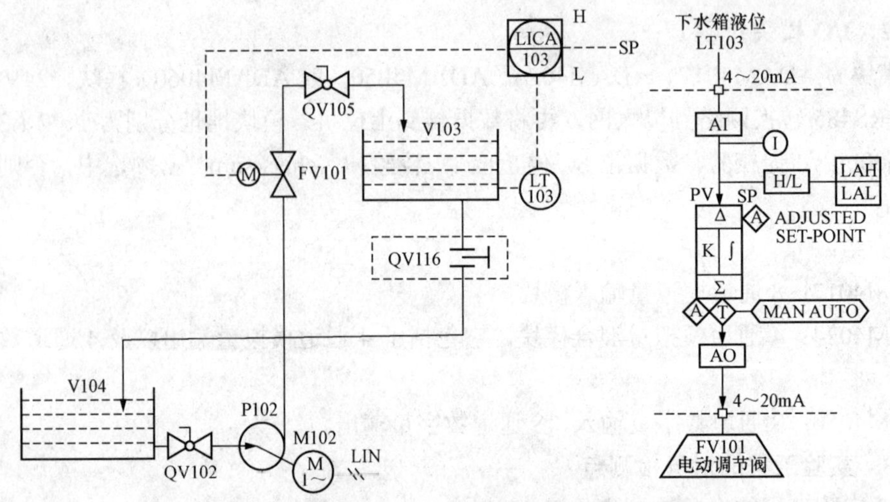

图 12-2　单容下水箱液位调节阀 PID 单回路控制流程图

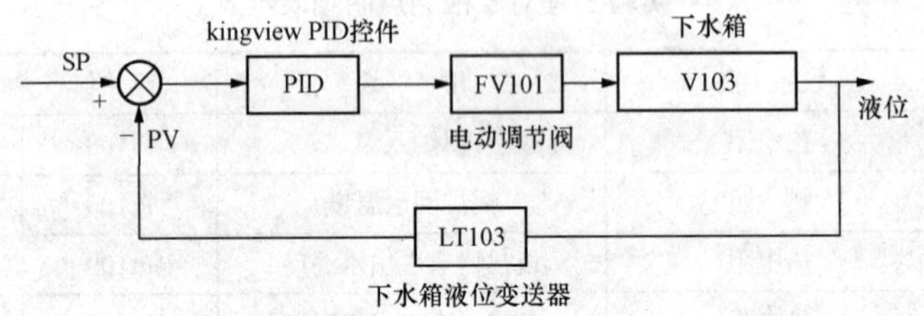

图 12-3　单容下水箱液位单回路控制原理框图

（1）工艺及控制说明：水介质由水泵 P102 从储水箱 V104 经 QV102（手动阀，打到常开位置）中加压获得压头，经电动调节阀 FV101、QV105（手动阀，打到常开位置）进入下水箱 V103，通过手动阀 QV116 回流至水箱 V104 而形成水循环。其中，下水箱 V103 的液位由 LT103 测得，用调节手动阀 QV116 的开启程度来模拟负载的大小。本例为定值自动调节系统，FV101 为操纵变量，LT103 为被控变量，采用 PID 调节来完成。

单容下水箱液位 PID 控制测点清单见表 12-2。

表 12-2　　　　单容下水箱液位调节阀 PID 单回路控制测点清单

序号	位号	设 备 名 称	用　　途	原始信号类型		工程量
1	LT103	液位变送器	下水箱液位	4～20mA	AI	0～150kPa
2	FV101	电动调节阀	阀门控制	4～20mA	AO	0～100%

（2）组态王设备连接。通过软件来设置 ADAM4017、ADAM4024、ADAM4050 模块的地址，通信波特率 9600bit/s，无校验，数据位 8，停止位 1，通信超时 3000ms，通信方式 RS485。

在组态王工程浏览器中选设备→COM1，然后在工作区选“新建”图标，如图 12-4 所示。

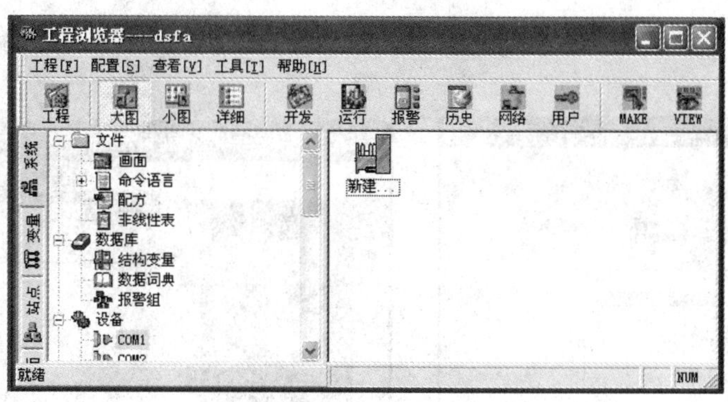

图 12-4　新建设备

双击“新建”图标，在设备配置向导——生产厂家、设备名称、通信方式窗口中（见图 12-5）。选择“智能模块”→“亚当 4000 系列”→“Adam4017”，选择“COM”，逻辑名 Adam4017，如图 12-6 所示。单击“下一步”按钮。然后设置串口号，依据计算机的通信端口来选择。这个端口以后可以按照同样的步骤来更改，如图 12-7 所示。

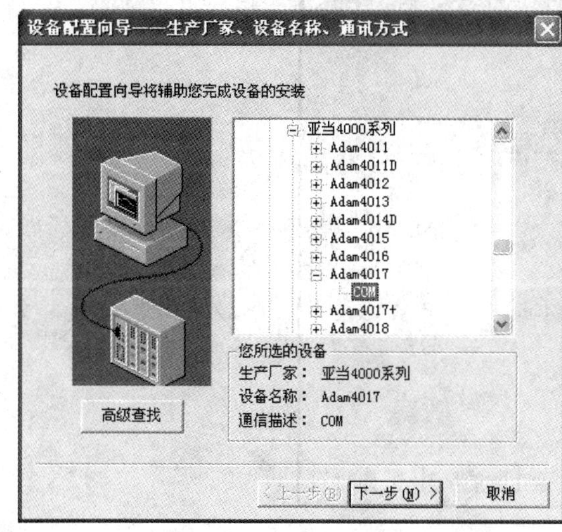

图 12-5　选择智能模块

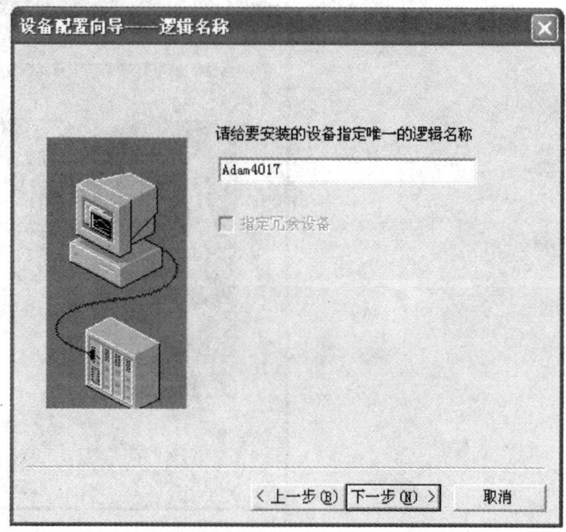

图 12-6　设备逻辑名

单击“下一步”按钮，然后设置地址，首先设置内给定仪表，所以设定地址为“1”，如图 12-8 所示。单击“下一步”按钮，设置通信参数，不需要改变任何参数，如图 12-9 所示。

设置完成后单击“完成”按钮，就可以看到整个设置的参数。

按上述步骤再次进行设置：但是地址设置为“2”，逻辑名 Adam4024；地址设置为“3”，逻辑设备 Adam4050。设置 Adam4024、Adam4050 模块，如图 12-10 所示。

最后设置串口通信参数，双击左边窗口“设备”中的“COM1”项，设置如图 12-11 所示。对照亚当模块的通信参数进行设置。

（3）组态王数据变量定义。数据库是“组态王”软件的核心部分，工业现场的生产状况要以动画的形式反映在屏幕上，操作者在计算机前发布的指令也要迅速送达生产现场，所有这一切都是以实时数据库为中介环节，数据库是联系上位机和下位机的桥梁。

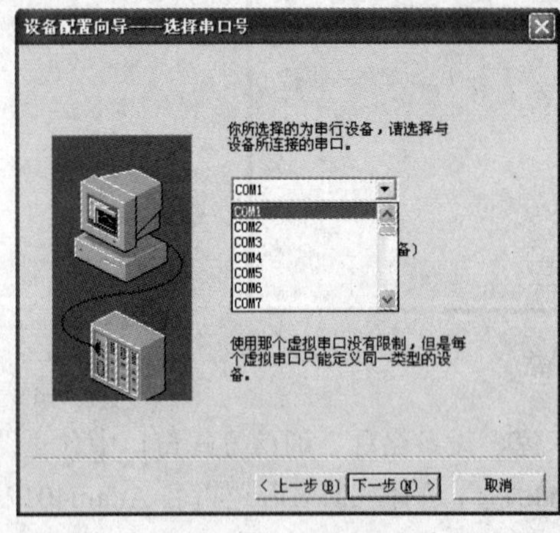

图 12-7　设置串口

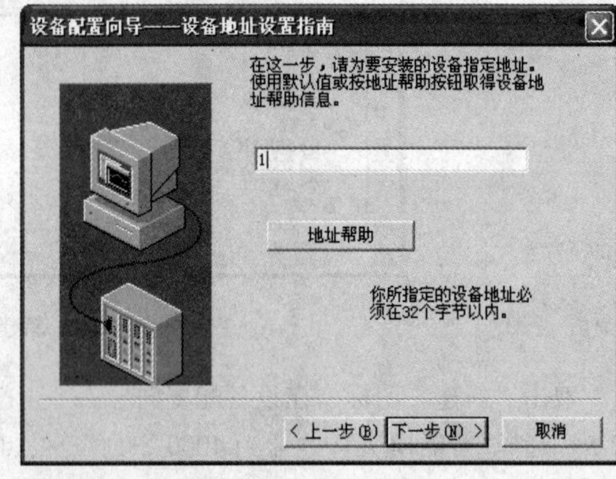

图 12-8　设备地址设置指南

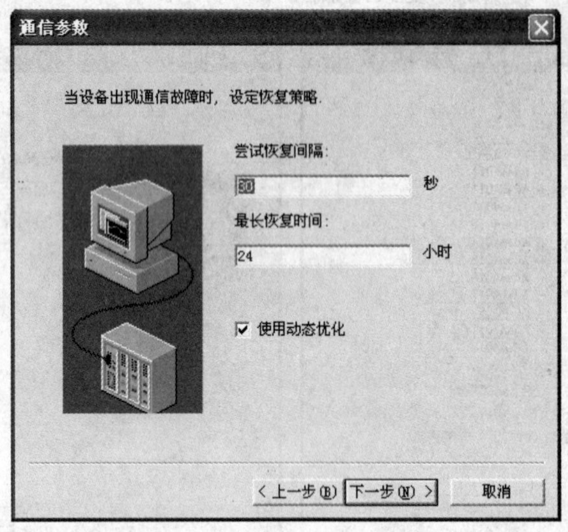

图 12-9　通信参数设置

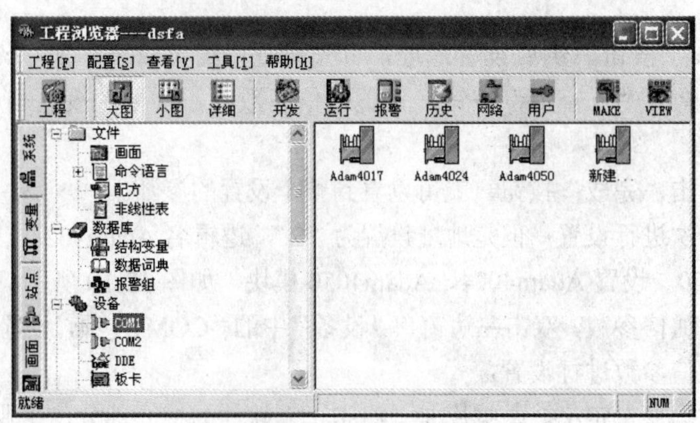

图 12-10　最后设置的硬件

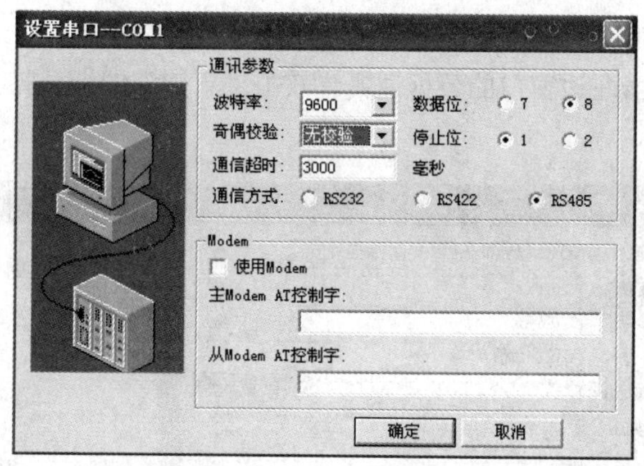

图 12-11　串口设置

ADAM4017 具有的组态软件可访问的寄存器变量定义见表 12-3。

表 12-3　　ADAM4017 寄存器定义

寄存器格式	寄存器 *dd* 范围	读写属性	数据类型	变量类型	寄存器含义	备注
AI*dd*	0～7	只读	FLOAT	I/O 实型	模拟量输入	8 通道

ADAM4024 具有的组态软件可访问的寄存器变量定义见表 12-4。

表 12-4　　ADAM4024 寄存器定义

寄存器格式	寄存器 *dd* 范围	读写属性	数据类型	变量类型	寄存器含义	备注
AO*dd*	0～3	读写	FLOAT	I/O 实型	模拟量输出	4 通道
DI*dd*	0～3	只读	BIT	I/O 离散	数字量输入，返回某位状态	4 通道

ADAM4050 具有的组态软件可访问的寄存器变量定义见表 12-5。

表 12-5　　ADAM4050 寄存器定义

寄存器格式	寄存器 *dd* 范围	读写属性	数据类型	变量类型	寄 存 器 含 义	备注
DO*dd*	0～7	读写	BYTE，BIT	I/O 整型，I/O 离散	数字量输出： BYTE 类型，返回 8 位状态； BIT 类型，返回某位状态	8 通道
DI*dd*	0～6	只读	BYTE，BIT	I/O 整型，I/O 离散	数字量输入： BYTE 类型，返回 7 位状态； BIT 类型，返回某位状态	7 通道

以上这些寄存器可在组态王软件（kingview6.53）中访问到。但要注意，组态王软件的版本不同，寄存器可能不一样。组态王中的寄存器必须与 I/O 变量对应。

在单容下水箱液位调节阀 PID 单回路控制系统中，在数据词典中所需定义的 I/O 变量与寄存器对应见表 12-6。

表 12-6　　I/O 变量与寄存器对应表

I/O 变量	参　数　名	意　　义	设备寄存器	数据范围
PID_PV	PID 输入	液位测量值	AI0	0～100
PID_MV	PID 输出	电动调节阀输入值	AO0	0～100
PID_SP	给定值		内存	0～100

下面以 PID_PV 为例，介绍 I/O 变量的定义过程。

1）选择工程浏览器左边窗口的数据词典。双击“新建”图标，打开“定义变量”窗口，设置如图 12-12 所示。

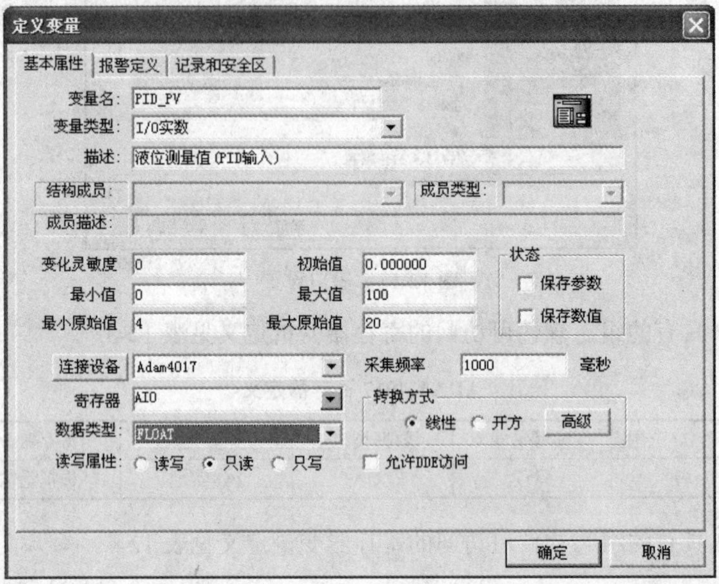

定义变量
基本属性 | 报警定义 | 记录和安全区
变量名：PID_PV
变量类型：I/O实数
描述：液位测量值(PID输入)
结构成员： 成员类型：
成员描述：
变化灵敏度 0　初始值 0.000000　状态
最小值 0　最大值 100　保存参数
最小原始值 4　最大原始值 20　保存数值
连接设备 Adam4017　采集频率 1000 毫秒
寄存器 AI0　转换方式
数据类型：FLOAT　线性 开方 高级
读写属性：读写 只读 只写　允许DDE访问
确定 取消

图 12-12　定义变量 PID_PV

2）输入的 I/O 数据在进入组态软件之前进行工程量转换，Adam4017 送到计算机的为电流实数值（4～20mA），为了转换成温度或者 0～100 的格式，需要进行转换。

线性转换公式

$$工程量=\frac{(原始输入-原始最小值)\times(最大值-最小值)}{原始最大值-原始最小值}+最小值$$

即
$$工程量=\frac{(原始输入-0)\times(100-0)}{20-4}+0$$

3）如果原始输入超过最大原始值，则等于最大原始值；如果少于最小原始值，则等于最小原始值。

4）如果要进行报警，则可以设置报警条件。如果要进行操作权限管理和历史趋势记录，则设置“记录和安全区”。

其他变量的设置类似，不详细介绍，注意读写属性。

（4）流程图画面制作。流程图画面要求能显示每个点（这里含 PID_PV、PID_MV、PID_SP）的变化情况，能在流程图上进行方便地手动操作任何设备。

1）主画面如图 12-13 所示。画面中的主体设备包括储水箱 V104、下水箱 V103、电动调节阀 FV101、水泵 P102 及连接管道等；

2）设备、管路从图库中选，液位变化、管路中流体流动具动画效果；

3）流程图界面中可包含实时曲线窗口，其它如历史记录、操作记录、报表界面等可设置按钮从流程图界面调出。

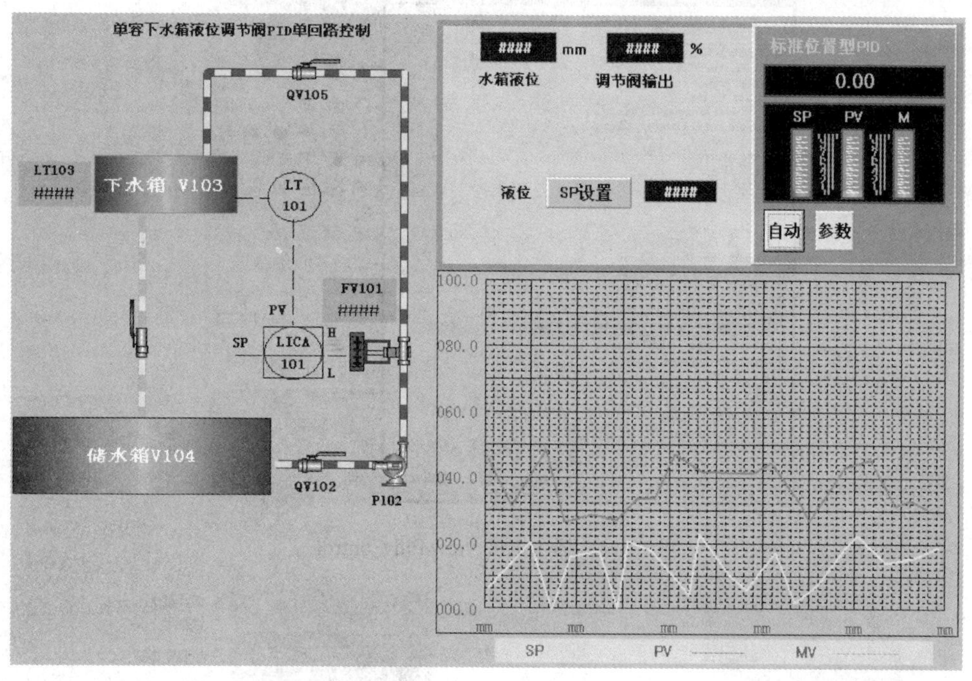

图 12-13 单回路控制系统组态流程图主画面

（5）实时趋势曲线。

1）引入调节器 PV、MV、SP 三个变量（即本实验中的 I/O 变量 PID_PV、PID_MV 和 PID_SP），三条曲线颜色应便于区分，对应变量名标示清楚；

2）时间轴跨度 2min，采样周期不大于 2s；

3）振荡时的幅值便于分析过渡过程。

（6）操作记录。引入液位高、低实时报警记录，记录中显示报警时间、报警限值（可自定）、报警值及报警的具体描述。

（7）历史趋势记录曲线。引入调节器 PV、MV、SP 三个变量。

（8）报表制作。设计一个实时报表：实验开始后，每小时记录一组数据，包括 FV101 阀位控制、V103 液位 LT103、SP 三个变量。

（9）PID 控件的调用。选择“工具箱”→“插入通用控件”→选择“Kingview Pid Control”，如图 12-14 所示。

单击“确定”按钮调入 PID 控件，如图 12-15 所示。

选中“PID 控件”右击“控件属性”如图 12-16 所示。

选择 PID“控件属性”选项，打开“Ctrl0 属性”对话框，如图 12-17 所示。

1）“总体属性”选项页如图 12-17 所示。

控制周期：PID 的控制周期，为大于 100 的整数，且控制周期必须大于系统的采样周期。

反馈滤波：PV 值在加入到 PID 调节器之前可以加入一个低通滤波器。

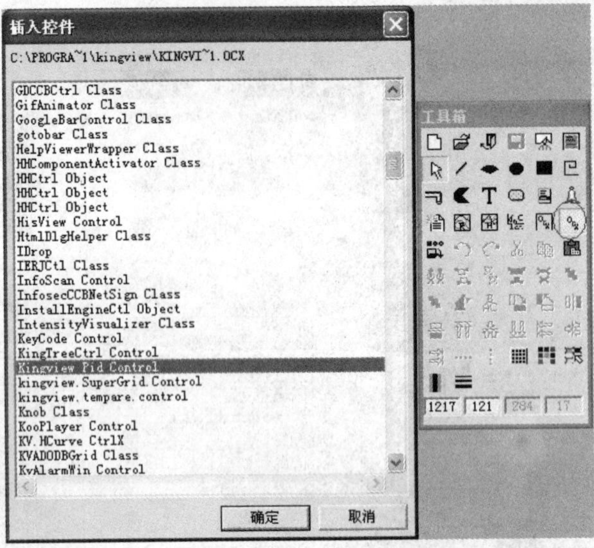

图 12-14 插入 Kingview Pid Control

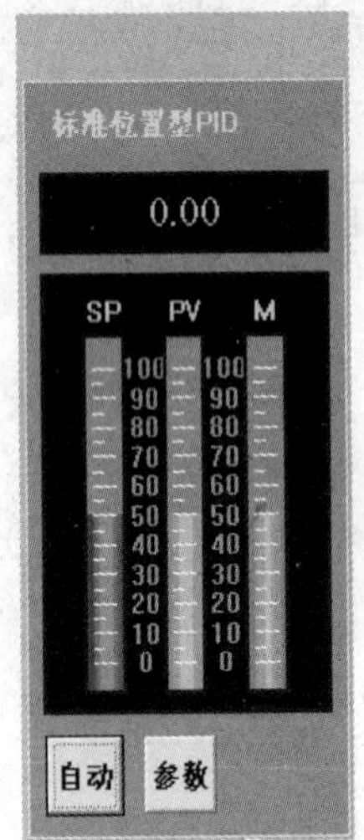

图 12-15 PID 控件

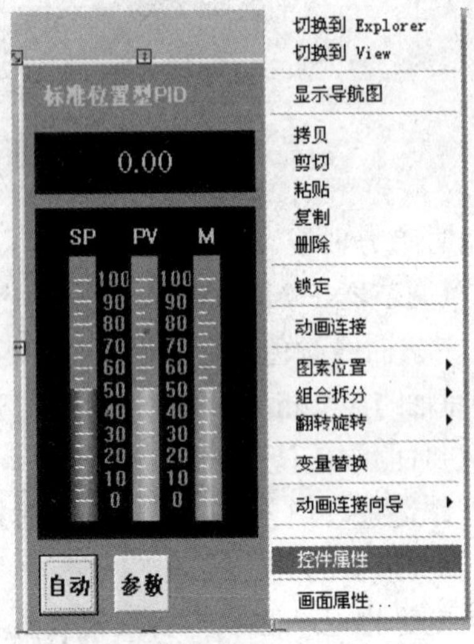

图 12-16 PID 控件属性

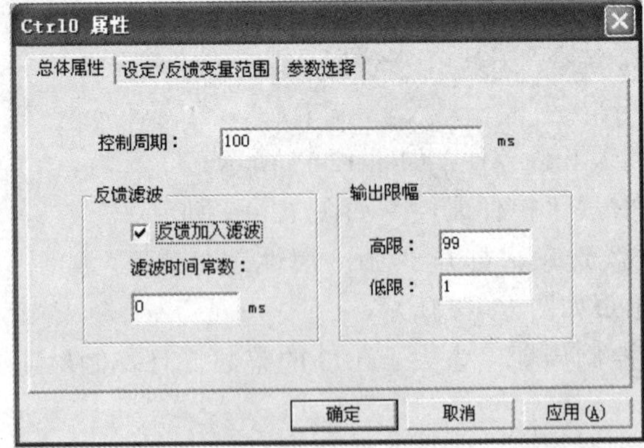

图 12-17 PID 控件总体属性

输出限幅：控制器的输出限幅 Yout 的值。

2）“设定/反馈变量范围”选项页如图 12-18 所示。

输入变量：设定值 SP 或者反馈值 PV 对应的最大值（100%）和最小值（0%）的实际值。设定值 SP 与反馈值 PV 的最大值、最小值一般相同。

输出变量：输入输出值 Yout 对应的最大值（100%）和最小值（0%）的实际值。

3）“参数选择”选项页如图 12-19 所示。

PID 类型：选择使用“标准型 PID”。

比例系数 Kp：设定比例系数，取值范围为 1～10。

积分时间 Ti：设定积分时间常数，就是积分项的输出量每增加与比例项输出量相等的值所需要的时间。取值范围为 1000～5000ms。

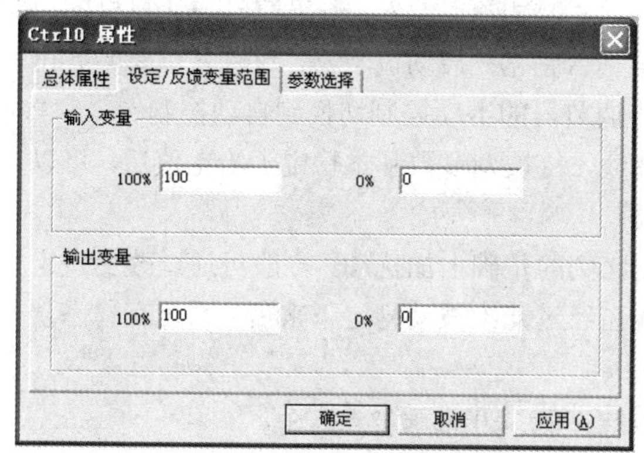

图 12-18　PID 控件设定/反馈变量范围

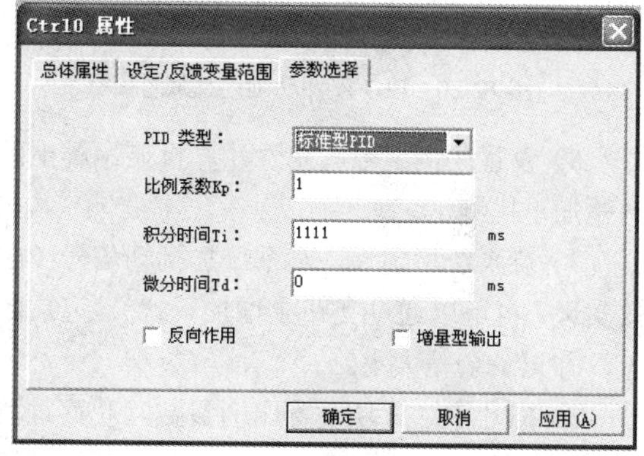

图 12-19　PID 控件参数选择

微分时间 Td：设定微分时间常数，就是对于相同的输出调节量，微分项超前于比例项响应的时间，一般取值为 0。

反向作用：输出值取反。

增量型输出：控制器输出为增量型（一般不选）。

运行时的操作如下：

手动/自动：自动时，控制器调节作用投入。手动时，控制器输出为手动设定值经过量程转换后的实际值。手动设定为 M，是 YOUT 的值。手动值设定（上/下）时，每次单击，手动设定值增加/减少 1%。运行时的参数设置有：①标准型 PID 的比例系数、积分常数、微分常数参数，反向作用即输出值取反。

（10）PID 控件动画连接属性。双击“PID 控件”，设置 PID 控件“动画连接属性”中的属性，如图 12-20 所示。

设置“属性”中 SP、PV 和 YOUT 等参数。设置方法：在 SP、PV 和 YOUT 等参数“关联变量”中右击即可连接到数据词典中，选择所定义的变量 SP、PV 和 YOUT 等参数，就可将 PID 控件与变量关联。

（11）以上述所做的组态工程为例进行控制系统调试。

1）将编写的组态工程和连接外部设备、I/O 模块、控制器及电动调节阀等，进行联合

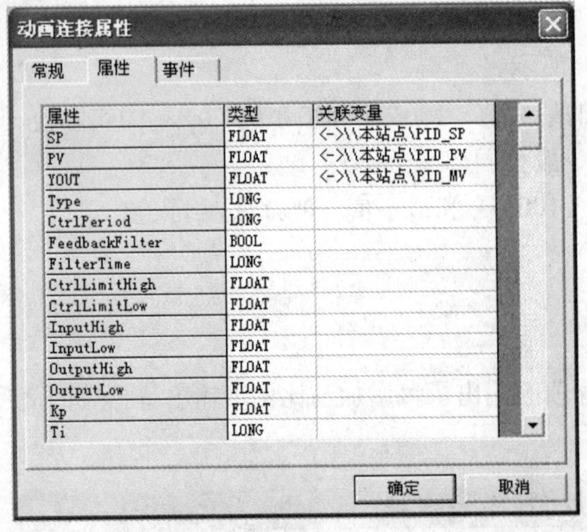

图 12-20　PID 控件动画连接属性

调试。

2）在现场系统上，按照单容下水箱液位 PID 单回路控制流程图（如图 12-2 所示）进行控制对象的连接。

3）在控制系统上，将 I/O 面板的下水箱液位输出连接到 AI0，I/O 面板的电动调节阀控制端连到 AO0。

4）打开设备电源，启动右边水泵 P102 和调节阀 FV101。

5）启动计算机组态软件，进入测试项目界面，测试各点输入、输出信号与计算机的通信是否正常。启动调节器，设置各项参数，可将调节器的手动控制切换到自动控制。

6）设置比例参数。观察计算机显示屏上的曲线，待被调参数基本稳定于给定值后，可以开始加干扰测试。

7）待系统稳定后，对系统加扰动信号（在纯比例的基础上加扰动，一般可通过改变设定值实现，也可以通过支路 1 增加干扰）。记录曲线在经过几次波动稳定下来后，系统有稳态误差，并记录余差大小。

8）减小 P，重复设置比例参数，观察过渡过程曲线，并记录余差大小。

9）增大 P，重复设置比例参数，观察过渡过程曲线，并记录余差大小。

10）选择合适的 P，可以得到较满意的过渡过程曲线。改变设定值（如设定值由 50%变为 60%），同样可以得到一条过渡过程曲线。注意：每当做完一次实验后，必须待系统稳定后再做另一次实验。

（12）在比例调节实验的基础上，加入积分作用，即在界面上设置 I 参数不特别大。固定比例 P 值（中等大小），改变 PI 调节器的积分时间常数值 Ti，然后观察加阶跃扰动后被调量的输出波形，并记录不同 Ti 值时的超调量 σ_p。

（13）固定 I 于某一中间值，然后改变 P 的大小，观察加扰动后被调量输出的动态波形，据此列表记录不同值 Ti 下的超调量 σ_p。

（14）选择合适的 P 和 Ti 值，使系统对阶跃输入扰动的输出响应为一条较满意的过渡过程曲线。此曲线可通过改变设定值（如设定值由 50%变为 60%）来获得。

（15）在 PI 调节器控制实验的基础上，再引入适量的微分作用，即把软件界面上设置 D 参数，然后加上与前面调节时幅值完全相等的扰动，记录系统被控制量响应的动态曲线。

（16）选择合适的 P、Ti 和 Td，使系统的输出响应为一条较满意的过渡过程曲线（阶跃输入可由给定值从突变 10%左右来实现）。

通过调试，设置好 PID 参数，控制曲线如图 12-21 所示。

12.2.2　工程训练 2：流量比值控制系统

控制流程图如图 12-22 所示，流量比值控制原理框图如图 12-23 所示。

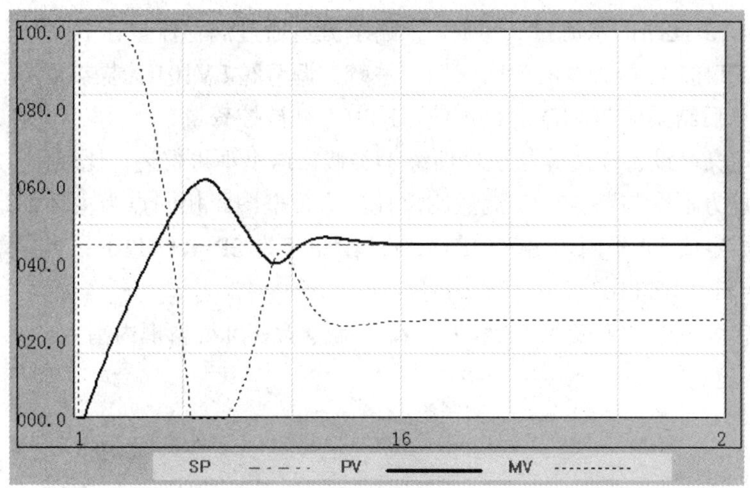

图 12-21　PID 控制器控制曲线

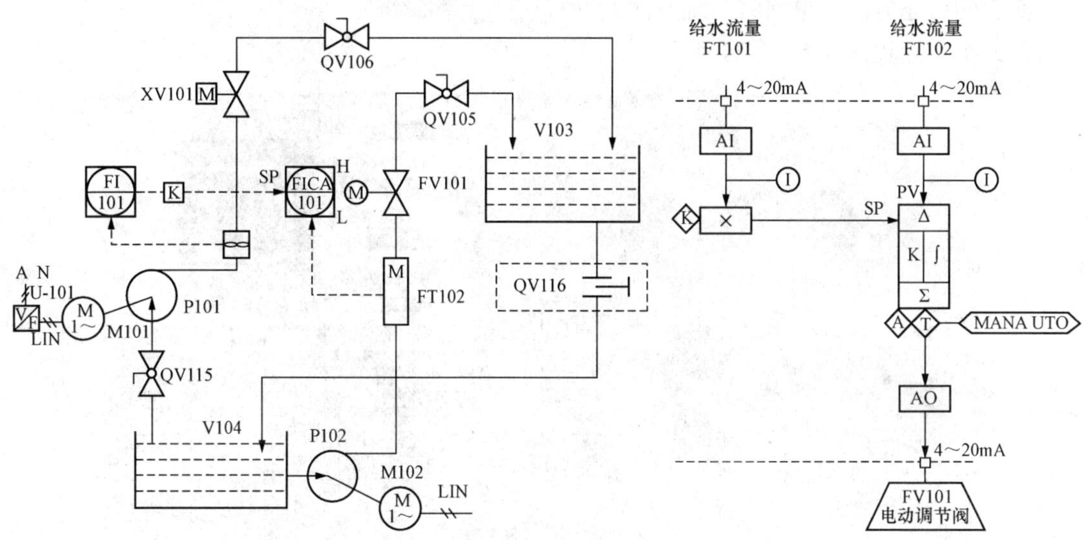

图 12-22　流量比值控制流程图

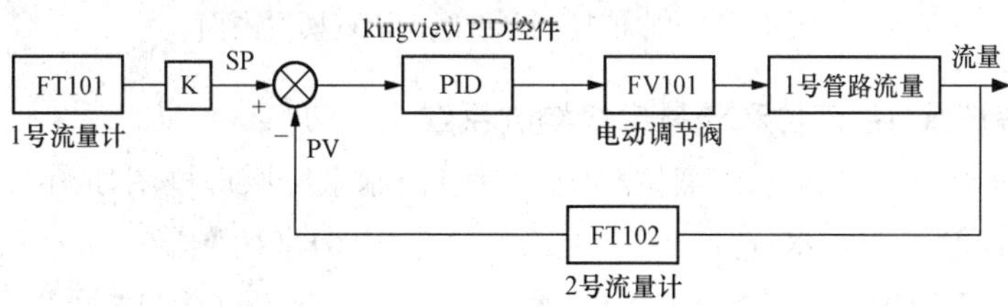

图 12-23　流量比值控制原理框图

（1）工艺及控制说明：水介质一路（简称为Ⅰ路）由泵 P101（变频器驱动，手动控制作为给定值）从储水箱 V104 中加压获得压头，经电磁阀 XV101 进入 V103，水流量可通过变频器或者手动阀 QV106 来调节；另一路（简称为Ⅱ路）由泵 P102 从储水箱 V104 加压获得压头，经由调节阀 FV101、水箱 V103、手动阀 QV116 回流至水箱 V104 形成水循环，通过调节阀 FV101 调节此路的水流量。其中，Ⅰ路水流量通过涡轮流量计 FT101 测得，Ⅱ路水流量通过流量计 FT102 测得。本例为比值调节系统，调节阀 FV101 为操纵变量，FT101 的测量值经乘法器运算后结果作为 PID 的设定值，FT102 是被控变量。

（2）变量定义、设备连接等与工程训练 1 类似，这里不再赘述。比较图 12-3 下水箱液位单回路控制原理方框图与图 12-23 流量比值控制原理框图。相同点为主环都是单回路控制系统；不同点为给定值 SP 不同，比值控制系统的给定值为 SP=K*FT101；当偏差等于 0 时，即 SP=PV；有 K=FT101/FT102。

在组态时定义两个中间变量 SP 和 K，在“命令语言”编辑框内写入：

```
IF（FT101==0)
FT101=0.01;
SP=K*FT101;
K=FT102/FT101;
FV101=PID_MV;
```

其它的组态方法和单回路系统一样。

（3）组态流程图如图 12-24 所示。

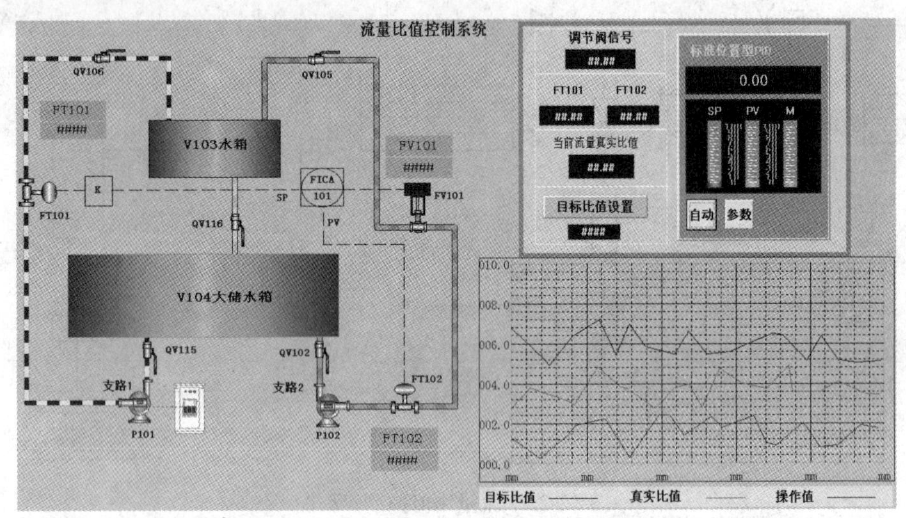

图 12-24　比值控制系统组态流程图主画面

12.2.3　工程训练 3：液位和流量串级控制系统

控制流程图如图 12-25 所示，液位和流量串级控制系统原理框图如图 12-26 所示。

（1）工艺及控制说明。水介质一路（Ⅰ路）由泵 P101（变频器）从水箱 V104 中加压获得压头，经流量计 FT101、电动阀 FV101、水箱 V103、手动阀 QV116 回流至水箱 V104 而形成水循环，负荷的大小通过手动阀 QV116 来调节；其中，水箱 V103 的液位由液位变送器 LT103 测得，给水流量由流量计 FT101 测得。本例为串级调节系统，调节阀 FV101 为操纵变量，以 FT101 为被控变量的流量控制系统作为副调节回路，其设定值来自主调节回路——以 LT103 为被控变量的液位控制系统。

（2）变量定义、设备连接等与工程训练 1 类似，这里不再赘述。比较图 12-3 下水箱液位单回路控制原理框图与图 12-26 液位和流量串级控制系统原理框图。单回路控制系统由一个

PID 构成，串级控制系统由两个 PID 构成。

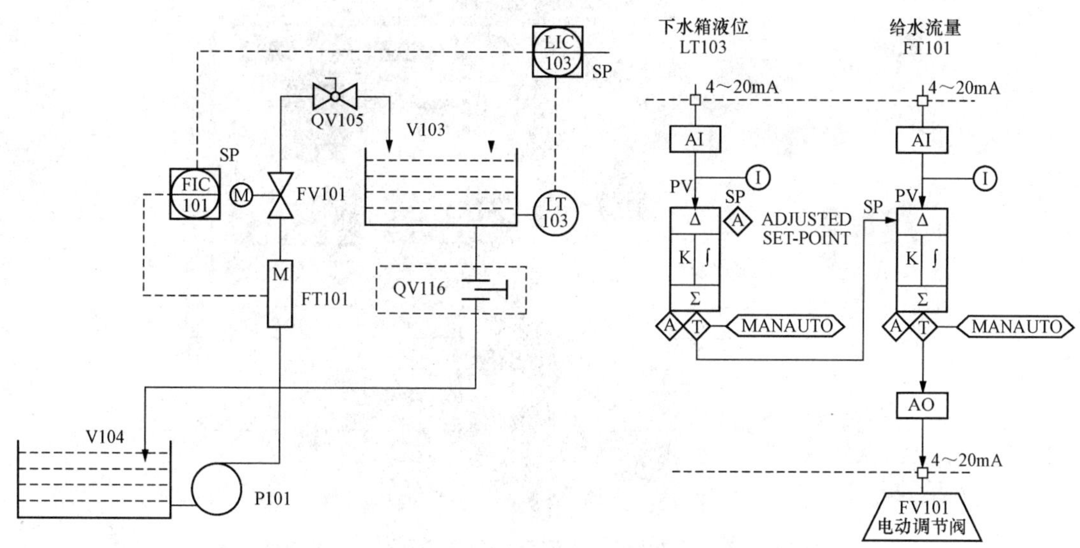

图 12-25 液位和进口流量串级控制系统控制流程图

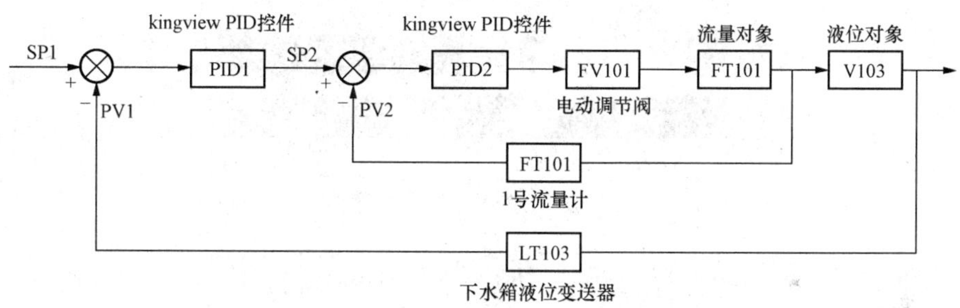

图 12-26 液位和流量串级控制系统原理框图

液位和流量串级控制系统原理由主环（液位）和副环（流量）构成，使用了两个 PID 控件，在组态时注意 PID-1 的输出作为 PID-2 的给定值 SP2，PID 控件的其它参数设定方法和单回路控制系统相同。

（3）组态流程图如图 12-27 所示。

12.2.4 工程训练 4：利用三菱 FX2 型 PLC 实现十字路口交通灯的控制

该工程训练用组态王软件作为上位机监控。

（1）控制任务和要求：按启动按钮后时序图如图 12-28 所示。

东西方向：绿灯亮 4s，接着闪 2s 后熄灭，接着黄灯亮 2s 后熄灭，红灯亮 8s 后熄灭。

南北方向：红灯亮 8s 后熄灭，绿灯亮 4s，接着闪 2s 后熄灭，接着黄灯亮 2s 后熄灭。

反复循环工作。按下停止按钮后，系统停止工作。

本例与［例 7-6］相比，红灯和绿灯亮的时间不相同，而且在状态切换前红灯、绿灯等都要求闪烁，因此东西方向和南北方向必须分别进行控制。

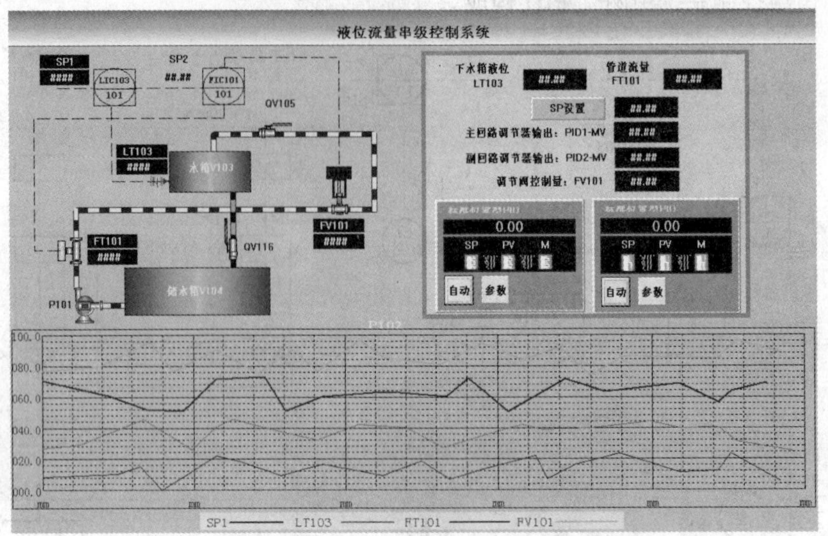

图 12-27　液位流量串级控制系统组态流程图主画面

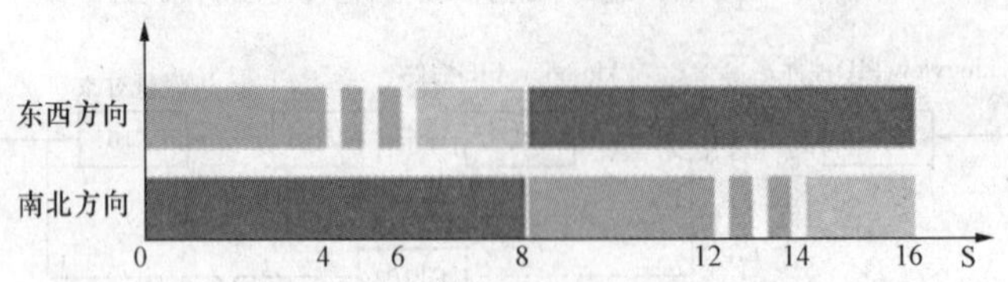

图 12-28　交通灯控制时序图

所有的控制由 PLC 完成，I/O 分配见表 12-7。

表 12-7　　PLC I/O 分 配 表

外 接 电 器	输 入 端 子	外 接 电 器	输 出 端 子
启动按钮 SB1 停止按钮 SB2	X0 X1	东西方向红灯 东西方向黄灯 东西方向绿灯 南北方向红灯 南北方向黄灯 南北方向绿灯	Y0 Y1 Y2 Y3 Y4 Y5

（2）组态王与三菱 PLC 连接。在组态王工程浏览器中选“设备”→“串口”选项，定义设备，与工程训练 1 中定义亚当系列模块类似，选择“设备驱动”“三菱”→“FX2”→“编程口”选项，如图 12-29 所示，指定逻辑名称“三菱 FX2”，选择串口“COM1”，填写设备地址为“1”，设置好通信参数。

三菱 FX2 与组态王连接的通信方式、通信参数设置、寄存器规定设置如下：

1）通信。利用串口进行连接时，可直接利用计算机串口与 PLC 的编程端口相连，如图 12-30 所示。采用此种方式一个串口只能接一台 PLC。

当使用 RS232 与上位机相连时，PLC 的默认与推荐设置见表 12-8。

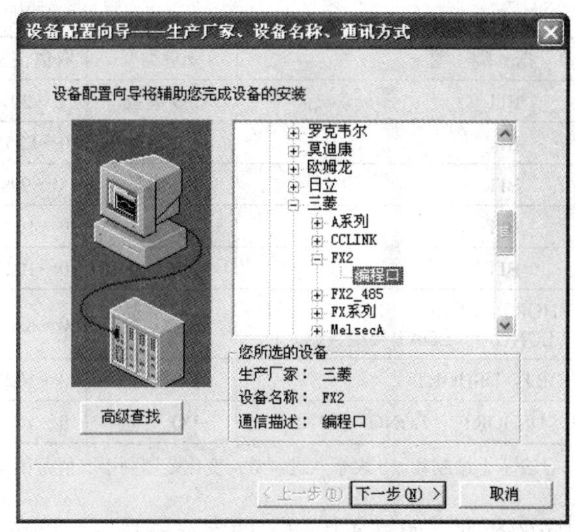

图 12-29　利用设备配置向导进行驱动安装

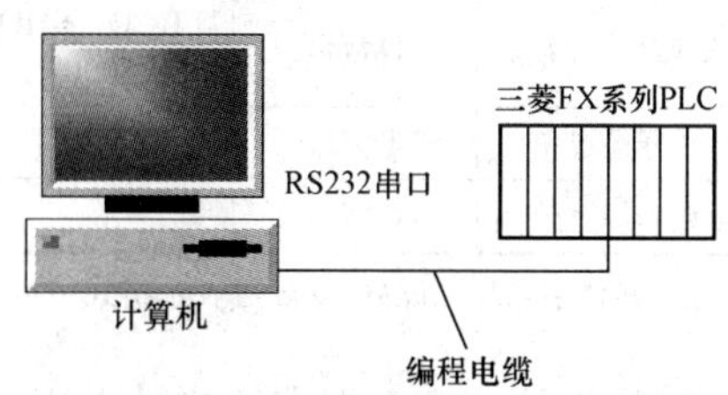

图 12-30　三菱 FX2 PLC 与计算机连接

表 12-8　　**三菱 FX2 PLC 通信参数**

设　置　项	默　认　值	推　荐　值	设　置　项	默　认　值	推　荐　值
波特率	9600	9600	停止位长度	1	1
数据位长度	7	7	奇偶校验位	偶校验	偶校验

2）组态王软件的设置。打开组态王软件，选择“工程浏览器”→“设备”→与之连接的串口如“COM1”，双击“COM1”，如图 12-31 所示，设置串口参数与表 12-8 相吻合。

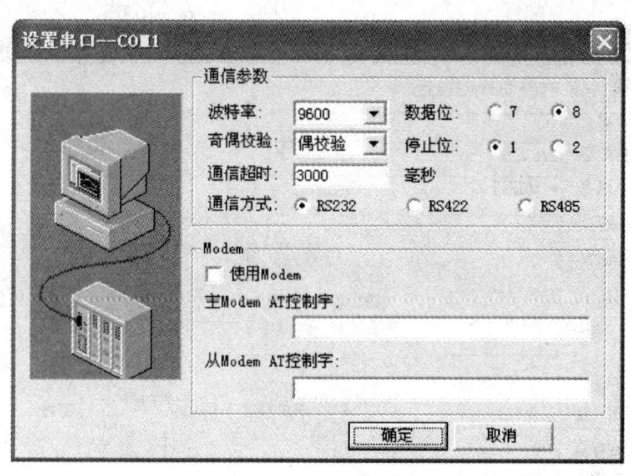

图 12-31　设置串口通信参数

3）组态王数据词典中的变量定义。三菱 FX2PLC 中各数据寄存器的名称、格式、数据类型等设置见表 12-9。

表 12-9　　**三菱 FX2PLC 寄存器设置**

寄存器名称	格　式	数　据　类　型	变量类型	取值范围
输入寄存器	X*ddo*	BIT	I/O 离散	0～207

续表

寄存器名称	格　式	数　据　类　型	变量类型	取值范围
输出寄存器	Y*ddo*	BIT	I/O 离散	0~207
辅助寄存器	M*dddd*	BIT	I/O 离散	0~8255
状态寄存器	S*ddd*	BIT	I/O 离散	0~999
定时器接点	T*ddd*	BIT	I/O 离散	0~1023
计数器接点	C*ddd*	BIT	I/O 离散	0~1023
数据寄存器	D*dddd*	BCD，SHORT，USHORT，LONG，FLOAT（当偏移大于 8000 时，不支持 LONG 和 FLOAT 类型数据）	I/O 整型 I/O 实型	0~8255
定时器经过值	T**ddd*	SHORT，USHORT	I/O 整型	0~1023
计数器经过值	C**ddd*	SHORT，USHORT ，LONG	I/O 整型	0~1023

注　斜体字 *ddo*、*dddd*、*ddd* 等表示格式中可变部分，*d* 表示十进制数，*o* 表示八进制数，变化范围列于取值范围中。

组态王按照寄存器名称来读取下位机相应的数据。组态王中定义的寄存器与下位机所有的寄存器相对应。如定义非法寄存器，将不被承认。由于各型号的 PLC 的自制机制不同，所以如定义的寄存器在所用的下位机具体型号中不存在，将读不上数据。或者，由于寄存器的型号的不同，读写数据时的情况也可能不同。因此，在使用时要根据 PLC 的具体型号来使用。

X、Y 寄存器属于八进制寄存器，所以在组态王开发系统下定义这两个寄存器时，对于带 8 或 9 的数据不能定义。

本例中控制较为简单，只用到了 X、Y 寄存器。

在组态王数据词典中定义变量启动按钮 SB1，如图 12-32 所示。

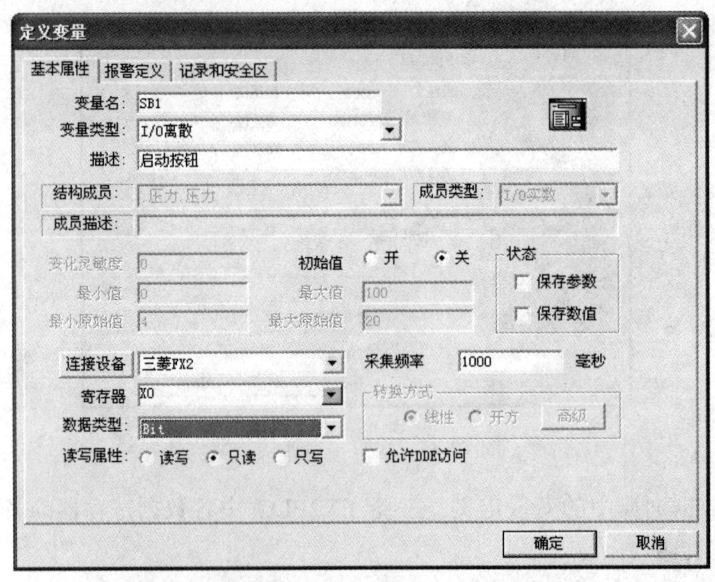

图 12-32　组态王数据词典中的变量定义

用同样的方法定义表 12-7 中的其它变量。

4）外部接线。外部接线如图 12-33 所示。

（3）上位机组态。

1）在画面上利用图库中的指示灯，画出如图 12-34 所示的监控图。设置两个控制按钮作为启动和停止控制。

将每个灯按照表 12-7 中的分配的地址进行指示灯的动画连接，双击画面上的“东西方向指示灯”Y0，弹出“指示灯向导”对话框，如图 12-35 所示，单击“?”按钮，从数据词典中选择定义好的变量“Y0”，单击“确定”按钮完成定义。其它 Y1～Y5 的连接以同样的方法进行定义。

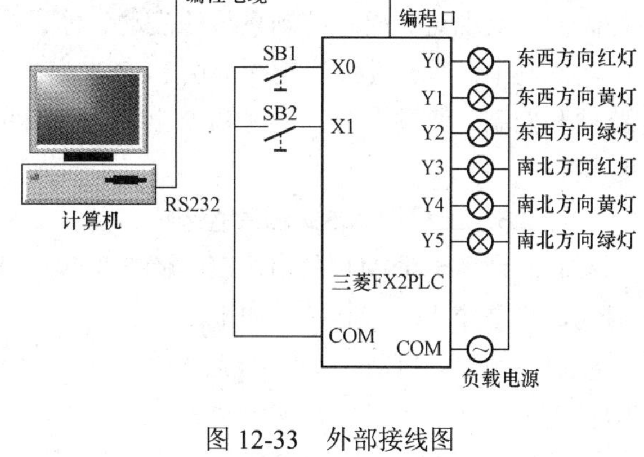

图 12-33　外部接线图

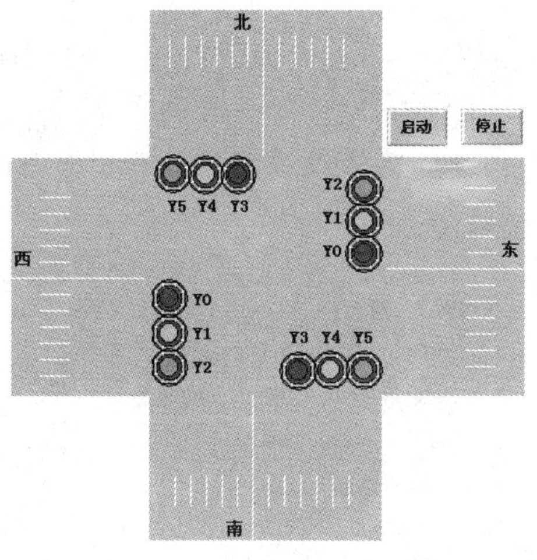

图 12-34　交通灯监控图

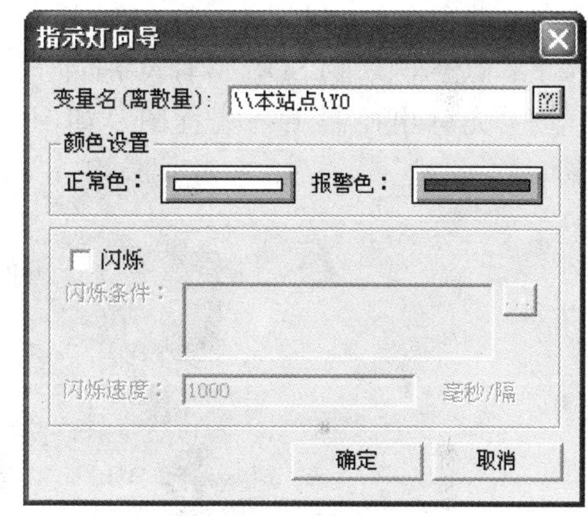

图 12-35　指示灯动画连接

2）控制按钮与变量的连接。双击“启动”按钮，弹出“动画连接”对话框，单击“弹起时”按钮，弹出“命令语言编辑框”，在“命令语言编辑框”写入“\\本站点\X0=1;”，单击“确定”按钮关闭“命令语言编辑框”，如图 12-36 所示。以同样的方法进行定义“停止”按钮。

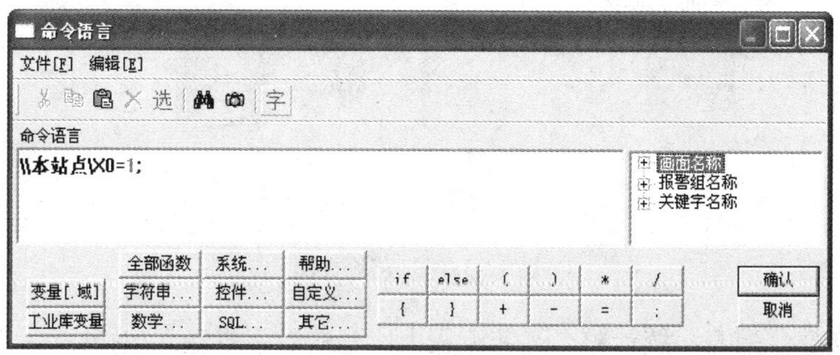

图 12-36　按钮动画连接

设置完所有的指示灯和控制按钮后，单击“全部存”保存后，切换到运行状态，将 PLC 也切换到运行状态，在组态画面上可以看到，画面上的指示灯和实际的交通灯完全同步运行，在画面上实现对交通灯控制系统的启动、停止控制。

本例中，所有设备的控制都由 PLC 来完成，在上位机上通过组态，可对现场的设备进行监视和控制。通过本例，了解 PLC 和组态软件的连接、通信设置、设备定义、变量的定义和连接。

12.2.5 工程训练 5：顺序控制

有四台运输带 M1～M4，三个储料罐 V1～V3，由三菱 PLC 进行控制，控制要求为逆序启动，顺序停止。控制过程如下：

启动顺序：启动 M4→10s 后 M3 启动→10s 后 M2 启动→10s 后 M1 启动。在最后一条运输带 M4 下有 3 个储料罐 V1～V3，运输的物料先送入 V1 中。当达到 V1 测量值的高限时，放下挡板 D2，物料送入 V2 中；当达到 V2 测量值的高限时，放下挡板 D3，物料送入 V3 中；当达到 V3 测量值的高限时系统按顺序停止。

停止顺序：停止 M1→10s 后 M2 停止→10s 后 M3 停止→10s 后 M4 停止。遇到紧急情况时按下紧急停车按钮 ESD，所有设备同时停止运行。

（1）先画出控制工艺流程图，如图 12-37 所示。为方便操作，设置相应的操作按钮。

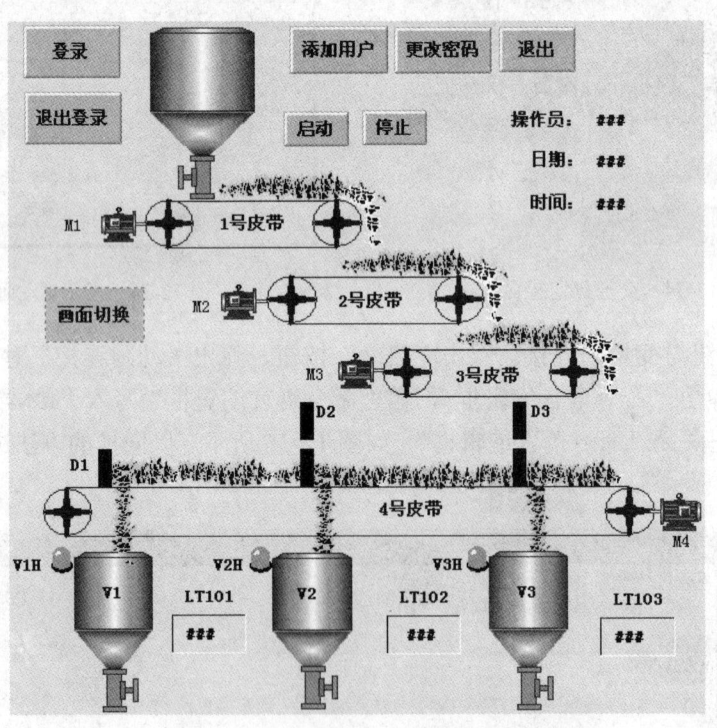

图 12-37 工艺流程图

（2）PLC I/O 分配表。统计整个工艺流程上所有的数字量输入/输出点，见表 12-10。

表 12-10　　PLC I/O 分配表

外 接 设 备	输 入 端 子	外 接 设 备	输 出 端 子
启动按钮	X0	M1 电动机	Y0
停止按钮	X1	M2 电动机	Y1
V1 高限位开关 V1H	X2	M3 电动机	Y2
V2 高限位开关 V2H	X3	M4 电动机	Y3
V3 高限位开关 V3H	X4	D1 挡板	Y4
紧急停车按钮 ESD	X5	D2 挡板	Y5
		D3 挡板	Y6

（3）定义设备及变量。在串口上进行设备定义，设置方法与工程训练 4 中定义三菱 FX2 PLC 与组态王软件的连接同。

在数据词典中按表 12-10 定义变量，方法与工程训练 4 中变量定义同。需要说明的是，在动画连接中还需要一些中间变量，可根据实际情况增加。

（4）动画连接。动画连接就是要将工艺流程图中的设备和数据词典中的变量结合起来，使画面动起来。

1）数据连接。根据表 12-10 和数据词典中定义变量连接到画面相应的设备上。

画面上的 M1 电动机和数据词典中的输出变量 Y0 连接，M1 电动机是由图库中获取的，已经做好了动画连接，只要将数据词典中的变量与之相连接即可。连接方法：双击画面上的电动机 M1，弹出“电动机向导”对话框，如图 12-38 所示，单击“?”按钮，从数据词典中选择定义好的变量“Y0”，单击“确定”按钮完成连接。切换到运行状态时，当电动机运转时绿灯亮，停止时红灯亮。其它 M2～M4、D1～D3 的连接以同样的方法进行定义。

画面上的 V1 高限位开关 V1H 和数据词典中的输出变量 X2 连接，V1 高限位开关 V1H 在画面上用指示灯来指示状态，指示灯由图库中调用，已经做好了动画连接，只要将数据词典中的变量与之相连接即可，连接方法：双击画面上的 V1 高限位开关 V1H 指示灯，弹出“指示灯向导”对话框，如图 12-39 所示，单击“?”按钮，从数据词典中选择定义好的变量“X2”，单击“确定”按钮完成定义。切换到运行状态时，当 V1 高限报警时，限位开关闭合红灯亮，正常时绿灯亮。其它 V2H、V3H 的连接以同样的方法进行定义。

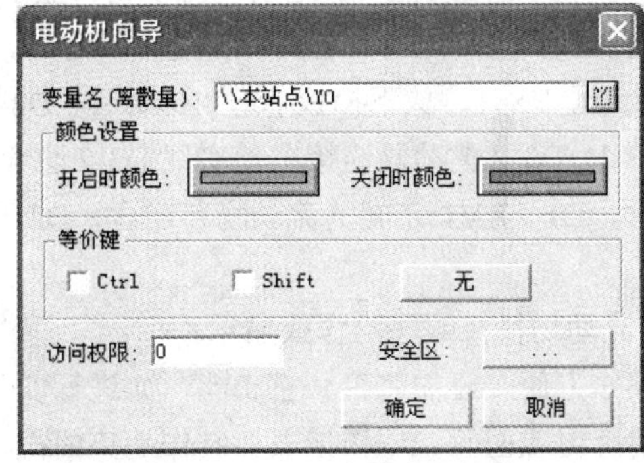

图 12-38　图库中的电动机与变量连接设置

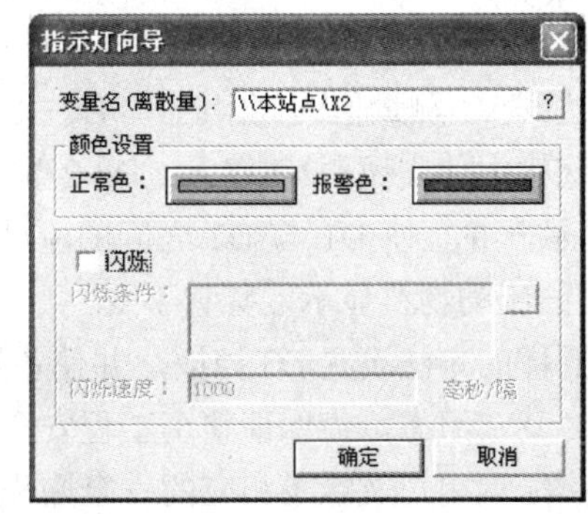

图 12-39　图库中的指示灯与变量连接设置

2）设备动画制作。利用动画效果模拟真实生产设备的运行，将生产实时数据连接到画面的设备中来，使画面的动画与实际生产的动态同步，才能体现出逼真的效果。

1～4 号皮带运输机的动画制作参阅［例 4-16］正反运转传送器运送散状物料，不同的是这里不需要反转运行。首先制作皮带转动的动画，使其顺时针方向旋转，如图 12-40 所示，利用缩放的方法使得物料具有向右流动的效果，如图 12-41 所示，然后再叠加起来如图 12-42 所示。以 1 号皮带运输机为例，当 PLC 的控制信号 Y0=1 时使其显示；再复制制作一个如图 12-42 所示的静止的图形，当中没有动画连接，当 PLC 的控制信号 Y0=0 时使其显示，这样画面上的图形就能够随生产现场的设备同时动作，达到了模拟真实生产设备的运行的效果。

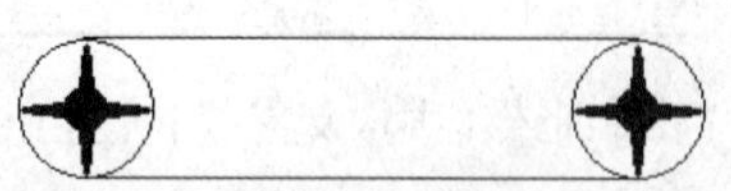

图 12-40　皮带转动的动画

图 12-41　物料流动动画

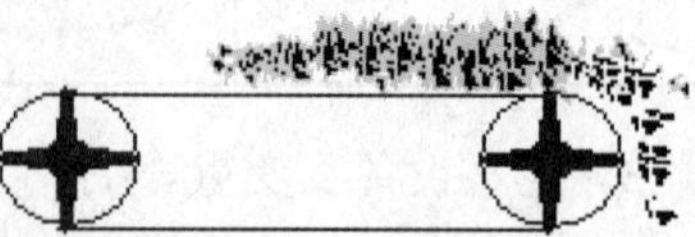

图 12-42　叠加在一起的效果

其它几条运输皮带采用相同的方法制作即可。

下料挡板动画的制作如图 12-43 所示。

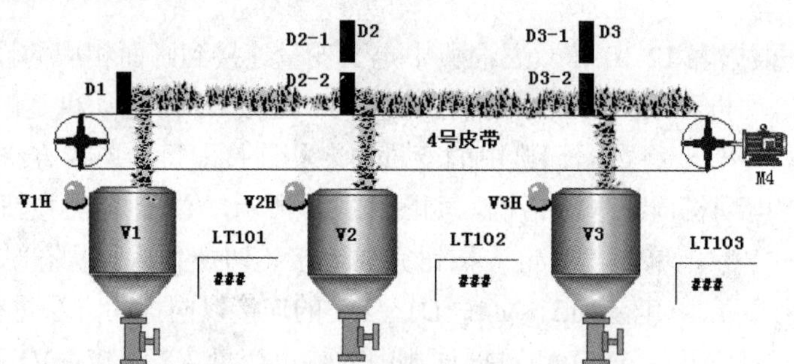

图 12-43　挡板及流动物料的动画制作分解图

以 D2 挡板为例，D2 挡板由 D2-1 和 D2-2 构成，运输的物料先送入 V1 中。当未达到 V1 测量值的高限时，PLC 会给出一个信号 Y5=0，提起挡板 D2、D3，在 D2-1、D2-2 的动画连接中使 D2-1 显示 D2-2 隐含，在 D3-1、D23-2 的动画连接中使 D3-1 显示、D3-2 隐含，使 D1 与 D2 之间的流动物料显示，D1 与 V1 之间的流动物料显示，D2 与 D3 之间的流动物料显示，D3 右侧的流动物料显示，D2 与 V2 之间的流动物料隐含，D3 与 V3 之间的流动物料隐含。

当达到 V1 测量值的高限时，PLC 会给出一个信号 Y5=1，放下挡板 D2，在 D2-1、D2-2 的动画连接中使实现 D2-1 隐含、D2-2 显示，在 D3-1、D3-2 的动画连接中使实现 D3-2 隐含、D3-1 显示，并且使 D1 与 D2 之间的流动物料隐含，D1 与 V1 之间的流动物料隐含，D2 与 V2 之间的流动物料显示，其它不变。

用同样的方法设置 D3 挡板，并使各挡板间的流动物料按顺序隐含或显示。

（5）其它组态。为保证整个工程安全运行，操作方便，还需完善其它功能，如进行安全区设置、配置用户及赋予相应的安全操作权限、用户更改密码、制作报表、制作趋势曲线、画面切换、登录、显示时间等。

（6）外部接线。外部接线如图 12-44 所示。

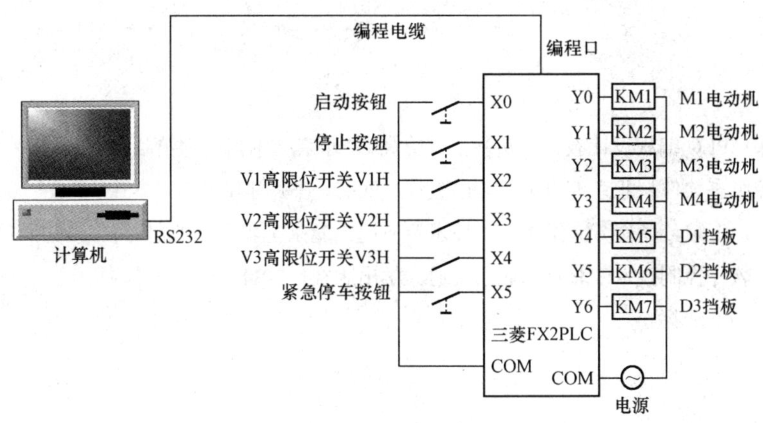

图 12-44　外部接线图

检查接线正确，将 PLC 投入运行，同时组态软件也切换到运行状态，可以看到画面上的设备动画完全和生产现场的设备同步运转。

本例中 PLC 作为控制器对生产现场的设备进行控制，上位机组态软件读取 PLC 的信号，同时可在上位机上通过组态画面对现场的生产设备进行操作。

参 考 文 献

[1] 徐绍坤，熊伟．PLC 编程设计教程（从基础到提高）．北京：中国电力出版社，2011．

[2] 汪志锋．工控组态软件．北京：电子工业出版社，2007．

[3] 曹辉，马栋萍，王暄，耿瑞芳．组态软件技术及应用．北京：电子工业出版社，2009．

[4] 张文明．组态软件控制技术．北京：北京交通大学出版社，2011．